소대장, 중대장을 위한

남기고 싶은 훈련 이야기

(개인훈련지도)

장 석 린 지음

황금알

개정판 **남기고 싶은 훈련이야기**

1판 5쇄 | 2002년 5월 30일
2판 1쇄 | 2005년 3월 30일
2판 7쇄 | 2007년 4월 17일

지은이 | 장석린
펴낸이 | 김영복
펴낸곳 | 도서출판 황금알

주간 | 김영탁
실장 | 조경숙
편집 | 칼라박스
표지디자인 | 칼라박스

주소 | 100-272 서울시 중구 필동2가 124-11 2F
전화 | 02)2275-9171
팩스 | 02)2275-9172
이메일 | tibet21@hanmail.net
홈페이지 | http://goldegg21.com
출판등록 | 2003년 03월 26일(제10-2610호)

ⓒ장석린 & Gold Egg Pulishing Company Printed in Korea
값 10,000원
ISBN 89-91601-11-1-93390

소대장, 중대장을 위한

남기고 싶은 훈련 이야기

(개인훈련지도)

서 문

　본인이 평생 군대 생활을 하면서 항상 머리에서 떠나지 않았던 것은 어떻게 하면 6 · 25 한국전쟁 당시 미 해병 사단처럼 불패의 정예 부대를 만들 수 있느냐는 것이었다. 되돌아보면 의욕만 앞세운 소대장 생활, 전투 경험이 무엇인가를 알기 위해 참전한 월남전, 북한 무장 공비가 수시로 출몰하고 김신조 일당이 서울까지 들어와 전쟁 일보 직전까지 갔던 시기의 GOP 중대장 생활, 판문점 도끼 만행으로 휴전 이후 처으므로 무기와 탄약을 휴대하고 진지에 배치되었던 대대장 생활 등을 통하여 위기가 닥칠 때마다 "나의 부대는 나와 생사를 같이하고 전투가 벌어지면 즉각 싸워서 이길 수 있겠는가?" 반문해보곤 했으나 확신이 서질 않았다. 그 이유는 여러 가지가 있겠으나 곰곰이 생각해 볼 때 결국 훈련 문제에 귀결되며 싸워서 이기는 부대를 만들기 위해서는 끊임없는 실전적 훈련을 통하여 전투 기량을 최고도로 높이는 길밖에 없다고 결론지었다. 특히 분대, 소대, 중대 등 소부대 훈련의 향상은 전투에서 승리를 다질 수 있는 가장 중요한 선결 과제이나 부대 여건이 생각과는 달라 소부대일 수록 훈련에만 매진할 수 없는 경우가 많고 소부대 지휘자 자신도 의욕만 강하지 경험이 적어 훈련 자체가 실전과 거리가 먼 형식에 흘러 전투력 향상이라는 성과를 거두기에는 미흡한 게 사실이었다. 더구나 군대 생활이 일천한 초급 지휘자들에게 실전감을 부여하기 위해서는 경험있는 상급 지휘관들의 꾸준한 지도가 필요하나 한계가 있고 교범 이외에 초급 지휘자들에게 경험을 보완해 줄만한 참고 서적도 없으니 스스로 연구한다는 것도 무리였다.

　본인 자신도 이러한 과정을 거치는 사이에 어느덧 사단장이 되어 이제는 평소 마음먹은 대로 오직 훈련을 제일로 생각하는 부대, 싸우면 승리하는 부대를 만들겠다고 결심하고 실천에 옮기게 되었다. 특히 소부대 훈련을 강화하기 위해 소부대 훈련에 관한 회보도 하달하고 훈련장을 자주 방문하여 소대장, 중대장에게 왜 이와 같이 훈련하는가? 실전이라면 적용할 수 있겠는가? 더 좋은 방법은 없는가? 질문도 하고 토의도한 결과 "사단장님은 교범에 없는 말씀을 많이 하시는데 훈련시 적용하니 그 말씀이 맞아 많이 배우고 깨우침을 얻었다."는 전출 장교들의 소감을 듣고 뜻하는 대로 훈련이 되어가는구나 하고 보람도 느낄 수 있었다. 이와 같은 경험을 통해 결국 훈련의 문제는 어느 지휘관 한사람의 문제가 아니고 모두의 책임이며 상급 지휘관일 수록 높은 경륜을 이용하여 친절하게 지도하고, 초급 지휘자들은 교범, 참고자료 등을 탐독하여 생각하고 연구하는 훈련이 될 때 훈련의 성과는 기대할 수 있다고 확신하였다. 여기에 특히 초급 지휘자들을 위하여 실전이나 훈련에서 얻은 경험을 실패, 성공에 관계없이 구체적으로 남기는 일은 군을 떠나는 선배들의 몫이라 생각하였다. 이제 군과 함께 평생을 같이한 본인도 군을 떠나게 되었으니 그동안 듣고, 보고, 경험하고, 느낀 교훈들을 한데 묶어 조금이나마 초급 지휘자들이 참고가 될 수 있도록 하는 것이 내가 남길 수 있는 전부라고 생각하고 이 글을 쓰는 것이다. 끝으로 이 책을 흔쾌히 맡아준 도서출판 황금알의 김영탁 사장님의 따뜻한 배려에 감사드리고, 편집진의 노고와 그 외 힘써 주신 여러분의 협조에 고마움을 전해 드린다.

2005년 3월
장 석 린

차 례

제 1 장
훈련에 관한 일반적 이야기

한국군은 "군대는 국민교육의 도장"이라는 말을 많이 쓴다. 왜 그런가? 이는 군대교육이야말로 전인교육이며 국민교육에 기여하는 바가 지대하기 때문이다.

전인교육이란 지 · 덕 · 체를 고루 갖춘 인물을 길러내기 위한 교육을 말하며 군인이야말로 지 · 덕 · 체를 고루 갖춘 훌륭한 군인을 요구한다.

한국군은 6 · 25 전쟁을 통하여
- 봉건적인 틀에서 벗어나지 못하고 있던 대부분의 농촌 청년들이 군에 입대하여, 전후방 각지에서 근무하면서 세상이 넓다는 것을 인식하였을 뿐 아니라 낡은 틀을 벗어나 더 노력해야 하겠다는 진취적 사고를 갖게 되었으며
- 당시 사회보다 훨씬 앞서 있던 근대화된 행정, 새로운 기술들을 배움으로써 이 기술을 통하여 국가 산업 발전에 기여했을 뿐 아니라
- 이전에 경험하지 못했던 단체 생활을 통하여 애국심, 협동심, 근면성 등을 체득함으로써 오늘날 우리 국가의 경제발전에 초석이 되었다.
- 미래에도 군대생활은 낭비가 아니라 그 생활을 통하여 사회에서 교육하지 못하고 있는
- 평소에는 느끼지 못했던 순수한 애국, 애족 정신을 함양할 뿐 아니라
- 어떠한 역경 속에서도 이를 극복할 수 있는 인내심과 건강한 체력을 갖도록 훈련되며
- 단체생활을 통한 협동심, 도덕성 등을 체득토록 하여 군대에 갔다오면 사람이 되었다는 인식을 가질 정도로 국민교육에 이바지할 것이다.
  따라서 군의 간부는 긍지와 사명감을 갖고 훌륭한 군인을 양성하기 위하여 모든 노력을 기울여야 한다.

> 학교에서는 교육이라고 말하지만 군대에서는 교육훈련이라는 말을 쓴다. 여기에 차이점이 있는 것이다.

학교교육에서 선생은 학생에게 지식을 전달하면 되는 것이지 그 지식을 행동화하는 데 까지 책임을 지는 것은 아니다. 그러나 군대 지휘자(교관)는 지식을 전달할 뿐 아니라 이를 행동화하여 체득시켰을 때 그 책임을 다하게 되는 것이다. 그러므로 군대에서는 교육훈련이라는 말을 쓰며 이는 훈련의 의미를 강조하는 것이다. 속담에 말을 물가에 까지 데려갈 수는 있어도 물을 먹이지는 못한다는 말이 있으나 군대에서는 말을 물까지 데려가야 할 뿐만 아니라 물을 먹게 해야 되는 것이다. 이 말은 병사들이 싫어해도 체득시켜야 된다는 말이다. 여기에 군대 교육훈련의 어려움이 있으며 지휘자의 역할에 따라 교육훈련의 성패가 좌우되는 것이다.

> 군대의 목표는 전투에서 승리하는 데 있다. 따라서 평상시 군대가 할 일은 유사시를 대비하여 훈련을 실시하는 것이다.

전쟁이 언제 일어날지 아는 사람은 없다. 그러나 군대를 유지하는 것은 언제 일어날지 모르는 전쟁에 대비하기 위해서이다. 언제 일어날지 모르는 전쟁에 대비하여 양성하는 군대의 임무는 바로 훈련을 충실히 실시하여 전쟁이 일어났을 때 승리하는 것이다. 6 · 25 전쟁 전 국군은 이런저런 이유로 대대단위 전술훈련도 실시하지 못했는데 반해 북한군은 사단 훈련까지 실시했을 뿐 아니라 전투경험이 풍부한 인적 자원을 갖고 전쟁에 임하였다. 승패는 분명하지 아니한가. 장기간 평화무드가 계속되면 어렵고 고된 훈련보다는 다른 것에 신경을 쓰게 된다. 모든 지휘자는 다른 것보다 훈련에 모든 노력을 경주했을 때 임무를 완수하는 것이라는 점을 깨달아야 한다.

> 훈련이 안 된 군대는 훈련된 군대 앞에 분쇄되기 마련이다. 이
> 것이 야전의 원리인 것이다.

☐ 전장에서의 승리는 병력의 수나 단순한 용기 같은 것에 달린 것이
아니고 오직 훈련을 통한 전투기술의 숙달만이 승리를 확실하게
보장한다는 진리는 변함이 없다. 유럽을 석권한 로마의 베제티우
스는 "적보다 전투 기술이 부족하면 패배하기 마련이다. 오직 훈련
만이 성공을 보장한다"라고 훈련의 중요성을 강조하였다.

☐ 1950년 12월 5일 패전 천리길을 걸어온 7연대 1대대는 비참한 꼴
을 하고 38선을 넘어 한탄강 남쪽에 도착하였다. 훈련이 안 된 신
병들은 병신같은 꼴이 되어 있었다. 80만의 중공군이라 할지라도
장비면에서는 4류 군대였다. 미국 무기로 우리가 장비한다면 40만
을 가지고도 넉넉히 맞설 수 있으리라. 이러한 논리로 따진다면 유
엔군 20만이 우리편에 가담하고 있으니 우리는 20만의 잘 훈련된
군대를 가지고 있으면 중공군과 동등한 실력 대결을 할 수 있다는
결론이 나온다. 그러나 그것은 고사하고 가지고 있는 10만의 군대
라도 잘 훈련되어 있었으면 좋은 것을, 기초 훈련도 제대로 되어
있지 않은 엉터리 같은 신병을 보충해주는 바람에 패전에 패전을
거듭하고 있다. 한국 전선에서 중공군 공세 앞에 무너지는 부대는
미국군도 영국군도 프랑스군도 태국군도 아닌 한국군이었다. 한국
군은 도처에서 분쇄되고 있었다. 훈련이 안 된 군대는 훈련된 군대
앞에 분쇄되기 마련이다. 이것이 야전의 원리인 것이다 (국경선에
밤이 오다).

교육훈련의 개선 없이 전투력의 향상은 없다.

□ 현재 우리 군의 교육훈련은 한계에 도달했다고 해도 과언이 아니다. 갓 임관한 소대장은 출신학교에서 기초교육을 받고 OBC에서 교육을 받은 다음 현지에 부임하고 있으나 학교에서 받은 교육을 전연 응용하지 못하고 있다. 학교기관의 핑계는 학교기관은 기본원칙만 배우는 곳이므로 응용은 현지 부대에 가서 학교에서 배운 것을 기초로 하면 된다는 것이다. 언뜻 보면 맞는 말 같으나 이는 책임을 회피하는 말이다. 현재 학교기관 및 현지부대를 막론하고 교육훈련방법에 문제가 있기 때문이다. 즉 훈련의 목적이 뚜렷하지 않고 숨은 원리를 제대로 교육시키지 못하고 있을 뿐 아니라 무기체계의 발전, 전술의 변화에 따른 창의적인 교육훈련이 되지 않기 때문이다. 이러한 교육을 받은 초급장교가 훈련을 올바르게 할 수 없는 것이다. 과거에는 그래도 전투경험이 많은 장교나 하사관이 많아 이를 응용할 수 있었으나 현재는 그렇지 못하다. 따라서 많은 교육훈련 시간을 소모하면서도 전투력 향상은 한계에 도달하고 있는 것이다. 훈련방법의 개선이야말로 현재보다 전투력을 향상시킬 수 있는 지름길이다.

□ 교육방법을 개선하기 위해서는 결국 실전적 훈련으로 바꿔야 한다. 사고가 두려워 실 수류탄 투척 훈련을 하지 않았다면 전투시 어떻게 될까? 연병장에서 조포 훈련을 아무리 해봐야 전술적 운용에 숙달될 수 없다. 정면 공격으로 일관하는 소부대 공격 훈련이 실전적인가? 우리 군은 6 · 25와 월남전을 통하여 실제 전투에 참여 하고서도 교훈에 따른 훈련의 발전은 없고 오히려 퇴보하고 있는 실정이다. 따라서 전투력 향상을 위해서는 교육훈련 방법을 획기적으로 개선하여 실전에 적용할 수 있는 훈련을 하여야만 전투력 향상은 기대될 수 있는 것이다.

훈련에서 나타나는 효과는 위기시에만 발휘된다. 따라서 훈련 효과는 겉으로 나타나지 않지만 전쟁시에는 부하들의 생명을 구하고 나라를 구한다.

☐ 평상시 훌륭한 부대, 훌륭한 지휘관이란 무엇인가, 반드시 생각해 볼 일이다. 평상시 각종 건물에 페인트칠을 잘하여 드러나 보이게 하고 달콤한 말을 잘하고 기념물이나 세우는 등 외형만 번지르르 하면 훌륭한 부대로 평가받기 쉽다. 그러나 훈련을 열심히 시킨다 하여 겉으로 나타나지 않는다. 이는 훈련은 끝이 없으며 겉으로 나타나지 않기 때문이다. 그러나 진정한 애국자는 겉치레보다 내실을 기하는 훈련에 전심전력하는 지휘자이다. 우리는 이를 외면하고 겉치레에 치우치고 있지 않은가 반성해 볼 일이다.

☐ 군단장 전속부관 시절 군단장을 모시고 군단 예하부대를 방문하는 기회가 많았다. A부대는 군단장 차가 지나가면 멀리 떨어져 있는 보초도 큰 소리로 경례하고 시범도 그럴듯하게 잘하고, B부대는 조용하고 겉으로 나타나지 않는 부대였다. 초급장교의 입장에서 볼 때 A부대가 가장 전투력이 높을 것으로 판단하였으나 그후 A부대가 울진공비 침투시 출동하여 전과도 있었지만 많은 실패를 하였다. 반면 B부대를 추가 투입하였을 때 그 임무를 잘 수행하는 것을 보고 역시 전투력이란 화려함에 있는 것이 아니고 내실을 기하는 데 있다는 것을 느끼게 되었다.

☐ GOP 중대장시 야간 경계를 나갈 때는 반드시 야간 사격과 경계훈련을 실시하고 투입하였다. 이것은 불모지 작업을 할 때도 변함이 없어 연대에서 최하위라는 말을 들었으나 신념대로 행동하였다. 그후 불모지 우수부대는 무장 공비와 조우하여 피해만 입고 지휘관들이 처벌을 받았으나 우리 중대는 2회에 걸쳐 무장 공비를 사살한 전과를 거두어 훈련의 중요성을 다시 느낀 바 있다.

군대 훈련의 목표는 부대 훈련 완성에 있다.

☐ 전투는 부대단위로 이루어짐으로 부대 전투력 발휘를 위한 훈련이
무엇보다도 중요하다.

전투는 부대단위로 이루어지며 개인이란 부대 구성요소에 불과하
다. 그러므로 개인보다는 부대 전투력 여하에 따라 승패가 결정된
다. 6 · 25 당시 북한군은 남침을 위하여 사단급 훈련을 마친 데 비
하여 한국군은 대대 훈련을 시행하려던 차에 기습을 받아 불과 3일
만에 수도 서울이 함락되고 대부분의 부대가 와해되었다. 패한 요
인은 여러 가지가 있으나 부대훈련 부족으로 각 부대가 자기의 전
투력을 충분히 발휘하지 못한 것도 중요 원인 중의 하나이다. 따라
서 부대 전투력 발휘를 위한 훈련은 무엇보다도 중요하며 부대 훈
련 완성에 모든 노력을 경주하여야 한다.

☐ 부대 훈련에는 지휘 능력 배양, 자체기능의 결합과 타부대와의 협
동이라는 요소가 포함되어 있으므로 이를 고려한 훈련이 되어야
한다.

– 부대 훈련을 통해 지휘능력을 배양한다.

6 · 25 전기간을 통하여 한국군 지휘관들은 지휘 역량 부족으로 많
은 희생자를 냈을 뿐 아니라 부대가 와해되는 비운을 겪는 경우가
허다하였다. 그러나 이와 같은 지휘역량은 하루아침에 배양되는 것
이 아니라 많은 경험과 훈련, 자신의 연구를 통하여 얻어질 수 있으
며 특히 부대 훈련은 지휘관의 전투 지휘능력을 향상시키는 가장
적절한 훈련인 것이다. 따라서 부대 훈련시는 지휘능력 향상을 위
한 각종 상황이 조성되어야 한다.

– 부대 자체의 다른 기능을 결합시켜 전투력을 강화시킨다. 소총 분

대는 분대장, 자동 소총수, 유탄사수, 소총수 등으로 편성되어 각기 기능이 다른 병사들이 모여 분대를 구성하고 있어 이를 결합했을 때 분대로서 전투력을 발휘할 수 있으며 이와 같은 기능의 결합은 분대 훈련을 통해서만 가능한 것이다. 마찬가지로 소총중대는 3개 소총 소대와 화기 소대의 기능과 역할을 훈련을 통하여 결합시켜야만 중대로서 전투력을 발휘할 수 있다.

– 기능이 다른 타 부대와 합동 훈련으로 전투력을 극대화한다.

소총 중대라 할지라도 전차, 포, 박격포, 항공 등 다양한 부대 지원 하에 전투를 수행하며 부대 규모가 커질 수록 기능이 다른 부대와 통합하여 전투를 하게 된다. 따라서 평소에 각종 지원 부대가 참가하는 훈련을 통하여 부대 훈련이 완성되었을 때 전투력을 극대화할 수 있는 것이다.

그러나 우리 군의 훈련실태는 어떠한가. 보병은 보병대로, 포병은 포병대로, 기갑은 기갑대로 훈련한다. 대대훈련 때에도 보·포·기·항공 등이 합동해서 훈련하는 일이 거의 없다. 연대 전투단 훈련시에나 모든 부대가 참가하고 있으니 합동훈련이 잘 될 리 없다. 최소 중대훈련시 만이라도 모든 병과가 참여하는 훈련이 실시되어야 한다.

> 부대훈련이 중요하다고 하나 개인훈련의 숙달 없이 부대훈련의 발전은 없다.

☐ 징기스칸 시대의 몽고는 역사에 전무후무한 대정복의 기록을 세웠다. 몽고의 군대는 세계에서 가장 잘 훈련받은 병사로 이루어졌고 일당백의 능력을 발휘하였다. 3-4세부터 고비사막의 엄격한 학교로 보내져 말타는 훈련과 창검 및 활쏘는 훈련을 받아 말과 무기를 놀랄만큼 잘 조작하게 되었다. 예를 들면 신속하게 후퇴하고 있는 중에도 뒤로돌아 사격할 수 있을 정도였다. 거기에다가 엄격한 훈련과 극한 기후에 단련되고 음식도 충분하지 않았기 때문에 강인한 신체를 가졌으며, 규율은 그 당시 어떤 나라에서도 찾아 볼 수 없는 엄격한 것이었다. 여기에 훌륭한 군사지도자와 결합되어 빛나는 승리를 가져온 것이다. 즉 각개 병사의 정예화가 전력의 기본이 되었던 것이다.

☐ 우리 나라의 축구팀은 개인 기본기의 부족으로 세계 일류팀이 되지 못하고 있다. 세계 일류팀이 되려면 개인기가 뒷받침되어야 하는 것과 같이 군대도 각개 병사의 훈련이 월등해야 훌륭한 전투 부대를 만들 수 있는 것이다.

☐ 6·25 초기 한국군은 부족한 병력을 보충하기 위해 3-7일 정도 신병 훈련을 실시하여 전투에 참여시켰으므로 부대 전투력이 낮은 데 비하여, 미군은 16주간(4개월)의 신병 훈련을 실시한 다음 부대에 배치하였으니 당연히 미군 부대 전투력이 높았다.

☐ 오늘날 세계 각국은 16주 이상 신병 훈련을 시키는 데 비하여 우리 군은 6주간의 훈련만 실시하고 있으므로 기초 훈련도 완성되지 않은 병사들이 부대에 배치된다고 봐야 할 것이다. 이와 같은 훈련 상태에서는 부대 전투력 향상은 어려우므로 개인 전투능력 향상에도 힘을 기울여야 한다.

> 각개 병사들의 전투 훈련 수준은 "병사 개개인이 스스로 신념을 갖고 변화하는 상황 하에서 스스로 판단하여 전투할 수 있는 높은 수준의 훈련"이 필요하며 목표를 여기에 두어야 한다.

1. 6·25 당시 보충되는 병사의 훈련 수준은 매우 낮아 초전에 많은 피해를 입었고 작전에 지장을 초래하였다.

☐ 훈련 수준이 낮았던 이유는 훈련시간 부족, 많은 문맹률, 그리고 간부들의 지도능력 부족이였다. 즉 초기에는 일주일 정도, 그 후 점차 늘어나 16주까지도 훈련하였으나 전황이 위급할 때는 훈련 중인 병사들을 바로 전투에 투입하였으니 훈련 수준을 기대할 수 없었고, 거기에 더하여 문맹률이 높을 뿐 아니라 간부들의 지도능력 부족으로 소총 사격도 제대로 하지 못하는 경우가 허다하였다.

☐ 최갑석 장군의 회고 (군사발전 46호 부록)
 - 병사들은 참을성이 없으며 판단도 못하나 그가 갖고 있는 것은 무장하고 다음 지시를 기다리는 것 뿐이다.
 - 병사들은 독립하여 싸울 수 없다. 그들은 상황에서 고립되면 목석이 된다.
 - 병사들은 대체로 3일간이 문제다. 첫날은 혼이 나가고, 이튿날은 침식을 잃으며, 사흘째는 정신이 들기 때문이다.
 - 병사들은 세 가지만 잘하면 된다. 경례 잘하고 사격 잘하며 호 잘 파면 그는 전투에서 생존할 것이다.
 - 전투간 분대장의 완수신호, 음성신호 등에 의하여 지휘될 수 있는 병사라면 그들은 모두 일등 군인이다.

2. 미래의 전투양상과 전투훈련 수준

1차세계대전 이후 화력의 치사도가 증가함에 따라 생존을 위해서는 부대는 물론 개인까지 소산이 필요했고 지형지물 이용, 위장, 호 구축 등 생존을 위한 대책이 필요하였다. 더구나 치열한 포연 탄우 속에서 소산된 부대 지휘는 더욱 곤란했으므로 분대단위도 전술 단위가 되었고 이에 따라 각개 병사도 분대장 의도에 따른 창의적 행동이 더욱 중요하게 되었다. 즉 각개 병사도 최하 전술 단위인 분대장의 지시없이도 분대장의 의도에 따라 스스로 판단하고 전투할 수 있는 높은 수준의 전투 훈련이 필요하게 된 것이다. 더구나 미래의 전투 양상은 치사도는 물론 정밀도까지 향상되고 있으므로 독립된 전투를 할 수 있을 정도의 전투전문가가 요구되고 있다.

3. 한국군은 각개병사의 전투훈련 수준을 어디다 두어야 하는가?

☐ 6 · 25 당시와 같이 "경례 잘하고 총 잘쏘며 호 잘파는 수준", 또는 현재 적용하고 있는 병 공통과목 합격 수준은 미래 전투양상을 고려할 때 부족하다고 생각한다.

☐ 미래를 향한 각개 병사의 전투훈련 수준은 "병사 개개인이 스스로 신념을 가지고 변화하는 상황 하에서 스스로 판단하여 전투할 수 있는 높은 수준의 훈련"이 필요하며 목표를 여기에 두어야 한다.
즉 맹목적인 복종보다는 자율적인 의지로 복종하는 책임의식을 키워야 하고 스스로 적정을 판단하고 이에 대처할 수 있는 수준, 즉 독립 전투가 가능하여야 하며 계속되는 전투를 감당할 수 있는 체력과 행군능력, 휴대하고 있는 화기를 마음대로 다룰 수 있도록 숙달시켜야 한다.

> 훈련을 어떻게 시키느냐에 따라 전장에 적응하는 기간이 달라진다. 가장 훌륭한 훈련은 병사나 부대가 전투에 즉각 적응하는 것이다.

□ 월남전에 참전한 한국군은 전장에 적응하는 데 2개월이 소요되었다.
본인은 맹호부대 부중대장으로 월남전에 참여한 바 있다. 홍천에서 새로이 부대 편성을 하고 훈련을 실시한 후 월남에 도착한 그날밤 경계부대로 나가 있던 타 부대에서 사격을 하자 너도나도 한바탕 사격을 한 후 날이 밝아서 확인해 본 결과 아무것도 없었다. 놀란 한 사병의 사격으로 전 부대가 사격을 한 것이다. 이런 저런 시행착오 끝에 분대가 매복을 나가도 분대장이 책임을 지고 훌륭하게 임무수행을 하게 되어 지휘관이 안심하게 된 것은 2개월이 지난 후였다. 결국 전장에 적응하는 데 2개월이 걸렸다는 말이다.

□ 병사나 부대가 즉각 전투에 적응할 수 있도록 훈련되어야 한다.
오늘 우리의 병사나 부대의 훈련 상태를 생각해 보자. 지금 전쟁이 나면 즉각 전투에 적응할 수 있을 정도로 훈련되어 있는가? 본인은 대대장 시절 판문점 미루나무 사건시 데프콘 2가 발령되어 모든 탄약을 휴대하고 진지에 배치된 후 스스로 반문해 보았다. 그러나 나 자신 확신을 갖지 못했으며 부족한 점이 너무나 많았다. 곰곰이 생각해 보면 월남전에 참전했을 때는 부족한 훈련을 보완할 시간이 있었으나 한국에서는 부족한 훈련은 나와 나의 부하의 피로써 메꾸어야만 한다는 것을 알 수 있다. 이와 같은 점을 명심하여 이제 우리는 모든 잡념을 없애고 오로지 즉각 전투에 적응할 수 있는 부대를 만들기 위해 모든 노력을 해야 하겠다.

> 훈련을 숙달시키려면 쉬운 훈련부터 단계적으로 숙달 시켜야
> 한다. 이 단계를 무시하면 훈련 성과가 없을 뿐 아니라 생명까
> 지도 위협받게 된다. 따라서 수준을 고려하여 훈련시켜야 한다.

☐ 1958년 6월 본인이 사관학교에 입교하여 얼마되지 않아 염천 하에 행군을 하다 생도 2명이 열사병으로 순직하였다. 행군이 무엇인지도 모르는 생도들에게 이와 같이 무모한 행군을 시켜 희생자를 낸 것은 전적으로 지휘관의 책임인 것이다. 생도들의 훈련 수준을 고려하여 짧은 거리부터 점차 강도를 높였다면 희생자를 내지 않고 훈련 목적을 달성했을 것이다.

☐ 1985년 12월 모사단 예하 대대가 동계 산악행군 경험이나 준비없이 야간에 눈덮인 산악을 행군 중 급격한 기온 하강으로 다수의 동상 환자가 발생하였고 일부는 발가락을 절단하였다. 본인은 통합병원에서 절단 환자를 보고 장교 입장에서 부끄럽기 짝이 없었다. 책임 있는 지휘관이라면 당연히 단계적인 동계 행군 훈련을 실시함으로써 사고 없이 훈련 목적을 달성했을 것이다.

☐ 하사관학교 대대장으로 근무시 수류탄 투척장을 방문하여 관찰 중 훈련병이 수류탄을 2m도 던지지 못한 상태에서 폭발하였으나 다행히 보호벽 때문에 인명 피해는 없었다. 수류탄 사고는 대부분 폭발물이라는 두려움으로 경직되어 발생하는 것으로, 훈련용으로 지급되는 연습용 신관을 이용하여 충분히 투척 훈련을 실시한 후 수류탄을 던지는 단계적 훈련을 실시하였다면 이와 같은 사고는 방지할 수 있었을 것이다.

> 훈련을 잘했다는 것보다 훈련에서 어떠한 교훈을 얻었느냐가
> 더욱 중요하다. 교훈은 실패로부터 얻어지므로 훈련에서 실패를
> 부끄러워할 필요는 없다.

□ 훈련을 하는 이유 중 하나가 훈련에서 교훈을 얻어 이를 보완하여
전투력을 향상시키는 데 있다. 훈련이 완벽하게 진행됐다면 구태
여 땀을 흘리며 같은 훈련을 반복할 필요가 없을 것이다. 일부 지
휘관들은 훈련이 완벽한 것처럼 자기과시를 하는 경우가 있는데,
이는 상급 지휘관에게 잘 보이려는 행동이거나 자기과시 또는 훈
련을 평가하는 능력이 없다는 것을 자인하는 행위라 생각된다. 실
패는 성공의 어머니라는 말과 같이 훈련에서 실패에 대한 교훈을
얻어 이를 토대로 훈련을 보완한다면 그 부대 전투력은 계속 향상
될 수 있을 것이고 또한 고통이 사람의 기억 속에 오래 남는 것과
같이 자신의 능력도 계속 향상되는 것이다.

> 소원수리를 받아보면 훈련이 너무 심하여 불평이 있다는 소리
> 는 없다. 그러나 작업이 많다는 불평은 많다.

□ 병사들은 국방의 의무를 다하기 위하여 군에 들어왔다. 군에 들어
온 병사들은 적어도 평시에는 훈련을 통하여 전술전기를 연마하고
일단 유사시에는 이를 토대로 승리해야만 된다는 의식을 갖고 있
다. 그러므로 평시훈련은 기본임무이며 의무로 생각하고 있기 때
문에 아무리 훈련이 고되다 하더라도 대외적으로 불평을 할 수 없
다. 그러나 미화작업 등 작업이 많으면 불평의 대상이 된다. 훈련
이 고되니 하지 말자고 말하는 병사가 있던가? 우리 간부는 부여받
은 임무를 충실히 하기 위해서도 훈련에 힘써야 하겠다.

> 훈련은 강하게 실시하여야 한다. 강한 훈련만이 정신적으로나 육체적으로 전투를 감당할 수 있기 때문이다.

□ 땀을 많이 흘리면 피를 적게 흘린다.

전투란 죽음에 대한 공포, 극심한 활동에 따른 피로 등 정신적 육체적으로 극한 상황 하에서의 활동이다. 따라서 이를 극복해야만 훌륭한 전투원이 될 수 있는 것이다. 그러면 전시가 아닌 평시에 어떻게 하면 훌륭한 전투원을 만들 수 있는 것인가. 강한 훈련밖에 없으며 평시 훈련의 강도가 예상되는 전투시의 극한 상황보다 높았을 때 그 목적을 달성할 수 있다. 그러므로 군에서는 땀을 많이 흘리면 피를 적게 흘린다는 말로써 훈련의 중요성을 강조하고 있는 것이다.

□ 훈련 목적에 따라 훈련의 강도를 조절해야 한다.

강한 훈련을 한다고 무조건 휘몰아친다면 훈련의 성과는 고사하고 실증을 느끼게 되고 나쁜 타성이 붙게 된다. 즉 신병 훈련과 같이 비교적 단기간 훈련이라면 강훈 일변도로 훈련시킬 수 있으나 부대에서는 강약을 조화시키는 훈련이라야 성과를 거둘 수 있다. 같은 행군 훈련이라도 행군 중 전술 상황에 대처하는 훈련이 목적이라면 비교적 짧은 거리를 이동하면서도 각종 전술 훈련을 반복하여 전술 상황 하에서 행동을 숙달시키도록 해야 하나, 행군 능력을 배양하는 훈련이라면 전술 상황보다는 체력단련 위주로 장거리를 행군하여 육체적인 단련은 물론 인내심을 배양하도록 해야 할 것이다. 이와 같이 훈련 목적에 따라 훈련의 강도를 조절해야 훈련의 성과를 거둘 수 있다.

훈련 중 사고는 가급적 관용하는 것이 좋다. 처벌을 강화하게 되면 무사고 위주로 훈련을 하게 되며, 이렇게 되면 전투력 향상은 기대할 수 없다.

□ 과거 훈련용 실 수류탄을 비롯한 폭약류를 활용하지 않고 창고에 쌓아두는 부대가 있었다. 이유는 수류탄 훈련시 가끔 사고가 나기 때문에 지휘관들이 두려워 훈련시 사용하기를 꺼려했기 때문이다. 그렇다면 이러한 부대는 전투가 나면 실 수류탄을 한번도 던지지 않은 병사들을 전투에 투입하게 되는 것이다. 결과는 자명하지 아니한가. 위험을 무릅쓰고 훈련을 실시하여 자신감을 가졌을 때 전투력은 극대화되는 것이다.

□ 연대장 시절 예하 중대에서 폭약을 사용한 훈련 중 폭발하여 병사의 손가락이 절단되는 사고가 발생하여 경위를 조사한 결과 불가항력적인 사고라 판단되어 문책하지 않았다.

□ 소대장 시절 대대시험에 참가했을 때 모든 차량이 야간만 되면 비상등만을 켜고 운행하였다. 그때 처음 비상등만을 켜고 험한 고지를 오르는 지프차를 타보고 신기하게 생각했던 때가 엊그제 같다. 그후 대대장 시절에는 사고 방지를 위해 평지에서는 비상등을, 위험한 곳에서는 전조등을 사용해도 좋다고 하였으나 배속된 차량을 포함한 모든 차량을 비상등 만으로 험한 고개를 넘도록 한 일도 있었다. 요즈음은 어떻게 하는지 궁금하다. 과거에는 전투 경험이 있던 간부들이 많아 그만큼 실전적 훈련을 하였으나 요즈음은 사고 방지가 우선인 것 같아 훈련이 형식에 흐른다는 것을 느끼게 된다.

□ 결국 훈련시 사고가 발생하지 않도록 모든 조치를 취하여야 하나 불가항력적인 사고에 대해서는 관용을 베풀어야만 안전을 유지하면서도 실질적인 훈련을 할 수 있는 것이다.

> 훈련은 어떠한 기후에서도 적응할 수 있도록 실시되어야 한다. 특히 혹서기, 혹한기 훈련은 더욱 중요하다.

☐ 1950년 7월과 8월 한국의 기온은 이례적으로 높았고 때로는 35도까지 올라가는 수도 있었다. 거기에다가 한국의 산은 험하며 60도의 가파른 경사가 있는 곳도 많았다. 트럭에서 내려 고지와 능선으로 오를 때면 미군병사들은 파리처럼 땅에 떨어졌다. 험한 지형에 익숙치 않은 다리가 그들을 지탱할 수 없었고 더위 속에서의 등산으로 심한 두통을 가져왔다. 이 몇 주일 동안에 더위와 과로로 쓰러진 장병 수는 적군의 총탄에 쓰러진 사상자 수보다 많았다. (실록 한국전쟁)

☐ 1950년 11월 고토리 고원을 따라 올라가고 있던 미 해병사단은 11월 10일 밤 혹한의 엄습을 받았다. 수은주가 영하10도로 떨어졌다. 처으므로 겪는 모진 추위로 병사들은 어리둥절해졌으며 어떤 병사들은 고통에 울부짖었다. 수통의 물은 돌덩이 같이 얼었고 통조림 음식도 얼어 붙었다. 자동차도 한번 정지해 놓으면 시동이 걸리지 않았고 총포도 얼어서 기름이란 기름은 모두 제거해야만 했다. 노출된 병사들의 손발은 동상에 걸렸고 부상당한 사람은 고통에 시달렸다. 결국 혹한은 적의 실탄만큼 미군 병사들을 쓰러뜨릴 수 있었다.

☐ 사단장에 부임한 시기가 혹한기인 1월이었다. 부임한 지 며칠이 안 되어 참모장으로부터 모 부대가 야외훈련 중인데 영하 몇도 이하이면 훈련을 중단하도록 되어있으므로 훈련을 중단하고 철수시키는 것이 좋겠다는 건의를 받았다. 나는 그때 혹한기라고 전투를 하지 않느냐고 묻고 동상예방을 위한 조치를 하면서 훈련을 하도록 지시한 바 있었다.

☐ 우리의 훈련은 어떠한가. 혹서기 몇도 이상, 혹한기 몇도 이하 때는 훈련을 중단하라는 지시가 상급부대로부터 내려와 있다. 안전사고를 방지하기 위해서이다. 만일 우리가 이와 같은 지시를 따른다면 미군이 한국전쟁에서 겪은 것과 같은 피해를 볼 것이다. 혹서기나 혹한기라고 전투를 하지 않는다는 말인가.

> 훈련은 계획된 시간뿐만 아니라 전, 평시를 불문하고 여가가 있는
> 대로 임무에 따른 훈련이 계속되어야 강한 전투력을 발휘할 수 있다.

□ 위기에서 쓸모없는 부대란 여가가 많을 때 빈둥거리며 시간을 소
모한다.

평시 훈련에 합격점을 받았다고 훈련이 끝난 것이 아니라 계속되는
것이다. 평시 보초 근무를 나갈 때도 근무요령을 훈련하고, GOP 임
무를 수행하더라도 훈련을 중단하는 것이 아니라 짧은 시간이라도 경
계 근무에 필요한 훈련을 할 때 적 침투에 대비할 수 있는 것이다. 우
리의 선배들은 6·25 전쟁시 계속되는 전투 중에도 시간을 내어 훈련
이 부족한 신병들을 훈련시키면서 전투를 실시하여 조국를 구하였다.

□ 시간이 가용한 대로 예상되는 작전을 고려하여 훈련을 실시하여야
한다.

－ 6·25 전쟁시 훌륭한 지휘관들은 공격시 시간을 내어 현지와 비슷
한 지형에서 공격 훈련을 하거나 시간 여유가 없을 때는 모형이라
도 만들어 공격 연습을 실시하였다.

－ 본인이 월남전에 참전했을 때 매복을 나가는 분대는 반드시 매복 장소
진입, 적 발견시 조치, 통신 등에 대한 훈련을 실시하고 출발시켰다.
GOP 중대장시에도 야간 경계에 나가는 병사들은 야간 사격과 적 발견
시 조치 요령 등을 훈련하고 투입한 결과 소기의 목적을 달성하였다.

－ 대대장시 미루나무 사건으로 테프콘 2가 발령되어 전쟁이 발발할
것으로 생각하고 진지에 투입되었을 때, 어떻게 하면 대대원들이
전투에 임하는 마음 가짐을 만들 수 있는가에 대해 생각해 보았으
나 뚜렷한 방법이 떠오르지 않았다. 지금 생각하면 소총을 비롯한
각종 화기의 0점 사격이라도 하였다면 훨씬 효과가 있었을 것이라
고 생각되어 아쉬움이 남는다.

> 지형에 따라 전투 방법이 다르다. 따라서 장차 전투가 벌어질 지형에서 훈련해야 전투에 즉각 적용할 수 있다.

☐ 지형에 따라 전투 방법이 다르다.

유럽 지역과 같이 광활한 구릉지역에서는 대규모 기계화 부대에 의해 전투가 이루어진다. 정글지역의 전투는 보병 위주의 전투가 될 수밖에 없다. 월남전에서 미군이 고전한 것은 물량으로는 어쩔 수 없는 보병 전투가 벌어졌기 때문이다. 6·25 당시 한국에서는 어떠했는가? 대부분 산악이 중첩해 있고 수답지 등으로 기갑부대 기동이 어려워 보병에 의한 고지 전투가 주가 됨으로 고지를 오르내리는 데 익숙하지 않은 미군은 참전 초기 고전을 겪게 된 것이다.

☐ 한국에서는 고지 전투가 될 수밖에 없으므로 고지에서 훈련해야 한다.

장차에도 한국에서 보병은 단장의 능선 같은 고지, 도로를 통제할 수 있는 고지에서 전투해야 한다.

〈단장의 능선〉

그런데 우리의 훈련 실태는 어떠한가? 한국의 지형으로 볼 때 당연히 고지를 이용하여 훈련해야 함에도 불구하고 학교 기관에서 모두 평지에서 훈련함으로써 실전 감각이 없는 초급지휘자들은 전투 부대에서도 학교에서와 같이 평지에서 훈련시키고 있으니 전투력이 향상될 리 없다. 공격, 방어는 물론이고 소총사격, 수류탄 투척훈련 등 모든 훈련을 고지에서 실시해야 한다.

> 훈련용으로 지급된 모든 탄약은 세밀한 계획을 세워 사용하여
> 야 전투력 향상에 기여할 수 있다.

☐ 1970년대 이후 미국의 군사원조가 삭감되고 훈련용 탄약은 자체 국
방예산에서 구매되어 할당됨으로써, 수량이 감소되었을 뿐 아니라
훈련도 강화되어, 80년 이후에는 세밀한 교탄 사용계획을 세워 적
은 수량으로 사격술을 극대화하도록 강조되어 오늘에 이르고 있다.

☐ 교육훈련 세부계획과 훈련용 탄약 사용계획을 수립하는 자는 중대
장이다.

우리가 부대근무를 해보면 GOP, FEBA, 군단예비, 후방부대 등 부
대성격이 다양하며 훈련 여건도 다르기 때문에 세부적인 훈련통제
가 어렵다. 따라서 중대장은 부대 실정을 고려하여 세부 훈련계획
을 수립하고 훈련계획에 따라 탄약 사용 계획을 수립하여 실행하여
야 한다. 비록 GOP에 근무한다 하여도 교육훈련 및 탄약사용 계획
을 세워 사격하는 습성을 들여야 한다.

☐ 부사단장으로 전방부대에 보직된 후 예하 중대를 방문 중 교육용
탄약 사용실태가 궁금하여 사용계획을 문의하니 그 내용이 형식적
이고 부실하였다. 본인은 계획을 세워 탄약을 사용하여도 달성의
지가 없으면 형식적인 것이 되는데 계획 자체가 부실하니 무엇이
이루어지겠느냐고 타이르고 실질적인 탄약 사용계획을 수립할 수
있도록 지도한바 있다. 결국 그동안 교육용 탄약사용계획에 대하
여 그렇게 강조하였는데도, 시간이 흐르고 지휘관도 바뀌고 상급
부대 관심도 적어지면 좋은 제도도 이행되지 않을 뿐 아니라 사장
되고 있으니 훈련성과를 얻는 것이 얼마나 어려운가를 다시 한번
느끼게 되었다.

> 훈련 및 작전이 끝난 후에는 반드시 강평을 실시하고 부족한
> 훈련을 보충하여야 전투력을 향상시킬 수 있다.

□ 부대 행동 후에는 강평을 하는 습관을 들여야 한다.

강평이란 훈련 및 작전 결과에 대한 평가를 토의하는 과정이다. 따라서 강평은 잘못된 점을 발견하고 시정함으로써 전투력을 강화시키는 데 목적이 있다. 그러나 우리는 평소 훈련을 열심히 하고도 피곤하다는 핑계로 강평을 하지 않는 경우가 허다하여 고생을 하고서도 전투력으로 승화시키지 못하고 있는 실정이다. 그럼으로 노고를 헛되게 하지 않기 위해서는 강평을 습관화하여 자기의 약점을 발견하고 시정함으로써 전투력을 향상시키는 노력을 계속해야 하겠다.

□ 강평은 토의식으로 진행하는 것이 바람직하다.

통상 강평은 상급자가 실시하기 때문에 일방적으로 끝나는 경우가 허다하다. 이와 같은 강평으로 성과를 기대하기 어렵다. 따라서 검열이 아닌 경우 훈련이 끝나면 훈련장이 보이는 시원한 나무 그늘 밑에서 원칙과 실제 행동을 비교하면서 잘못을 지적하고 해당자의 생각을 발표하도록 하는 등 토의식으로 진행한다면 공감대를 형성하여 성과를 거둘 수 있다. 또한 교범, 전사, 경험 등을 이용하여 확고한 근거를 갖고 납득시켜야 강평을 받는 자들이 수긍하게 되어 부대 훈련이나 작전에 활용할 수 있게 되는 것이다.

□ 강평 결과에 대한 시정조치를 하여야 한다.

강평 후 아무런 시정조치가 없으면 강평을 한 가치가 없다. 특히 중대한 결함이 발견되었으면 추가적인 훈련으로 보완되어야 한다.

제 2 장
간 부 훈 련

간부의 우열에 따라 전쟁에서
승패가 결정되므로
간부 능력 향상에
노력을 집중해야 한다.

제4장
기부출연

간부란 부대에 영향을 주는 중요 인물을 말하며 중대에서 간부는 분대장, 하사관, 위관 장교인 소대장, 중대장 등을 말한다.

□ 분대장이란 누구인가?

분대장은 군에서 최하 전술 단위의 지휘자로 한국군은 의무 복무자 중에서 고참병으로 선발하여 분대를 지휘하도록 임명한 최하 말단 간부이다. 그러므로 직위의 중요성에 비해 전술지식, 경험, 지휘 통솔 능력이 부족한 반면 책임만 막중하고 간부로서 대접도 시원치 않은 어려운 직책이다. 분대장이 강하면 분대가 강하고 분대가 강하면 소대가 강하게 되는 것이다. 따라서 강한 전투력을 원하면 분대장이 제역할을 할 수 있도록 권위를 부여해주고 세심한 지도를 하여야 한다.

□ 하사관이란 누구인가?

하사관은 장교를 보좌하고 병사를 지도하는 직업군인이다. 하사관 대부분은 위관 장교보다 나이가 많고 수많은 경험을 가진 전투 기술자이며 같은 부대에서 장기간 복무하여 부대 역사를 쌓아가는 주인공이다. 하사관이 건실하면 장교와 결합하여 훌륭한 부대를 만들 수 있고 어떤 난관도 돌파할 수 있을 것이다. 특히 소부대에서는 더욱 그렇다. 따라서 하사관은 존중되어야 하고 제역할을 할 수 있도록 권한과 책임을 부여하여 초급 장교의 부족한 부분을 보완하도록 하여야 한다.

□ 장교란 누구인가?

장교란 부대의 핵심이며 상징으로 부대 승패의 모든 책임을 지는 위치이다. 장교가 하사관이나 병과 다른 점은 책임이 크다는 것이다. 하사관이나 병사가 과실을 범하면 개인의 문책으로 끝나지만 장교는 자신뿐 아니라 부하의 과실도 책임을 지므로 즐거움보다는 책임만 있는 어려운 직위인 것이다.

□ 소대장이란 누구인가?

소위는 장교의 시작으로 소대장으로부터 장교 생활을 시작한다. 소대장은 소대의 상징이며 중심이고 원동력으로 소대의 승패를 비롯한 모든 책임을 진다. 소대장은 이와 같이 책임이 막중한 데 비해 책임감과 의욕은 강하나 군대 경험이 적으므로 부소대장인 하사관의 도움을 받는 것이 좋다. 이렇게 함으로써 강한 의욕과 경험이 결합되어 소대장의 능력을 최대로 발휘할 수 있다. 결국 소대장은 행동으로 모범을 보여 부하를 감복시켜 따라 오도록 함으로써 임무를 완수하는 지휘자인 것이다.

□ 중대장은 누구인가?

중대는 전술 단위이면서 최하 행정 단위이다. 따라서 중대장은 작전과 행정을 동시에 수행하는 막중한 위치에 있으며 중대장은 예하 소대장과 중대본부의 보좌를 받아 중대를 이끌어 나가게 된다. 그러므로 중대장은 성급한 행동보다는 심사 숙고된 결심을 통하여 이성으로 중대를 지휘해야 한다. 중대는 실질적인 단결체로 6·25 전쟁 중 훌륭한 중대장은 어떤 역경 속에서도 전투력을 유지하고 임무를 완수한 바 있다.

간부 우열에 따라 승패가 결정된다. 따라서 군의 최고 간부는 국가의 운명을 좌우하고 분, 소대 간부일지라도 분, 소대와 병사의 운명을 좌우한다.

☐ 6 · 25 당시 군 최고 간부들의 능력 부족으로 국가 존립 자체가 위태로웠다

북한군의 6 · 25 남침 당시 한국군의 국방장관은 민간 출신이며 군 수뇌들도 군사 작전에 미숙한데다가 중요 지휘관들도 대부대 지휘 경험을 쌓을 여유가 없었다. 이와 같은 실정에서 남침을 당하자 증원 병력을 축차로 투입하는 우를 범하여 전력을 제대로 발휘하지 못하고 각개 격파당했으며 한강 인도교를 조기에 폭파하여 국군의 주력이 격파되어 국가의 존립이 위태롭게 되었다.

☐ 훌륭한 간부를 보유한 6사단 7연대의 경우

6 · 25 초기 아 6사단은 북한군 2사단 및 7사단의 맹공을 받고서도 춘천지역을 3일 동안 사수함으로써 차후 작전에 기여하였고, 6 · 25 초기 아 8사단과 더불어 건재를 유지하고 작전하는 훌륭한 부대의 명예를 획득하였다. 이는 북한군의 남침 징후에 대해 기습을 받지 않도록 휴가를 중지하고 경계에 만전을 기했다는 데도 기인하였으나, 당시 타 부대에서는 업무에 지장이 있다 하여 보병학교 교육을 기피하였으나 서전을 장식한 7연대는 자원해서 중, 소대장급 장교들은 초등군사반 교육을 대부분 마쳤으며, 대대장들도 고등군사반 과정을 이수함으로써 간부들이 필요한 전술지식을 구비한 결과였다고 임부택 연대장은 술회한 바 있다.

☐ 미래에 있어서도 간부의 능력 여하에 따라 전력의 큰 차가 생긴다는 진리에는 변함이 없다. 오늘날 우리는 밤낮 가리지 않고 병사들만 마구 몰아치는 데만 열중하고 가장 중요한 간부의 능력향상에는 등한히 하고 있지 않나 반성해 볼 일이다.

> 전투력을 극대화하기 위해서는 간부 능력 향상이 가장 우선이
> 다. 모든 훈련에 앞서 간부 능력 향상에 노력을 집중하자.

☐ 일본군의 체험 (전장의 실상과 사고).

2차대전시 일본군이 특히 강조한 것은 " 병의 교육을 희생시키더라
도 간부 능력 향상에 노력하라는 것이었다". 이와 같이 극단적인
표현까지 한 것은 전투 체험에 비추어 봤을 때 간부들의 능력 향상
이 얼마나 급선무이며 중요한 것인가를 절감한 결과이다. 이와 같
이 된 이유는 노·일 전쟁이후 전쟁 경험이 없어 케케묵은 교리에
집착하고 날로 변화하는 군사 기술발전에 무관심하고 소부대 전투
훈련 향상을 등한시한 결과였다.

☐ 현재 우리 군은 어떠한가.

한국군도 간부 훈련을 강조는 하고 있으나 말만 앞세우고 있어 소
기의 목적을 달성하지 못하고 있으며 특히 소부대 지휘자들의 능력
향상은 시급한 문제이다. 그러면 이와 같이 간부 훈련이 소홀한 이
유는 무엇인가.
– 장기간 휴전 상태로 간부 능력 향상의 중요성을 알지 못하고, 알고
  있다고 하더라도 간부 능력 향상을 위한 여건, 즉 시간, 분위기, 상
  급 부대 요구 등이 허락하지 않고 있고,
– 간부 자체가 자기 발전을 위한 군사 연구를 등한히 하는 데 있다.

☐ 우리는 위기가 닥쳐 한탄하지 말고 평소 간부능력 향상에 최대 관
  심을 갖고 노력해야 나라를 구하고 자신과 부하를 살리며 희생을
  값있게 할 수 있음을 명심해야 한다.

> 중대장은 중대 간부 교육의 책임자로 2단계 하급 지휘자인 분대장까지 교육 책임이 있으므로 세밀한 준비와 강력한 의지를 갖고 간부 교육에 힘써야 한다.

☐ 군대의 간부는 지휘자인 동시에 교관의 능력을 구비해야 한다.

예를 들면 분대는 분대장과 분대원으로 구성되어 있다. 따라서 분대장은 말단 전술단위 지휘자로 분대를 지휘하게 되며, 분대원은 분대장의 지휘하에서 전투를 하게 되므로 분대장은 지휘능력이 필요하고 분대원은 전투기술에 숙달되어 있어야 한다. 따라서 분대장은 지휘능력 향상을 위한 훈련을 받아야 하며 동시에 분대원을 훈련시키는 교관으로 능력도 갖추어야 한다. 여기에 간부 교육의 목표가 있는 것이다.

☐ 간부 교육은 상호토의, 집체교육, 부대훈련 등을 통하여 이루어진다.
- 상호토의

결산시간, 토의시간 등을 통하여 교육준비, 교육간의 문제, 교육 결과 등에 대하여 보고 받고 토의를 꾸준히 실시하고 지도한다.
- 집체훈련

필요하다고 생각되는 중요한 훈련은 수시간 또는 수일간을 할애하여 집체훈련을 실시한다.
- 부대훈련

부대훈련은 훈련 목표에 따라 훈련 내용이 명확하게 구분되도록 하여야 한다. 지휘능력 배양이 목표라면 당연히 차상급 간부가 교관이 되어 지휘자 위주의 훈련을 하고 병사들의 훈련이라면 해당 지휘자가 교관이 된다.

초급 간부 교육의 중점을 어디에 둘 것인가. 각개훈련을 지도할 수 있고 지휘 능력 배양에 두어야 하나 반드시 고려해야 할 사항이 있다.

☐ 먼저 전체를 보고 세부를 보는 습관을 들여야 한다.
- 소총 소대가 공격 계획을 수립한다면 먼저 중대 공격의도에 따른 전체적인 소대 공격 방법을 구상하고
- 소대 공격에 따라 예기되는 각종 상황을 세밀하게 분석하여 세부적인 조치, 즉 공격 개시선은 어떻게 넘고 부상자는 어떻게 조치하며 탄약은 언제, 누가, 어디서 수령하여 보충할 것인가 등을 구체화하는 등 세부 계획해야 한다.
- 소총소대 훈련을 한다면 이와 같은 착안하에 훈련해야 하나 목표만 부여하면 중간 상황 부여없이 산타기 식으로 목표에 올라가니 훈련의 성과를 기대할 수 없는 것이다. 따라서 사고와 관찰에 있어 항상 전체를 보고 세부를 보는 습관을 들이도록 훈련하여야 한다.

☐ 정보를 중시하는 사고를 가져야 한다.
- 우리는 적을 알고 나를 알면 백번 싸워도 위태롭지 않다는 손자 병법은 알아도 이를 시행하는 간부는 별로 없다. 그렇기 때문에 우리의 훈련은 형식에 흐르고 성과가 없는 것이다.
- 적을 알기 위해서는 적정을 파악하거나 연구하는 노력이 있어야 하며 이를 활용하여야 한다. 훈련시 보면 소대장 공격 명령 하달시 목표에 적 1개 분대가 있다는 정도로 적정을 묘사하고 공격하니 훈련이 될 리 없다. 적 1개 분대가 구체적으로 어디에 배치되어 있고 장애물은 어디에 있으니 어떻게 행동해야 된다고 할 정도로 구체화되어야 한다.

– 지형과 기상에 대한 고려도 하여야 한다.

　 * 지형은 군사 작전에 지대한 영향을 미치므로 지형을 이용하는 훈련을 하여야 한다. 간부들은 산을 보면 저 산에서는 어떻게 방어 배치를 하고 저 산은 어떻게 공격할 것인가? 협곡을 통과할 때는 적의 매복을 생각하고 대처 방법을 구상할 정도로 지형에 대한 연구풍토가 조성되어야 한다.

　 * 기상 또한 작전에 큰 영향을 미친다. 눈이 오면 눈을 감상하는 것이 아니라 눈에 따르는 작전의 영향을 생각해야 할 정도로 기상이 미치는 영향을 연구하여 자기 것으로 해야 한다. 이와 같이 연구했다면 폭염 강행군으로 병사가 죽는 일은 없는 것이다.

☐ 화력 문제를 고려하여 훈련해야 된다는 것이다.

2차대전시 일본군의 돌격은 미군의 화력에 의하여 막대한 손실만 입고 실패하였다. 오늘날 우리의 훈련도 화력을 등한시하고 있으므로 형식화되기 쉬워 분대장이 노출된 장소에서 지휘한다든지 공격시 병사들이 지형지물을 이용하지 않고 서서 걸어가는 경우가 생기는 것이다. 따라서 아군의 화력 발휘는 물론 적의 화력도 고려하여 훈련시켜야 한다.

☐ 실전적 훈련이 아니면 하지 말아야 한다.

소총 사격도 실전에 적용할 수 있는 훈련이 되어야지 성적을 올리는 훈련을 해서는 안 된다. 훈련이 실전에서 쓸모가 없다면 과감히 하지 말아야 하며 이와 같은 공감대가 상하 일치된다면 우리의 훈련은 성과를 거둘 수 있고 전투력이 향상될 뿐 아니라 부하로부터 신뢰를 얻는다.

> 실전적 훈련을 실시하라는 말을 자주 듣는다. 이는 전투시에
> 도 훈련받은 대로만 행동하면 되도록 훈련시키라는 말이다. 간
> 부부터 실전에 관한 연구가 필요하다.

☐ 실전적인 훈련이 중요하다고 하지만 실전이 아닌 평시의 훈련을
어떻게 실전과 같이 훈련시킬 것인가에 대해서는 깊이 연구해야
할 것이다. 전투시 적탄하에서 양상과 평시 연습장의 양상과는 현
저한 차이점이 있으며, 이점에 무감각한 훈련은 아무 필요도 없게
되며 병사들의 고통만 가중시키게 된다. 따라서 실전적인 훈련을
실시하기 위해서는 간부부터 실전에 관한 충분한 연구가 있어야
한다. 자신의 경험과 교범, 전사를 충분히 연구하고 실전을 체험한
사람의 경험담을 들어서 전장의 실상을 파악하고난 후 이를 훈련
에 적용하여야 한다.

(가) 교범에서 실전의 제문제를 얻는다.
☐ 교범이란 지난날의 전쟁경험에서 얻어진 귀중한 교훈을 압축하여 하
나의 원칙으로 만든 것이다. 따라서 교범을 충분히 읽고 그 내면의
숨은 원리를 이해함으로써 실전의 제문제를 얻을 수 있다. 전쟁초기
에 교범을 충분히 이해 못하는 자는 교범을 필요없다고 생각하나 점
차 교범의 필요성을 재인식하게 되는 것이다. 이는 교범이 기본적인
원칙을 기술한 것이고 실전에서는 교범에서 배운 것을 토대로 임무,
적, 기상, 지형에 따라 적용 방법이 달라져야 한다는 것을 모르기 때
문이다. 바둑에서 행마, 사활 등 기본원리에 정통해야 하며 대국에서
는 기본원리를 어떻게 이용하느냐에 성패가 결정되는 것과 마찬가지
이다. 바둑의 대가는 평상시는 항상 기본원리에 대한 연구를 게을리
하지 않는 것과 같이 간부도 항상 교범을 연구해야 한다.

(나) 전사나 전쟁에 관한 서적을 탐독하고 교범에 있는 전술원칙의 진리를 발견하고 실전 감각을 익혀라.

　□ 전사란 전쟁의 역사를 기록한 것으로 전사야말로 전투의 본질을 알 수 있게 되며, 전투에 대처할 수 있는 길을 찾아주는 길잡이인 것이다.

　군인으로서 가장 바람직한 것은 스스로 실전의 경험을 쌓아가는 것이나 바란다고 이루어지는 것도 아니다. 더구나 개인의 체험은 그 지위, 또는 전투상황 등에 의해 일부에 국한되고 또 편협적인 독단에 빠질 우려가 있는 것이다. 따라서 교범에 있는 문맥만으로는 정확하게 터득할 수 없는 것, 즉 원칙의 묘라든가 깊은 뜻을 배우기 위해서는 전사연구에 힘써야 한다. 전사를 차분하게 음미하다 보면 거기에 담겨 있는 진리를 발견하게 되고, 제 원칙은 이러한 경우를 두고 하는 말이구나 하는 깨우침으로 스스로 기쁨을 느낄 것이며 실전의 감각을 익히게 될 것이다.

(다) 실전을 경험한 사람의 체험을 들어 자기 것으로 만들자.

　□ 군에서 실전 경험이란 피와 땀을 흘려서 얻은 체험이다. 6·25 당시 미 해병대가 강했던 요인 중의 하나가 간부의 대부분이 2차대전시 실전 경험을 갖고 있었다는 것이었다. 한국군이 월남전에 참전했을 때 한국에서 중대장 경험이 있는 자는 전투를 잘하였으나 소대장만하고 후방에서 근무한 자의 대부분이 전투에 서툴렀다. 그만큼 경험이란 중요한 것이나 한사람이 모든 것을 다 경험할 수는 없으므로 다른 사람의 경험을 경청하여 자기 것으로 만드는 노력이 필요하다. 누군가가 남의 체험을 자기 것으로 만드는 자가 제일이고 자기가 체험을 통하여 얻는 자는 그 다음이고 이것도 저것도 아닌 자는 무능한 자라는 말을 했는데 음미해 볼 일이다.

> 간부교육 및 교육준비를 할 수 있는 충분한 시간과 여건을 주
> 어야 한다.

☐ 연구할 수 있는 시간이 필요하다.
- 소대장 시절 당해년도 교육훈련 준비를 위해 교안을 작성하고, 실
  습계획을 준비하고 교육을 실시하여 최초에는 계획대로 진행되었
  으나 시간이 흐름에 따라 진지공사, 우천 등으로 계획에 차질이 생
  겨, 훈련전 준비를 할 시간이 없어 훈련 준비가 미흡하여 훈련을
  하여도 훈련의 성과가 지지부진하였다.
- 작전처 보좌관으로 근무시 사단은 연간 1,000여 시간을 훈련 가용
  시간으로 판단하여 교육훈련을 실시하도록 하였으나 간부가 훈련
  을 준비하고 검토할 수 있는 시간을 할당한 일은 없었다.
- 지금까지도 매일 교육훈련이 계속되고 있으나 간부들의 사전준비
  시간도 없을 뿐 아니라 간부교육시간도 할당된 일이 없으니 매사
  에 바쁘기만 하고 교육훈련 성과는 오르지 않고 있는 것이다.
- 따라서 병사들을 놀리더라도 간부교육시간을 할애하여 사전 충분
  한 간부교육과 훈련 준비를 할 수 있도록 하여야 하겠다.

☐ 소대장 및 부소대장을 위한 사무실이 필요하다.
  소대장 및 선임하사관의 사무실이 있는 곳이 없다. 중대본부에도
  있을 장소도 없고, 책상도 없으니 어디에서 교육준비를 하며 분대
  장을 비롯한 소대 간부교육을 할 것인가. 결국 병사들이 기거하고
  있는 내무반밖에 없으니 교육준비가 충실하게 진행될 수 없는 것이
  다. 소대장 및 부소대장을 위한 사무실이 준비되어야 한다.

> 상급 장교 또는 지휘관들은 하급 장교들을 지도함에 있어 질타보다는 친절함이 앞설 때 존경심이 생기고 전우애가 싹튼다.

☐ 많은 상급자들이 개구리 올챙이 때 생각 못한다.

- 본인의 초급 장교 시절을 생각해보면 의욕만 앞섰지 모르는 것이 너무 많아 실수를 연발하였다. 그때 상급자가 친절하게 지도해 주거나 조언을 해주면 쉽게 깨우치고 고마움을 느껴 존경심이 생기나 질타를 하게 되면 반발심이 생기는 것을 경험하게 되어, 지휘관을 할 때마다 질타보다는 지도에 중점을 두어 상당한 성과를 거두었다. 그러나 많은 상급자들이 올챙이 때 생각을 못하고 질책과 강요만을 앞세우고 있어 득보다 실이 많으니 안타깝기 그지없다.

☐ 부하 장교들을 신뢰할 때 상급 장교들도 신뢰받는다.

1979년 생도 하기 군사훈련 책임자로 보병학교에 근무 중 어느날 점심식사를 할 때 학교장께서 ROTC 장교들에 대한 견해를 들려주었다. 학교장께서 어느 좌석에 참가했을 때 6 · 25 당시 임관한 장군이 요즘 임관하고 있는 ROTC 장교들이 무능하다는 취지의 발언을 하는 것을 듣고 "우리는 6 · 25 당시 겨우 9주간의 군사훈련만 받고 임관하여 전투에 투입되었는데, 현재 ROTC 장교들은 2년간 학교에서 교육받고 OBC까지 수료하고 전방에 배치되니 우리가 임관하던 때를 생각하면 모든 면에서 앞서는 것이 아니냐 라고 반문하니 수긍하더라" 라는 요지의 말이었다. 역시 상급 장교들은 하급 장교들을 인정해 주고 따뜻한 지도가 곁들였을 때 존경을 받으며 상하 일체감이 조성되는 것이다.

제3장
각개전투 및 구급법

전 장병이 전투에서 적을 격멸하고
생존하는 데 필요한 전투기술이다.

광의의 각개전투란 모든 전투원이 전장에서 휴대하고 있는 무기로 적을 제압하고 적의 화력으로부터 생존하는 데 필요한 기본이 되는 전투기술이다.

□ 모든 군인은 휴대하고 있는 무기 사용에 숙달되어야 한다.

군인이 기본적으로 휴대하는 무기는 소총이다. 최근에는 연발 사격이 가능한 소총을 갖게 됨으로써 막대한 화력을 발휘할 수 있는 능력을 갖추게 되었다. 따라서 이들 무기들을 용도에 알맞게 숙달시켜야 최대 전투 능력을 발휘할 수 있다.

□ 적의 화력하에서도 살아 남아야 싸울 수 있으므로 생존을 위한 훈련도 숙달되어야 한다. 생존을 위한 행동을 협의의 각개전투라 한다.

우리는 "총알이 사람을 피하는 것이지 사람이 총알을 피하는 것이 아니다" 라는 운명론적인 말을 자주 하고 있다. 이 말이 사실이라면 우리는 구태여 땀을 흘리며 훈련을 할 필요가 없을 것이다. 그러나 무기의 성능이 계속 발달함에도 불구하고 사상자가 크게 증가하지 않는 이유는 전술의 변화는 물론 개인 방호술의 발달에 이유가 있는 것이다. 노·일 전쟁 이후부터 각종 화기 성능의 비약적인 발전으로 무엇보다 생존을 위한 대책이 필요하였고, 이때부터 과거의 밀집 대형은 엄두도 못내고 개인까지도 간격을 넓혀야 했고 지형지물의 이용, 포복, 약진, 호 구축 등 생존을 위한 대책이 필요하게 된 것이다. 오늘 날에도 생존을 위해 군복도 위장복으로 변화되었고 방탄복도 지급하는 등 개인 보호대책과 더불어 전투에서 요구되는 적정과 지형지물에 따르는 위장, 포복, 약진, 야전축성 훈련을 강화하고 있는 것은 바로 생존자체의 중요성 때문이다.

각개전투 훈련은 개인훈련으로 병사만 해당되는 것이 아니고 장교, 하사관 등 군인이라면 모두 기본적으로 숙달되어야 하는 전투 기술이다.

☐ 평소 훈련시 장교, 하사관, 분대장 등 지휘자는 각개전투 훈련을 등한히 하고 있다. 이는 잘못된 것이다.

장교로 임관되기 전이나 하사관 임용 전에는 각개전투 훈련을 받으나 현지 부대에 오면 각개전투는 병사들에게만 해당되는 훈련으로 착각하고, 전술 훈련시 병사들에게만 전투행동을 강조하고 간부들은 뻣뻣이 서거나 노출된 상태에서 지휘하는 나쁜 습관을 갖고 있으며 심지어 분대장도 각개전투 원칙을 따르지 않고 있으니 문제이다. 각개전투란 간부, 행정병, 포병 등 모든 병과, 어떤 계급을 불문하고 반드시 숙달되어야 하는 기본 훈련이며 전술 훈련시는 반드시 이를 적용하여야 한다.

☐ 6·25 당시 신임 소대장의 피해가 많았던 이유는 각개전투 훈련 미숙이 큰 원인이었다.

6·25 전쟁시 신임 소대장을 소모 장교로 묘사하고 포탄도 "소위, 소위" 하면서 날아온다고 할 정도로 피해가 많았다. 이와 같이 신임 보병 소대장의 손실이 많았던 것은 부족한 소대장 요원을 긴급하게 보충하기 위하여 단기간 교육(초기 9주)으로 양산하였으니, 전투 기술이라는 관점에서 볼 때 자신을 보호할 수 있는 최소한의 기준에도 미치지 못하는 수준이었다. 이와 같은 단기 교육을 받은 상태하에서도 책임은 막중하기 때문에 전투시 앞장서지 않을 수 없으므로 초전에 손실이 많았던 것이었다. 또한 소대장의 손실은 중대 전체에 영향을 미쳐 작전 실패의 원인이 되었다.

> 이럴 때 이렇게 해야 된다고 생각하고 행동하면 이미 늦으므로 위험을 느끼면 즉각 그 상황에 맞는 행동이 반사적으로 나오도록 훈련되어야 하며 그 방법은 반복 숙달로 체득시키는 방법밖에 없다.

□ 월남전에 참전시 어느날 적중에서 중대가 수색을 하고 돌아오는 도중 갑자기 일발의 총성이 났다. 우리 병사들은 대부분 그대로 서서 무슨 일인가 하고 두리번거리고 있을 즈음 어느 병사의 오발로 확인되어 다시 행군을 하게 되었다.

이때 월남인 통역관이 안 보여 확인하려는 차에 은폐된 곳에서 웃으면서 나오고 있었다. 여기에서 나는 우리의 훈련 수준을 생각하게 되었다. 좋게 생각하면 우리는 대범하고 월남인 통역관은 겁이 많다고 하겠으나 월남인 통역관은 오랜 내전으로 스스로의 생존방법을 알게 되어 반사적으로 은폐하였고 우리는 훈련부족으로 두리번거린 것이다. 만일 우리 중대가 훈련이 잘 되었다면 1발의 총성이라도 즉각 산개하여 대응태세를 갖추었을 것이다.

□ 하사관학교 대대장 시절 학교 교수부장은 "곰 훈련시키는 것과 같이 훈련시켜라"라고 강조하였다. 곡마단에서 곰이 북소리에 맞춰 춤을 추는 것은 음률을 알아서가 아니고 훈련을 시킬 때 뜨거운 돌 위에 곰을 올려놓으면 발이 뜨거운 곰이 자연적으로 발을 교대로 올리게 되며 이에 맞춰 북을 두드리면 어느 한계에 가서는 자연히 북에 맞춰 춤을 춘다는 것이다. 즉 반사적인 행동을 하도록 훈련시킨다. 따라서 군대 훈련도 반사적으로 행동하도록 훈련시켜야 한다는 논리였다.

> 각개전투 훈련은 엎드리는 것이 아니라 일어서는 것이다. 즉 위험에 대해 회피하려는 본능을 억누르고 임무를 수행하기 위한 훈련이다.

1. 훈련되지 않은 전투원은 위기시 본능이 앞서 엎드려 숨는다.

   □ 1965년 10월 월남에 도착한 후 얼마 안 되어 모중대가 월남군을 지원하기 위해 출동하여 수색중, 적의 기습적인 집중 사격을 받고 전 중대가 엎드려 제대로 응사하지 못하고 피해만 입고 작전을 종료하였다. 그후 연대장이 소대장들이 모인 자리에서 그와 같은 때 벌떡 일어나 돌격 앞으로 하면서 돌진했다면 적을 격멸할 수 있었을 것이라고 말했지만 별로 자신들이 있는 분위기는 아니었다.

   □ 그후 1967년 GOP에서 중대장 임무를 수행시 철책선에서 AR 사수가 무장공비 침투를 발견하고 사격하였으나, 크레모아를 책임진 병사는 적이 응사하는 바람에 당황하여 격발기를 누르지 못하였고, 도주로를 차단한 소대에서도 적을 발견하고 수하를 하자 적이 수류탄을 던져 아군이 엎드리는 사이에 중상을 입은 1명만 내버리고 2명은 북상하였다.

2. 각개전투 훈련은 일어서는 훈련이다.

   모든 동물은 위험을 감지하면 본능적으로 숨거나 도망가며 사람도 예외는 아니다. 그렇기 때문에 훈련이 되지 않은 병사들은 갑자기 위험에 노출되면 본능적으로 엎드려서 꼼짝하지 않고 소총 사격도 하지 못한다. 그러나 훈련이 잘 되었거나 여러 번 전투를 거친 고참병들은 위험 속에서도 마음의 여유를 갖고 침착하게 임무를 수행한다. 그러므로 각개전투 훈련은 본능을 극복하는 훈련, 즉 일어서는 훈련이 되어야 한다.

쌍방훈련을 통하여 각개전투 행동에 자신감을 갖도록 하자.

□ 1963년 가을 본인은 처으므로 비무장지대에 매복근무를 하게 되었다. 야간에 투입되어 매복진지를 점령하고 대기하던 중 다음날 새벽 1시경 적이 접근하는 듯한 바스락 소리가 나는 것이었다. 이 소리를 들은 나는 옆에 놓여진 소총을 집어들고 사격자세를 취하려고 하니 본인이 움직이는 소리가 적에게 들릴까봐 몸을 마음대로 움직이지 못하고 마음은 급하고 조마조마하여 겨우 사격 자세를 취하였다. 얼마 지난 후 갑자기 짐승이 뛰는 소리가 들려 상황은 종료되었다. 본인은 여기서 우리가 야간 경계훈련을 하는 동안 일부는 야간 경계를 하고 일부는 침투하는 훈련을 하였더라면 침투하는 쪽은 최대한으로 소음을 줄이려고 노력할 것이고, 경계하는 쪽은 적이 움직이는 소리를 판별할 수 있을 뿐만 아니라 자기자신들이 움직이는 상태를 파악하게 되므로 자연히 야간 각개동작에 자신감을 가졌을 것이라 생각했다. 이와 같은 경험에 비추어 볼 때 일방적인 야간 포복이나 야간 정숙보행을 해봤자 실전과는 거리가 먼 훈련이 되고 만다는 것이 나의 생각이다.

□ 주간에도 1개분대가 공격 훈련을 하면 1개분대는 목표에서 방어하고 1대 1로 관찰하여 잘못된 점을 지적하여 교정하여야 한다. 목표에서 병사가 공격하는 행동을 관찰하면 빤히 보이는 개활지에 엎드리거나 몸을 숨길 수 없는 엄폐물을 이용하는 것을 볼 수 있다. 이와 같은 것은 결국 나의 행동을 내가 볼 수는 없기 때문에 발생하는 것으로 쌍방 훈련을 통해 서로 관찰하여 시정해 주면 실시하는 본인도 잘못된 것을 교정할 뿐 아니라 강평하는 자도 스스로 깨닫게 되니 일석삼조의 훈련을 할 수 있다고 생각한다.

주간 각개전투

주간 각개전투는 공격 및 방어전투로 대별할 수 있다.
주간 공격시 적의 방어 양상과 개인에게 요구되는 전투행동은
무엇인가.

☐ 주간 공격시 적 방어 양상
- 공격 개시후 적에게 발견되면 포, 박격포 사격을 받기 시작한다.
- 적진 300m 전후에서는 탄막, 기관총, 소총 사격을 받는다.
- 적진 200m 내외에는 지뢰지대, 철조망 지대가 있다.
- 적진 100m에서는 적 기관총 화력이 가장 위협요소가 된다.
- 적진 100m 내외에서는 소총, 수류탄에 의한 근접 전투가 벌어
  진다.

☐ 개인에게 요구되는 전투행동
- 적과의 거리에 관계없이 자기를 감추기 위한 위장은 매우 중요
  하다.
- 적의 포, 박격포 사격을 받을 시 행동 요령에 숙달되어야 한다.
- 지형 지물의 은폐엄폐를 이용하여 적진에 접근하는 기술, 약진동
  작, 포복요령에 숙달되어야 한다.
- 적의 지뢰지대, 철조망지대 등 장애물을 극복하는 훈련이 요망
  된다.
- 적과 근접전투시 사격과 기동을 연결할 줄 알아야 한다.
- 수류탄으로 적 기관총 진지를 격멸할 수 있어야 한다.
- 소총과 수류탄을 사용하면서 돌격할 수 있어야 한다.

> 위장은 적의 관측을 피하기 위하여 주변과 조화되게 위장을 하여야 한다.

1. 춘·하·추계절에는 과도할 정도의 위장을 하는 것이 좋다.

   ☐ 실질적인 위장을 하는 미군

   본인이 1965년 10월 월남에 도착했을 때 위장을 위하여 철모에 그물을 씌운 상태였다. 작전을 나가면 철모에 약간의 위장을 하면 대단한 성의를 발휘한 것이고 대부분 위장을 하지 않은 상태에서 작전에 임하였다. 얼마 후 미군과 교대하게 되어 그 지역에 도착하니 미군은 모두 철모의 광택을 없애기 위하여 위장포를 씌우고 더하여 풀이나 나뭇가지로 철저하게 위장을 하고 작전하는 것을 보고 우리도 위장의 중요성을 다시 깨닫고 작전 중에는 철저하게 위장하는 것을 습관화하게 되었다.

   ☐ 한국군은 위장에 대하여 좀더 연구하고 훈련을 쌓아야 하겠다.

   한국에 돌아오니 입는 위장망까지 만들어 위장에 대하여 관심은 높았으나 훈련을 하다보면 위장망이 나뭇가지에 엉켜 이동에 지장을 주고 수목을 보호한다고 풀로만 위장을 하라는 등 각종 제약이 있어 형식적인 위장을 하는 것이 자주 발견되고 있다. 따라서 형식적인 위장훈련을 하는 것보다 한번이라도 완전한 위장훈련을 실시하는 자세가 필요하며 연구가 필요하다.

2. 동절기는 눈이 내렸을 때에 대비한 훈련이 필요하다.

  ☐ 전례로 본 동절기 위장의 효과 (소부대 전투)

    1951년 1월 27일 2사단과 24사단 혼합정찰대는 눈이 쌓인 지평리 쌍터널 지역을 정찰하게 되었다. 24사단 정찰대는 국방색, 흰색 양면 외투를 흰쪽을 밖으로 해서 입고 철모에도 하얀 덮개를 씌운 반면 2사단 병사들은 국방색 전투복에 야전자켓을 입고 있었다. 계획대로 통합 정찰대가 쌍터널 근처에 도착했을 때 중공군의 공격을 받아 방어에 유리한 고지로 이동 중 위장이 부실한 2사단 장병들은 흰눈에 국방색이 뚜렷이 드러나 적으로부터 조준사격을 받아 많은 피해를 입었으나 24사단 장병들은 위장이 조화되어 거의 피해를 입지 않았다.

  ☐ 본인의 경험과 훈련방향

최전방에서 근무시 특수 피복이라하여 지급되는 외투는 흰색과 국방색 양면을 사용할 수 있어 외투만 뒤집어 입고 철모에만 신문지 또는 흰천으로 덮으면 설상위장이 되었으나 그 숫자는 제한되었고, 아무런 조치가 없을 시는 대부분 국방색 야전잠바만 걸치고 훈련하는 것이 통상이었고 성의가 있는 지휘자는 철모와 배낭에 흰색의 종이 또는 천을 덮어 씌우고 훈련하였다. 6 · 25 당시 중공군은 한국 민가에서 획득한 흰보자기를 휴대하고 있다가 눈이 오면 걸쳤다는 기록을 볼 때 지휘자는 항상 위장자재가 지급되지 않을 시 동계 위장요령을 평소 훈련에 포함시켜 훈련하는 습관을 들여야 할 것이다.

> 지형지물을 이용하는 목적은 적의 관측으로부터 나를 숨기거나 최소한으로 노출시켜 적의 화력으로부터 나를 보호하는 데 있다.

가. 우리의 지형지물 이용 훈련은 초보적인 수준에 머물러 있어 더 높은 수준의 훈련이 요망된다.

☐ 분대나 소대가 공격하는 훈련을 목표 지역에서 관찰해 보면 소총 유효 사거리 내에서 지형지물을 이용한다고 적의 배치선은 고려하지 않고 적에게 관측되는 평지에서 낮은 둑, 돌무더기 등을 이용하여 엎드려 쏴 자세를 취하는 것을 볼 수 있는데, 본인은 은폐·엄폐 되었다고 생각할지 모르나 서 있을 때보다 오히려 더 노출되는 자세가 되는 것을 볼 수 있다. 따라서 적의 입장에서 보면 정확히 조준 사격을 할 수 있으므로 지형지물을 잘못 이용한 결과가 된 것이다.

☐ 6·25 초기 김석원 장군께서 수도사단장으로 계셨을 시, 다른 사람이 관찰하니 사단장이 적탄이 난무하는 최전방으로 도보로 갈 때는 사단장이 제일 앞에 서고 다음이 전속부관 그 뒤에 미군 고문관이 일렬 종대로 따르는 것을 보고 이상해서 미 고문관에게 문의하니 사단장이 가는 데로 따라가면 지형지물을 잘 이용하기 때문에 적 사격에 안전하므로 뒤따른다고 답변하였다. 이와 같이 사단장이 지형지물을 잘 이용하는 것은 일본군 시절 철저한 지형지물 이용 훈련과 전투에서 실전을 경험한 덕분으로 생각된다.

나. 교범에 제시된 지형지물 이용은 기초적인 훈련이다.

'지형지물 이용' 하면 장교 기초 훈련시 평탄한 지형에 돌무더기, 나무그루, 돌담 등을 만들어 놓고 훈련하던 것을 연상하게 된다. 그러나 이와 같은 훈련은 기초훈련으로 전투 부대에서는 이를 응용한 훈련을 하여야 실전에 적용할 수 있다. 그러나 전투 부대에서도 신병교육대와 같은 훈련을 반복하거나 간부들이 그와 같은 사고를 갖고 있으므로 지형지물 훈련이 형식에 그치는 것이다.

다. 전투 부대에서는 적의 배치와 지형지물 관계를 파악하여 이용하는 훈련을 하여야 한다.

오늘날 적의 직사화기 사정권에 들면 안전지대란 있을 수 없다. 그 중에서 가장 위험한 곳은 적의 사계 앞에 노출되는 것이며 은폐, 엄폐되는 곳은 어느 정도 안전지대라 할 수 있다. 그러므로 기초 교육시와 같이 적을 고려하지 않는 훈련에서 적의 위치와 지형지물 관계를 고려하여 적의 사격과 관측으로부터 은폐, 엄폐를 제공할 수 있는 지형지물을 파악하고 이용할 수 있는 훈련을 하여야 한다.

> 공격 중 적진 200~300m 소총 유효 사거리 내에 도착하면 사격으로 적을 제압하면서 지형지물을 이용한 약진, 포복 등 기동으로 돌격선까지 전진한다. 이때 사격과 기동을 적절히 연결하지 못하면 피해만 입고 돈좌된다.

1. 전례

  □ 사격과 기동에 자신감이 있어야 훌륭한 전투원이 될 수 있다. (분대장)
    이제 나는 부분대장이 되어 공격시 눈꼽만한 동정심도 없이 적의 대갈통만 보였다 하면 가차없이 쏘아 백발백중의 명중률을 과시하였다. 지금 생각나지만 나뭇가지 사이와 능선, 바위틈 사이로 재빠르게 몸을 날려가면서 숱한 적을 죽였다.

  □ 훈련이 되지 않으면 적 사격하에서 사격과 기동은 매우 어렵다. (철의 삼각지)
    한낮이 훨씬 기운 다음 8부능선까지 도달해 소대는 적군이 방금 버리고 간 교통호로 들어갔다. 우리는 그런 자세에서 고지 정상을 향해 총을 쏘았다. 그것은 거의 맹목적인 사격일 수밖에 없었다. 고개를 쳐들거나 교통호 밖으로 기어올라가 고지 정상의 적병을 찾아 정조준할 겨를도 없었고 그럴 처지도 못되었다. 약 백미터 전방의 몇 개의 토치카에서 적병들이 잽싸게 뛰어나와 수류탄을 던지고 기관단총을 갈겨댔다.

  □ 2차대전 전 독일군의 훈련 (전장의 실상과 사고)
   – 적의 화력권 내에 들어가기 전에는 약간 행동이 느리게 보였으나 일단 적의 화력권 내에 들어가면 독일군의 특징인 은폐와 엄폐, 사격술이 광채를 내뿜었다.
   – 능선 후방, 또는 다음 사격 위치까지 가기 위한 포복 동작도 세밀한 주의를 하였다. 또한 철모를 위장하고 풀밭에 엎드린 병사들은 쌍안경으로도 발견이 어려웠다.
   – 완전하게 은폐 엄폐된 소총병은 사격 목표가 부여되면 살짝 고개를 들어 목표를 확인하고 정확히 조준하여 저격하는 요령으로 사격하고 재빠른 동작으로 은폐하였다.

2. 사격과 기동을 연결하는 동작을 세밀하게 지도하여야 한다.

   □ 사격과 기동의 연결은 정지로부터 사격으로 옮기는 동작, 사격 후
   기동으로 옮기는 동작이 주가 된다.
   - 이동, 정지, 사격 진지로 이동, 사격

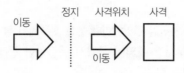

   • 약진, 또는 포복으로 정지 위치까지 이동(정지 위치는 사격 위치
   로부터 충분히 이격 : 4 - 5m)
   • 포복으로 지형지물을 이용하여 은밀하게 사격 지점으로 이동, 정
   확하고 신속한 사격.
   - 사격 후 새로운 사격 진지로 이동

   * 사격 위치로부터 뒤로 물러나 엄폐 지점으로 이동, 전진준비, 고개
   를 살짝 들어 전방을 확인하고 정지 위치, 사격 위치, 진로를 설정
   * 3-4m 뒤로 물러난 다음 적이 예기치 않은 곳으로 약진 또는 포복
   으로 다음 정지 지점으로 이동한다.

   □ 훈련
   - 고참병을 조교로 하여 1 : 1로 세심하게 지도한다.
   - 처음에는 한동작, 한동작 구분하여 훈련하고 점차 민첩하게 움직
   일 수 있도록 반복 숙달한다.

> 포복하면 8월 삼복 더위에 땀을 쏟으며 낮은 포복, 높은 포복, 철조망 통과 훈련이 생각난다. 과연 이와 같은 훈련만으로 성과가 있는 것인가?

☐ 포복 미숙으로 최초 전투에서 희생자 발생 (한국전쟁에서 미해병)
  분대장 메이지는 분대원의 배치를 시작했다. 좌측중간 지점에 자동소총 진지가 있으므로 무릎과 배로 기어가면서 분대장은 토움과 부르크스를 그 위치로 데려갔다. 그때 드르륵 기관총이 울리며 토움을 때렸다. 적의 총성이 잦아들자 분대장은 부르크스에게 진지를 옮겨 준다고 말을 하고 있는데 부루크스 작업복 윗도리에서 작은 보푸라기가 일었다. 자세가 높아 총알이 그를 뚫고 지나간 것이다. 부르크스는 토움의 시체 위에 넘어져 숨졌다. 고지 정상에 오른 뒤 한 시간도 안 되어 3명의 희생자가 나자 대원들에게 주는 충격은 컸다.

☐ 맹목적인 훈련은 성과가 없다
  1970년 학군단에 근무시 하기훈련 중 모부대에 채명신 2군사령관이 각개전투 훈련장을 방문, 후보생들의 포복과 철조망 통과하는 것을 지켜보고 교관에게 어떤 경우에 포복을 하는가, 훈련의 목적은 무엇인가 질문하였더니 답변을 하지 못했다고 들었다. 교관 자신도 훈련의 목적을 모르는데 피교육자의 훈련 성과를 기대할 수 있겠는가.

☐ 신병 교육기관과 전투 부대에서 실시하는 포복훈련의 목적이 다르다.
  교육기관에서는 포복동작 숙달에 목적을 두고 있어 어떤 경우에 포복을 하는지 모르고 실시하기 때문에 정작 전투에서 활용하기 어렵다. 따라서 전투 부대에서의 포복훈련은 포복동작 숙달에 목적이 있는 것이 아니라 적의 상황을 판단하여 진로와 어떤 포복을 할 것인가를 결정하고 행동에 옮기는 훈련을 해야 한다.

> 철조망 통과 요령은 밑으로, 위로, 절단후, 폭파후, 우회 통과 등 다양한 방법이 있으나 상황에 맞는 훈련이 필요하다.

1. 철조망과 조우했을 때 대책없이 공격하면 엄청난 피해를 입는다.

☐ 1942년 10월 일본군 2사단은 가달카날의 미군 비행장을 공격하기 위하여 밀림을 뚫고 전진하였다. 선두에 선 29연대 2중대는 야간에 미군 진지를 발견하고 공격하였으나 철조망 지대를 극복하지 못하고 공격에 실패하였다.

2. 한국군은 철조망 통과 훈련을 등한히 하고 있다.

☐ 6 · 25 전쟁 기간 중 물자가 풍부한 한국군은 방어시 철조망을 대량으로 사용하여 중공군이나 북한군의 공격 행동에 많은 제약을 주었으나 공격시는 적 철조망과 조우한 일이 거의 없어 이에 대비한 훈련은 미약한 실정이었다.

☐ 오늘날에도 철조망 통과 훈련은 각개전투 훈련시 밑으로 통과하는 훈련이 전부이며 간혹 전방 부대에서 아군진지를 향한 공격 훈련에서도 기 설치된 철조망 지대를 만나면 비전술상황으로 이를 피한 다음 다시 공격하는 실정으로 훈련이 매우 소홀하다.

3. 북한군도 철조망을 사용하고 있으므로 통과 훈련을 강화해야 한다.

☐ 파괴통, 절단기 등 준비된 기재를 사용하는 훈련을 해야 한다.
 − 파괴통
  휴전 이전까지 공병의 중요 임무 중 하나가 공격하는 보병에 배속
  되어 파괴통으로 철조망 지대를 파괴하면 보병이 이 통로를 통과하
  여 공격하는 것이었다. 그러나 이후 보병 스스로 통로를 개척하도
  록 교리가 변경되었으나 파괴통은 여전히 공병 부대에서 보유하고
  있어 필요한 보병은 실물도 보지 못한 형편으로 본인도 30년 군대
  생활에서 타부대 시범시 보았을 따름이다. 이와 같이 관심이 부족
  한 실정이나 최근에는 교보재가 보급되어 훈련이 가능하므로 훈련
  을 철저히 하여야 하겠다.
 − 절단기
  중대 창고에 보관하고 있으나 훈련에는 별로 사용하지 않고 있다.
  철조망에는 유자 철조망과 윤형 철조망이 있으며 그중 윤형 철조망
  은 강도가 강해서 절단기를 사용하면 절간기의 이가 빠지므로 사용
  해서는 안된다.
  절단기로 넓은 통로를 내려면 상당한 시간이 소요되나 은밀 침투시
  사용하게 되므로 사용하는 훈련을 해야 한다.
 − 가마니, 마대 등 획득 가능한 자재를 사용하는 훈련도 해보자.
  6·25 당시 중공군은 인근 마을에서 가마니를 준비하여 이것을 철
  조망에 걸치고 그 위로 통과하였다. 다양하고 창의적인 훈련이 필
  요하다.

공격시 적의 지뢰지대는 포병에 의한 포격 또는 각종 장비를 이용하여 통로를 만들고 통로를 통과하여 공격하나 예기치 않은 지뢰지대와 조우하는 경우가 허다하다. 따라서 이에 대비한 훈련이 필요하다. (지뢰참조)

☐ 대검에 의한 지뢰 탐지 및 통과

교범에 명시된 대로 휴대하고 있는 대검으로 지뢰를 탐지하고 통로를 만들어 통과하는 방법이다. 이 방법은 주야간 공히 사용할 수 있으나 주간에는 적의 관측과 사격으로부터 은폐, 엄폐된 곳에서만 사용할 수 있다.

☐ 포탄의 탄흔을 이용한다. (전우애)

나는 제3토치카에 이르는 진출로를 살펴보았다. 미공군기의 폭탄과 아군의 야포 사격으로 적이 매설한 지뢰가 사방에 노출되어 섬쩍지근하였으나 진출로 상에는 무수한 탄흔을 발견할 수 있었다. 그때 저 흔적을 따라가면 안전할 것이라는 예감이 들었다. 나는 돌격조 개개인에게 임무를 부여하고 포복으로 가장 가까운 탄흔을 이용하여 진출하기 시작하였다. 진출로상의 웅덩이는 지뢰를 피할 수 있을 뿐 아니라 적의 사격으로부터 엄폐를 제공해주므로 보호를 받으면서 토치카 총안 20m까지 접근하는 데 성공하였다.

☐ 우회하는 방법도 있다.

지뢰지대는 자재의 제한, 지형의 문제 등으로 전정면에 걸쳐 설치할 수 없다. 그러므로 지뢰지대의 간격을 파악하여 우회한다.

> 적의 탄막이나 집중사격 지점은 신속히 통과, 잠시 정지, 우회로 구분하고 있으나 신속히 통과하는 것이 가장 좋은 방법이다.

☐ 전례

– 신속한 통과 (철의 삼각지)

이 소위는 공격시에 육상 경기장에서 달리는 선수처럼 적의 탄막과 집중사격 지점을 사력을 다하여 벗어나 적의 8부 능선에 달라붙는 것이 가장 중요하다고 하였으나 나는 전혀 실감이 나지 않았다. 드디어 나의 소대가 공격개시선을 넘었다. 잠시 후 적의 박격포탄이 간단없이 주위 사방에 작렬하였다. 탄막지대였다. 전진하던 병사들이 땅바닥에 엎드리거나 차폐물에 웅크리며 주춤거렸다. 바로 이것이구나 하는 느낌과 함께 적의 탄막지대는 번개같이 통과하여 고지 중턱에 달라붙어야 한다던 이 소위의 말이 떠올랐다. 실제로 당해 보니 그 지점에서 주춤거렸다가는 전멸을 면치못할 것 같았다. "빨리 뛰었, 앞으로" 나는 목이 터지도록 외치면서 소대의 선두로 나섰다. 분대장들도 나를 따라 고함을 치면서 대원들을 독려하여 한 명의 희생자도 없이 단숨에 고지 중턱까지 뛰어 올라갔다.

– 포격의 틈을 이용, 약진 (소부대 전례)

우리 소대의 공격은 5분도 못되어 적의 공격 차단 사격에 걸려 그 자리에 엎드리게 되었고 전진이 돈좌되었다. 그러나 적의 포탄은 계속 작렬하여 사상자가 속출하고 무전기에서는 전진하라는 독촉이 빗발쳤다. 이때 적의 포격이 잠시 멈추는 것 같기에 나를 따르라고 소리치면서 뛰어가자 용기를 얻은 소대원들도 뒤따랐다. 이와 같이 노출된 지점을 통과하였으나 10여 명의 사상자가 발생하였다.

☐ 적의 탄막지대 통과 요령은 다양하나 상황에 따라 적용하여야 한다.

- 신속히 통과하는 경우

공격시 적의 포화를 피하기 위해서는 적에게 바짝 접근하는 것이 유리하다. 따라서 신속히 이동하여야 한다. 특히 공격중 적의 집중적인 포 및 박격포 사격을 받으면 이미 탄막지역 안에 들어와 있으므로 신속히 통과하는 것이 피해를 최소화하는 길이다. 그 자리에 엎드려 있으면 계속 포격을 받으므로 피해만 증가하여 공격력을 상실하게 된다.

- 잠시 대기하는 경우

공격 중 또는 이동 중 진로 앞에 탄막 사격이 집중되는 경우 강행 통과하여 피해를 입는 것보다 탄막 사격이 그치기를 기다리는 방법이다. 탄막 사격은 막대한 탄약이 소모되므로 장시간 사격할 수 없고 몇 분 단위로 제한된다. 이 경우 급박한 상황이 아니면 잠시 대기후 통과하는 것이 유리하며 통상 예비대로 이동하거나 부대 교대시 적용한다.

- 우회 통과

적이 탄막 사격을 하더라도 탄막의 폭이 200m 이상되지 않으므로 그 지역을 우회하는 방법으로 통상 예비대로 이동시 적용된다.

주간 공격에 실패하는 원인 중의 하나가 엄폐호에서 사격하는 적의 기관총 때문이다. 적의 기관총을 파괴하는 방법은 다양하나 전투원이 적 기관총 진지에 접근하여 수류탄으로 파괴하는 경우도 많이 있다.

1. 6 · 25 전쟁시 적 기관총을 제거하는 유효한 수단 중 하나가 수류탄을 이용한 육박 공격이었다. (전우애)

□ 잠시 후 나는 포복으로 올라가서 가파른 공격통로를 올려다 보았다. 내 앞 50m 앞에 기관총 총안이 보였고 그 위로 100m 거리에 또 하나의 토치카가 우리를 노려보고 있었다. 제1토치카 앞으로 내 몸 하나 가릴 수 있는 조그마한 바위가 있는 것을 발견하였다. 그곳까지 접근하여 잘만 던지면 총안으로 수류탄을 넣을 수 있을 것 같았다. 나는 지원조의 사격에 때맞추어 왼쪽 벼랑으로 굴러 내려가 약 50m 절벽에 가까운 가파른 바위를 기어올라 토치카 약 30m 앞의 바위까지 접근하였다. 소대원과 나의 거리는 대충 40m에 불과 하였지만 이곳까지 오는 데 1시간 이상이 걸린 힘든 접근이었다. 나는 총안구를 향해 수류탄을 던졌으나 총안구 앞에서 터졌고 이어 다시 한발을 던진 결과 총안구에 들어가 폭발하였다. 이때 대기하던 돌격조가 함성을 지르며 돌격을 개시하여 토치카를 제압하였다.

2. 적 기관총 진지를 육박 공격으로 파괴하는 훈련을 하자.

□ 육박 공격 요령
- 충분한 정찰을 하여 사각을 발견하고 사각을 이용하여 진로를 결정.
- 결정한 진로로 포복으로 발견되지 않고 수류탄 투척거리로 접근한다.
- 엎드려서 수류탄 투척준비를 완료하고 수류탄을 투척하여 총안구에 굴러 들어가도록 하여 기관총을 제압한다.

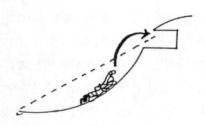

□ 훈련요령
- 방어진지에 구축된 아군 기관총 진지를 이용하거나 총안구를 만든다.
- 분대장 감독하에 지명된 자는 파괴요령에 따라 행동하고 나머지 병력은 기관총 진지에서 공격자의 행동을 관찰한다.
- 훈련이 끝나면 분대장 주관하에 토의하고 다음 훈련에 반영토록 하고 다음 지명된 자가 참고하여 훈련토록 한다.

> 돌격은 기세이다. 기세를 유지하기 위해서는 적이 당황하여
> 미처 대항하지 못하도록 저돌적인 돌진을 하여야 하며 대량의
> 돌격 사격으로 적을 살상하고 저항 의지를 꺾어야 한다.

1. 전례

□ 돌격은 함성과 더불어 저돌적인 돌진이 필요하다. (소부대 전투)

알서프 소대장은 일단 소대원을 후사면으로 내려오게 하였다. 그리고 "돌격 명령이 내리면 인디언처럼 함성을 지르며 돌진하라." 라고 지시하였고 잠시 후 기관총 지원사격이 끝나기가 무섭게 돌격을 시작하였다. 이러한 돌격이 중공군에게는 뜻밖이었기 때문에 수류탄을 던질 틈도 없었으며 당황하여 혼란에 빠졌다. 소대장 바로 앞에서 기관총을 거머쥐고 일어서던 적은 당장 사살되었으며 나머지 중공군도 잇달아 쓰러졌다. 그 외의 적은 돌격과 함성에 놀라 도망쳐 버렸다.

□ 돌격시의 함성은 적의 사기를 꺾고 아군의 사기를 북돋운다. (프랑스대대)

"돌격" 소대는 논을 가로질러 뛰었다. 그들은 가능한 빨리 달리는 일만 생각했다. 소대장은 자기 부하들이 고함을 지르지 않거나 빗발치는 총탄세례 앞에 의기소침한 채 기껏해야 "돌격"이라는 구호만 되풀이하는 것을 보았다. 그들이 거침없이 전진하고 적군들의 사기를 꺾기 위해서는 맹렬하고 무자비한 돌격 구호가 필요했다. 그래서 그는 다음과 같이 외쳐댔다. "저 멍청이 새끼들을 죽여 버리자" 하자 부하들이 즉각 응수하였다. 어떤 병사들은 장난스럽게 어떤 병사들은 두려움을 잊기 위해 구호를 외쳤고 모두 목이 터져라고 고함을 쳤다. 그들의 구호소리는 너무나 힘차서 총성과 수류탄 터지는 소리도 압도하였다.

2. 돌격 훈련

가. 훈련은 돌격 준비, 포복으로 돌격선까지 이동, 돌격으로 이루어진
다.

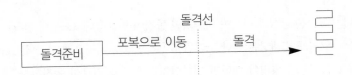

☐돌격준비
돌격을 위하여 착검하고 새로운 탄창으로 교환하며, 수류탄을 점검
하고 돌격선을 확인한다.
돌격선까지 이동.
아군의 각종 화력 지원하에 포복으로 돌격선까지 이동한다.
☐돌격
- 분대장의 돌격 명령에 의해 함성을 지르며 돌진하고 서서 쏴, 돌격
사격 자세로 사격 훈련을 실시한다.
- 돌격하면서 1회이상 탄창 교환 훈련을 한다.
- 훈련용 수류탄을 이용하여 수류탄 투척 훈련도 병행한다.

나. 훈련장
☐신병 훈련시는 평탄한 곳에서 실시하나 전투 부대에서는 고지를
선정하여 훈련한다.
☐반드시 적의 방어 진지를 가상한 교통호와 표적을 설치하여 맹목
적인 훈련이 되지 않도록 한다.

> 공격 중 돌격이 돈좌되는 경우가 허다하다. 이때 지형지물을 이용하여 몸을 숨기면서 사격을 하여야 한다. 그러나 마땅한 지형지물이 없으면 적탄하에서도 호를 파야 한다.

☐ 공격시에도 야전삽을 휴대하는 이유는 공격 중 돈좌되었을 때, 목표탈취 후 호를 파야하기 때문이다.

1965년말 월남전 참전초기 장교들로 편성된 참관단을 만들어 미군 작전을 견학하게 되었다. 그 중 한 견학단은 수색 중 미군과 함께 월맹군의 공격을 받았는데, 적의 박격포 사격과 더불어 사방에서 총탄이 난무하고 미군 포병이 아군전방 100m까지 근접 사격을 하는 위급한 상태에서 야전삽을 휴대하지 않았으므로 철모와 손으로 호를 파고 들어가 위기를 모면하였다고 술회하고 야전삽의 중요성을 재차 강조하는 말을 들었다. 이와 같이 야전삽은 항상 휴대하는 습성과 사용하는 요령에 숙달되어야 한다.

☐ 공격 중 돈좌되었을 시 급조호를 구축하는 훈련도 실시하자.

가   나   다

- 엎드린 상태에서 머리쪽에 몸을 숨길만한 적당한 지물이 없으면 먼저 머리쪽의 흙을 파서 파낸흙을 적방향에 쌓는다.
- 가급적 낮은 자세로 작업한다. 어느 정도 굴토하면 몸을 움직여 다른쪽을 판다.
- 엎드릴 만한 길이와 폭으로 흙을 파서 적방향에 쌓아 사격자세를 취할 수 있으면 급조호는 완성된 것이다. 상황에 따라 필요하면 개인호로 발전시킨다.

야간 각개전투

야간 각개전투는 야음을 이용한 전투 상황하에 따른 전투 행동이다.

1. 야간 공격시 적 방어 양상

- ☐ 야간에 적은 주로 빛의 반사, 소리에 의해 공격을 탐지한다.
- ☐ 야간 공격을 탐지하기 위하여 적은 정찰대를 운용하고 적진 500m 전후에 청음초를 운영하므로 이에 대한 대책이 필요하다.
- ☐ 지뢰, 철조망 등 장애물을 운용한다.
- ☐ 아군의 공격이 노출되면 즉각 방어사격을 실시한다.

2. 개인에게 요구되는 전투행동

- ☐ 빛의 반사를 제거하는 야간위장과 장비에서 나는 소음을 제거하는 데 익숙하여야 한다.
- ☐ 야간 전술 보행에 숙달되어 소리없이 은밀한 이동이 가능해야 한다.
- ☐ 적의 정찰대, 청음초 등을 우회하거나 접근할 때를 대비한 야간 포복 훈련이 필요하다.
- ☐ 이외에도 철조망, 지뢰지대 등 장애물 통과 요령에 능숙해야 한다.
- ☐ 소총과 수류탄을 이용한 돌격에 숙달되어야 한다.
- ☐ 무성무기로 적의 청음초 등을 제거하는 훈련이 필요하다.
- ☐ 야간 관측요령에 숙달되어야 한다.

> 야간에는 음향에 중점을 두고 반사하는 물체를 파악하여 관측하므로 야간위장은 음향을 최소화하고 물체가 반사하지 않도록 조치하여야 한다.

1. 야간 위장의 중점은 반사물과 소음제거에 중점을 두어야 한다.

□ 야간방어 및 공격부대를 제외하고 특수임무 성격의 부대는 철모대신 전투모를 착용하는 것이 좋고 그것도 없으면 아무 것도 쓰지 않는 방법도 있다.

□ 수통, 소총의 고리, 기관총의 전륜기 등 부딪치면 소리가 나는 쇠붙이는 끈으로 고정시키거나 국방색 헝겊으로 싸서 소리를 최소화한다.

□ 야간에는 절대로 불빛을 보이면 안 된다. 통상 지휘자들이 군용 손전등을 배낭 끈에 다는 멋을 부리고 있으나 렌즈가 빛을 반사할 우려가 있으므로 배낭 안에 보관하거나 가슴 속에 넣어야 한다. 또한 지도를 보기 위하여 손전등을 사용할 필요가 있을 시는 판초우의나 상의를 벗어 덮어씌워 불빛이 밖으로 나가지 않도록 세심한 주의를 해야 한다.

□ 성냥, 담배는 사전에 회수하여야 하며 장기간 작전시는 성냥 사용에 특히 유의하여야 한다.

□ 지휘는 소리가 들리지 않도록 완수신호로 하며 가까이 접근하여 귀에 대고 말하거나 가볍게 개머리판을 두드리거나 끈을 연결하는 방법도 있다.

□ 안면 위장은 주변의 가용한 재료를 이용하여 실시하여야 한다. 단지 동양인은 안면 위장을 하지 않아도 빛을 반사하지 않기 때문에 구태여 안면 위장을 할 필요가 없다는 설도 있으나 실시하는 것이 좋다.

> 야간 공격에서 가장 중요한 과제는 적에게 탐지되지 않고 적
> 진지에 접근하는 것이다. 따라서 비교적 원거리에서는 전술보행
> 으로 이동한다. 전술보행은 비교적 빠른 속도로 이동할 수 있으
> 나 그만큼 노출되기 쉽다.

가. 전례

□ 목표에서 원거리시는 전술보행으로 전진한다. (철의 삼각지)

이윽고 아군의 주저항선 지대를 벗어난 우리 정찰대는 나침판과 본
능적인 감각에 의지하여 조심스럽게 전진하였다. 언제 적의 수색
정찰병과 조우할지 몰라 모든 신경이 곤두섰다. 약 한시간쯤 지나
서 유령 마을인 내유리에 도착했다.

□ 훈련이 되지 않으면 원거리라도 소음으로 노출되어 기도가 폭로된
다. (전투)

주간 공격이 실패한 후 다음날 중대는 야간 공격을 감행하였다. 눈
위에서 미끄러지지 않고 암석을 기어올라가기 위해 가마니와 새끼줄
을 준비하였고 또한 새끼줄로 군화를 감아 발자국 소리와 미끄러지
는 것을 예방하도록 조치하였다. 그러나 가파른 눈비탈에서 한번 미
끄러지면 정지할 겨를도 없이 굴러내려가 비명과 돌 구르는 소리로
조기에 공격 기도가 폭로되어 격전 끝에 야간 공격도 좌절되었다.

나. 훈련방향

□ 야간 전술 보행에 자신이 생기도록 계속적인 훈련이 필요하다.

본인의 경험을 보면 야간 전술 보행을 교육 기관에서 배우고 실습
도 하였으나 모두 원칙에 치우쳐서 실행상에는 문제가 많았다. 그
후 초등군사반 유격훈련 과정에서 1개월간 훈련을 받을 때 모든 훈
련이 야간에 실시되었고, 특히 야간 장거리 이동이 빈번했기 때문

에 자연스럽게 야간 전술 보행에 숙달되게 되었고 소음을 최소화하며 이동하는 데 자신을 갖게 되었다. 이후 소대장으로 비무장지대에서 활동하거나 월남전에 참전시에도 자신있게 야간 행동을 한 것은 유격 훈련시 얻은 자신감 때문이었다. 결국 지속적인 야간 훈련으로 개개인이 자신감을 갖도록 하는 것이 중요하다고 생각된다.

> 야간 포복은 적과 접촉이 예상되거나 적에 근접하여 극히 정숙을 요하는 이동을 할 필요가 있을 때 사용한다.

□ 전례
– 야간 포복으로 은밀히 적 보초에게 접근하여 제압하고 포로 획득.
  (소부대전례)
  1953년 6월 18일 18연대 수색중대 1개 소대는 중공군을 포로로 하기 위해 야간에 침투하였다. 침투한 지 얼마 후 적진 근처에 도달했다고 판단되자 포복으로 전진하여 적의 엄체호가 있는 100m 전방에 도달했다. 이때 소대장의 신호로 소대원들은 좌우로 전개하였고 소대장은 포복으로 은밀히 보초 뒤로 접근하여 갖고 있던 돌로 머리를 강타하니 힘없이 쓰러졌다. 이를 보고 있던 소대원들이 엄체호에 뛰어들어 총을 들이대자 중공군 6명이 생포되었다.
– 미군 잠복호 2m 옆으로 북한 무장간첩 통과 북상

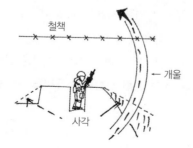

1968년 4월 본인이 고랑포 지역에서 중대장으로 철책선에서 근무 중 하루는 인접 미군 중대 철책이 뚫렸다고 하기에 현지에 가보니 간첩이 미군 잠복조의 사각을 이용하여 불과 2m

옆으로 통과한 다음 철책을 절단하고 북상한 것이다. 주변을 확인해보니 습지이기 때문에 그대로는 경계를 할 수 없어 흙으로 호를 만들 수 있도록 높이고 거기에 호를 만들어 경계를 하였기 때문에 자연히 사각이 발생하였고, 잘 훈련된 무장간첩은 사각을 이용하여 야간 포복으로 은밀히 통과하고 철책을 절단하고 북상하였으니 그 훈련 상태에 다시 한번 놀랐고 훈련의 중요성을 다시 한번 실감하였다.

□ 훈련방향
- 야간 포복 훈련은 1:1로 하는 것이 좋다.
  미군 철책을 확인한 이후 중대로 돌아와 이와 같은 사실을 전파하고 1명은 매복을 하고 1명은 야간 포복으로 접근하는 훈련을 한 결과, 중대원 모두 야간 매복에 자신감을 갖게 되어 철책선 경계근무에 큰 성과를 거두어 그 후 침투하던 무장간첩 사살에 기여하였다. 즉 쌍방 훈련을 하면 매복한 자는 적이 접근하는 소리를 판별할 수 있고 포복으로 접근하는 자는 소음을 줄이고자 노력하므로 자연히 훈련이 되는 것이다.
- 곁들여서 포로로 하는 훈련을 한다면 흥미도 유발할 수 있을 것이다.
  은밀히 접근하여 풍선 또는 솜방망이 같은 것으로 내리치거나 뒤에서 덮치는 훈련을 병행하면 무성 무기를 사용하는 훈련도 숙달할 수 있으므로 더욱 야간 전투에 자신을 갖게 될 것이다.
- 야간에 일정한 구역을 선정하고 그 구역 내에서 1:1로 서로 은밀히 접근하여 뒤에서 덮쳐 포로로 하는 훈련을 한다면 흥미도 유발할 수 있을 것이다.

> 야간돌격은 주간보다 더욱 과감성이 요망된다. 적진까지 과감하고 신속하게 도달해야 하며 정확한 지향 사격과 수류탄 투척으로 적을 격멸한다.

□ 적에게 발견되지 않고 적 진지에 도달하면 함성과 더불어 예광탄을 이용한 연발사격, 수류탄 투척으로 적을 제압하고 돌격한다. (신령 영천지구 전투)

1950년 7월 15일 2시, 7연대 2대대 수색대는 여울을 건너 273 고지 동쪽 기슭에 달라붙어 숨을 죽여가며 정상으로 은밀히 올라갔다. 정상까지 200m밖에 안되는 구간을 한시간을 소비하면서 전진한 수색대는 8부능선에 산개하였으나 그때까지도 목표에서는 아무런 기척도 없어 수색대장이 포복으로 개인호에 접근해 보니 적은 모두 잠들어 있었다. 이에 수색대원들에게 각기 5-6개씩 산병호를 담당하도록 한 다음 일제히 수류탄을 던지고 함성을 지르며 총으로 쏘아대자 당황한 적은 대항할 엄두도 내지 못하고 흩어졌다. 불과 10분 이내에 결판이 난 전투였다.

□ 아군이 돌격이 발견되어도 지체없이 전진하면서 적을 격멸한다. (소부대 전투)

1951년 5월 18일 24:00경 부라우넬 대위와 35명의 병사들은 산개대형으로 늘어서서 사격을 하면서 전진을 계속하였다. 공격이 진행됨에 따라 병사들은 그들이 지나가는 벙커 속에 수류탄을 한두발씩 던져 넣었다. 부라우넬 대위의 역습은 수류탄이 터질 때마다 1-2야드씩 움직여가며 꾸준하게 전진하였다. 산병선이 고지의 상부에 도달했을 때 백린 수류탄이 터지면서 3-4명의 적병이 보이자 5-6명의 병사들이 동시에 사격을 하고 수류탄을 던졌다. 그후 적의 저항이 급속히 줄어들더니 소총 소리도 완전히 멎었고 01:30에 역습부대는 800 고지를 완전히 점령하였다.

□ 훈련 방향
- 정확한 지향사격 및 수류탄 투척 훈련이 필요하다.
  주간 돌격은 눈으로 적을 보면서 사격을 하기 때문에 아군이 피해
  를 입는 경우가 드물다. 그러나 야간에는 관측이 제한되므로 함부
  로 사격을 하거나 수류탄을 던진다면 오히려 아군이 피해를 입게
  된다. 따라서 표적을 정확히 식별하고 사격을 하거나 수류탄을 투
  척해야 한다. 이에 정확한 사격, 수류탄 투척 훈련을 하여야 한다.
- 돌격시는 계속 움직이면서 전투를 하므로 움직이면서 탄창을 교환
  하는 요령, 소총을 휴대하고 수류탄을 던지는 요령에 숙달되어야
  한다.
  * 돌격을 하면서 사격을 하면 자연히 탄창을 교환해야 하며 특히
    야간이므로 이에 대한 훈련을 하여 숙달시켜야 한다.
  * 수류탄을 투척하기 위해서는 양손을 모두 사용해야 할 경우가 생
    기므로 소총을 휴대하고 수류탄을 던지는 훈련을 하여야 한다.
    야간 돌격시 소총을 휴대하는 방법은 멜빵을 대각선으로 하여 소
    총을 메고 사격시는 그대로 지향 사격을 하고 수류탄 투척시는
    소총을 놓고 수류탄을 던진 다음 다시 소총을 잡아 사격하는 방
    법이 가장 좋다.

□ 훈련요령
- 사격장을 이용하여 분대 단위로 1개분대는 조교, 1개분대는 실시부
  대로 비사격 야간 돌격 훈련을 실시하면서 탄창 교환 연습을 하고
  훈련용 수류탄으로 투척훈련을 한다.
- 비사격 훈련이 숙달되면 예광탄을 3발씩 3개탄창에 넣은 다음 사
  격하면서 탄창 교환을 실시한다.

> 야간 철조망 지대 통과 요령은 은밀히 통과할 경우와 강행 돌파하는 경우가 있으므로 상황에 맞는 훈련이 필요하다.

☐ 적진으로 은밀히 침투할 필요가 있을 시는 철조망을 은밀히 제거하거나 개울, 포탄구덩이 등을 이용하여 통과한다.
- 철조망을 절단후 통과
  포복으로 철조망에 접근하여 철주 또는 항목 가까운 곳을 택하여 철사줄에 헝겁을 감은 다음 절단시 장력에 의해 철사줄이 끌려가 소리가 나지 않도록 철사줄 양쪽을 잡고 절단기를 가진 자가 헝겁을 감은 곳을 서서히 소리가 나지 않도록 절단하면 철사줄을 잡은 자가 절단된 철사줄을 말아 놓는다. 이와 같은 요령으로 사람이 포복으로 통과할 수 있을 만큼 하단부만 절단하고 통과한다.
- 절단할 수 없는 철조망 지대를 만나면 주변을 정찰하여 포탄구덩이, 개울 등 통과지점을 찾아 통과한다.

☐ 목표를 점령하기 위한 야간 공격시나 은밀침투가 폭로 되었을 시는 강행돌파 한다.
- 사전에 파괴통, 폭약, 수류탄 등을 준비하였다가 신호에 의해 폭파 후 통과한다.
- 우군의 화력 지원하에 사각을 이용하여 절단기로 절단후 통과한다.

구급법

구급법이란 부상을 당했을 때 본인 자신이나 옆의 전우가 실시하는 기초적인 응급처치를 말한다.

1. 전투병이 할 수 있는 응급처치는 제한된다.

본인도 구급법 훈련을 받았으나 월남전에 참전하기 이전에는 다행스럽게 이를 적용할 기회가 없었다. 그후 월남전에 참전하고 보니 전투병 개인이 갖고 있는 응급처치 도구는 압박붕대 밖에 없었고, 전투 중 부상을 당하면 옆의 전우나 본인이 압박붕대나 가용한 재료를 이용하여 부상 부위를 묶거나, 골절시는 근처의 가용한 나무같은 것을 이용하여 부목을 대는 등 말 그대로 응급처치만 하고 신속히 후송하는 것이 최선이었다. 배속된 위생병도 이와 같은 수준을 벗어나지 못했으나 전문성을 요하는 중상자에 대한 응급조치 및 환자 보호 임무를 수행하였다.

2. 우리의 구급법 훈련은 실제로 활용 가능한가 반성해 보자.

☐ 형식적인 구급법 훈련은 부상자 발생시 활용할 수 없다.

　1967년 월남에서 귀국하여 최전방 지역에서 중대장으로 근무하였다. 당시에는 무장 공비가 수시로 침투하여 모두 실탄을 휴대하였고 지뢰지대를 포함한 폭발물이 널려 있어 사고가 빈번하였다. 본인도 부임한 지 얼마 안 되어 폭발물 사고가 있어 현지에 나가보니 모두 당황하여 우왕좌왕 하는 것을 보고 직접 응급처치를 하여 후송하였다. 이와 같이 당황하는 것은 피를 본 경험이 없고 훈련도 부족하기 때문이라고 생각되어 훈련을 강화하여 성과를 보았다.

☐ 오늘날 우리의 구급법 훈련은 어떠한가?

　본인이 대대장시 구급법 훈련을 관찰해 보니 응급처치 구명 4단계라 하여 지혈, 쇼크방지, 기도유지, 상처보호 등을 구분하여 훈련하고 있고, 합격 수준도 그와 같으니 실제로 부상자가 발생하면 당황하는 것이 당연한 것이라 생각이 들었다. 따라서 상황에 맞게 신체부위별로 부상한 것을 가정하여 응급처치 훈련을 하도록 시정한 바있으나 교범 내용이 그대로이니 지금도 훈련이 형식에 그치지 않나 우려가 된다.

3. 어떻게 훈련시키는 것이 실질적인 훈련인가?

☐ 신체 부위별로 부상을 가정하여 훈련시키자.
- 팔, 다리 등 사지와 머리에 가벼운 부상을 입었을 시는 어떻게 할 것인가? 휴대하고 있는 압박붕대나 가용한 재료로 상처를 싸맨다.
- 가슴, 배 등 몸체에 관통상, 또는 파편상을 입었을 시는 어떻게 할 것인가? 이와 같은 때는 개인이 휴대한 압박붕대는 사용할 수 없으므로 두 개를 연결하여 사용하거나 전투복, 내복 등을 찢어서 묶는 방법도 있다.
- 팔, 다리 등이 절단되었을 시는 어떻게 할 것인가?
  절단 환자의 가장 시급한 조치는 지혈을 시키는 것이다. 야전에서 가용한 재료는 군화끈, 혁대, 압박붕대, 끈 등이며 이와 같은 재료를 이용하여 지혈대를 만들어 지혈시켜야 한다.
- 팔, 다리 등이 골절되었을 시는 어떻게 할 것인가?
  교범에 제시된 부목은 현지에서는 가용하지 않으므로 획득할 수 있는 나무, 대검집 등을 이용하는 훈련을 하여야 한다.

☐ 사용할 수 있는 인공호흡법을 훈련시키자.
- 본인이 대대장시 10㎞로 무장구보 상태를 확인하기 위하여 현장에 도착한 지 얼마 후 중대가 도착하였는데 탈진한 병사가 몇 명 있었고 그 중 한 명은 호흡이 곤란한 상태였다. 그런데도 보고만 있기에 인공호흡을 하라고 하였으나 선뜻 나서는 자가 없어 본인이 직접 인공호흡을 실시하고 후송한 일이 있다. 결국 인공호흡법 훈련이 형식적이었기 때문에 이와 같은 결과가 나온 것이다.

1. 야전에서 걸을 수 없는 부상자가 생기면 병사들이 업거나 임시 들것을 만들어 운반한다.

☐ 전례
 - 본인이 월남전에 참전하여 경험한 바에 의하면 다리에 부상을 입어 보행이 불가능하면 업어서 후송하고 몸체에 부상을 입어 업을 수 없을 때는 주변에서 가용한 판초우의 낙하산 천 등을 이용하여 임시 들것을 만들어 후송하였다.
 - 그 동안에 몇몇 전우는 배낭과 총을 다른 사람에게 맡기고 대검으로 나무를 베어 임시 들것을 만들었다. 그 위에 환자를 눕히고 4명이 들것을 들고 철수부대 후미를 따라 후송하였다. (분대장 중에서)
☐ 훈련 방향
 - 보행 불가능 환자를 후송하는 데 가장 쉬운 방법은 권총 요대를 이용한 업기법을 숙달시키는 것이 가장 실효성이 있다.
 - 업을 수 없는 중상자를 후송하기 위해서는 판초우의, 야전외투, 전투복 등 가용한 재료로 임시 들것을 사용해야하므로 이것을 만드는 훈련을 해야 한다.

2. 적 화력에 노출되어 있는 부상자를 구출하는 훈련도 실시해야 한다.
   부상한 전우를 구출하려다 희생된 경우도 많이 있다.

   – 전례 (한국전쟁과 미 해병대)
   핀이 디커슨과 함께 앞으로 나와 노출된 채 누워 있는 리이드의 시
   체를 보았다. "살아 있는지도 모르겠는데" 핀이 말하고 산꼭대기로
   움직이기 시작했다. 그가 리이드에 가기 전에 두 번의 총탄을 맞았
   고 그를 끌어내리는 데도 어려움이 많았다.
   – 적 사격의 공간을 이용하여 해병이 포복으로 부상자가 있는 곳까
   지 최대한 접근하고 판초우의를 쓰러진 전우 쪽으로 힘껏 던지면
   부상한 해병이 기어서 판초우의에 눕고 이 판초우의를 끌어당겨
   구조했다.
   – 훈련 방향
   권총 요대 끌기법은 적의 사격에 노출된 부상자를 구할 때 유용한
   방법이다. 포복으로 사각을 이용하여 접근한 다음 포복으로 부상자
   를 끌어내올 경우가 많기 때문이다. 따라서 이 방법은 필히 숙달시
   켜야 한다.

제4장
화·생·방

방독면을 정확히 착용하고 치료킷 사용에
능숙하면 살아남을 수 있다.

> 화생방이란 화학전, 생물학전, 방사능전을 말한다. 그 중 화학
> 전에 대비한 훈련은 철저히 하여야 한다.

☐ 화학전

1차세계대전 중 전선이 교착되자 1915년 4월 22일, 독일군은 벨기에
의 이플지역에서 영·불군에 대해 발연기에 의한 염소가스를 살포하
였다. 가스 살포에 소요된 시간은 불과 15분이었으나 무방비 상태였
던 연합군은 5,000여 명의 사망자를 냈으며 공포에 휩싸여 대혼란을
일으켜 연합군 진지가 돌파됨으로써 화학전의 효과를 입증하였다. 2
차세계대전 기간 중에는 연합군 및 동맹군 공히 화학무기를 보유하고
있었지만 서로 보복이 두려워 사용하지 못했으나 독일이 치명적인 신
경가스를 생산하였고, 그후 미국과 소련이 경쟁적으로 각종 화학무기
를 개발하였을 뿐 아니라 심지어 북한, 이라크, 리비아와 같은 저개발
국가도 다량으로 보유하고 있는 실정이다. 최근에도 이란, 이라크전
에서 이라크군이 이란군에 대하여 화학무기를 사용하였으며, 걸프전
시에도 이라크의 화학무기 사용에 대비하여 연합군이 각종 훈련과 보
호조치를 한 것은 널리 알려진 사실이다. 일설에 의하면 걸프전에 파
견된 한국군 의무지원 부대원들은 이라크군의 화학전에 대비하여 방
독면을 착용하고 잠을 잤다는 설이 있고 보면 화학무기에 대한 공포
가 어떠한지 알 수 있다. 따라서 화학무기는 어떠한 형태이든 사용될
가능성이 높으므로 우리는 이에 대비한 철저한 훈련을 하여야 한다.

☐ 생물학전은 인공으로 배양된 병균을 살포하여 전염시켜 살상하는 작
전이나 위생 관리와 의료 시설에 영향을 받는다. 방사능전은 핵무기
사용을 말하며 열, 폭풍, 방사능에 대한 대비가 필요하다. 따라서 생물
학전과 방사능전에서 개인 방호를 위한 조치는 제한될 수밖에 없다.

화학전의 전망과 이에 대한 대비를 어떻게 할 것인가?

☐ 선진 세계각국 군대는 화학전 대비태세를 더욱 강화하고 있다.

1차세계대전시 화학전을 경험한 각국은 2차대전이후 미국과 소련이 치명적인 신경가스를 대량으로 비축함에 따라 화학전에 대한 대비를 더욱 강화하게 되었다. 이에 더하여 최근에 이라크군이 이란군에 대해서 화학무기를 사용함으로써 저개발 국가도 화학무기를 생산 보유하고 있으며, 필요에 따라 사용할 수 있다는 것을 보여줌으로써 화학무기에 대한 위협이 더욱 증가하게 되었다. 따라서 선진국 군대는 화학전 대비 훈련과 연구 및 방호 물자 확보에 만전을 기하고 있다.

☐ 북한도 화학전 능력을 보유하고 있다.

북한은 다량의 화학무기를 보유하고 있으며 비행기, 다연장포, 각종 포, 장거리 로켓 등 살포 수단을 보유하고 있어 언제든 사용할 수 있는 능력을 갖고 있다. 만일 북한군이 화학무기를 사용한다면 전선뿐 아니라 장거리포, 항공기, 스커드와 같은 로켓에 의해 후방 주요 지휘소, 비행장 등에도 사용할 것이다.

☐ 우리는 화학전에 완벽한 대비를 하여야 한다.

- 화학무기는 초기에 위력을 발휘하나 점차 대비가 강화되면 위력이 반감된다. 따라서 대비태세가 잘된 군대에는 효과가 적고 오히려 보복만 받으므로 사용을 주저하게 된다. 완벽한 대비만이 적이 사용치 못하도록 할 수 있고 생명을 보장받을 수 있다.
- 화학전에 대한 대비는 전방 부대뿐 아니라 후방의 부대, 비행장 근무 요원도 실전적인 방호 훈련을 하여야 하며 충분한 방호물자 준비는 물론 사용 요령도 숙달되어야 한다.

화학무기를 전술적으로 사용하기 시작한 것은 1차대전 때였다.

□ 준비가 없는 부대에 사용하면 기습을 달성할 수 있다.

1915년 4월 22일, 풍향은 프랑스쪽으로 불어 독일군이 프랑스를 향해 4마일(약 6㎞) 넓이로 설치한 실린더에 의해 독가스를 살포하기에 적합했다. 오후 5시에 실린더가 열리자 30톤의 염소가스가 프랑스군 지역으로 퍼져 나가면서 600야드 종심의 자욱한 구름을 형성하였다. 연합군 관측병들이 먼저 황녹색 연막을 목격했으며 곧바로 프랑스군 진지를 덮치자 2개 사단 장병들은 진지를 뛰쳐나가 목을 끌어안았고 줄지어 후방으로 도망쳤다. 오후 여섯시 포진지까지 가스가 도달하자 장병들은 죽거나 도망가 야포 사격도 멈추었다. 프랑스군 2개 사단이 완전히 무력화 된 것이다. 이를 이용하여 독일군 공격 부대는 1시간 반만에 목표에 도달하였다. 이로써 최초의 독가스 사용은 심리적인, 그리고 기술적인 기습을 달성한 것이다.

□ 가스는 낮은 곳에 오래 머문다.

어느 방공호에서 새까만 입술을 하고 푸르뎅뎅한 얼굴을 한 많은 주검을 발견하였다. 호에서 그들은 너무 일찍 방독면을 벗었던 것이다. 그들은 가스가 낮은 곳에 가장 오래 머문다는 것을 몰랐던 것이다. 그래서 위에 있는 사람들이 방독면을 벗고 있는 것을 보고 자기들도 벗어버리고 너무 숨을 많이 들이마셔 폐가 타버린 것이다. 그렇게 되면 가망이 없게 되는 것이다. 그들은 객혈과 호흡이 막혀 죽는 것이다. (서부전선 이상없다)

□독가스는 실린더뿐만 아니라 포병이 고폭탄과 더불어 가스탄을 사격했다.

초저녁부터 적은 대대적인 포격을 개시하였다. 포화는 먼저 번 보다도 더했다. 내 앞에 포탄이 떨어진 구멍이 있었다. 나는 그리로 뛰어들었다. 그때 나의 얼굴을 한 대 들이받는 것이 있어 머리를 돌려보니 카친스키였다. 그는 나를 흔들며 "가스다, 가스, 다른 사람에게도 연락했다"라고 말했다. 나는 가스마스크를 쓰고 좀 떨어져 있는 사람에게 다가가서 나의 마스크통으로 그를 쳤으나 그는 아무 눈치도 채지 못하였다. 또 한 번 쳤으나 그는 자꾸 머리를 파묻을 뿐이었다. 신병이었다. 나는 마스크를 꺼내 그 친구의 얼굴에 씌워 주었다. 가스탄이 터지는 소리와 뒤섞여 종소리가 폭발음 사이로 울렸고 징소리와 금속성 소리가 가스라는 것을 알려주고 있었다. 나는 입김 서린 마스크안경 언저리를 깨끗이 닦았다. 마스크를 처음 쓰는 순간은 삶과 죽음을 결정지워 주는 순간인 것이다. 마스크는 잘 막혀 있는가? 조심스럽게 숨을 쉬어 보았다. 이제 가스가 땅위로 기어다니듯 낮은 곳으로 가라앉았다. 우리가 있는 포탄으로 패인 곳으로 마치 해파리처럼 꿈틀거리며 들어왔다. 가스가 제일 많이 모여 있는 이곳보다 밖으로 나가는 것이 나았으나 포탄이 불우박처럼 떨어져 불가능하였다. 이때 부상당한 친구가 마스크를 벗으려 하였으므로 쿠르프가 그의 팔을 등뒤로 세게 비틀어 올리면서 놓아주지 않았다. 다행히도 그 친구는 의식을 잃었다. 날이 밝아왔다. 내 머리는 가스마스크 속에서 웅웅거리고 욱신거려 터질 것만 같았다. 폐는 답답하고 뜨거운 것만 같았으며 혈관은 충혈되고 질식할 것만 같았다. 한참 후 포격이 멎어 밖을 보니 누가 일어나고 있었으나 그래도 수초 동안 기다려 보았다. 그자는 거꾸러지지 않았다. 바람이 가스를 흩어버린 것이다. 나는 즉시 마스크를 벗고 주저앉았다. 공기는 마치 찬물처럼 나의 폐속으로 스며들었다. (서부전선 이상없다)

□ 전례로 본 화학전의 특성

- 가스 공격시는 고폭탄과 섞어서 가스탄을 발사한다. 1차세계대전 초기에는 가스만 살포하던가 포탄으로 발사하였으나 방독면 착용 후부터 효과가 거의 없으므로, 대량의 고폭탄을 발사하면서 가스탄을 섞어 발사함으로써 방독면 착용을 방해하여 효과를 발생토록 하였다. 따라서 앞으로도 적의 가스공격은 고폭탄과 섞어서 가스탄을 발사할 것이다.

- 가스는 광범위한 지역으로 분산되며 효과는 장시간 지속된다.
  가스공격은 작전계획에 따라 시행되나 수 평방m가 아니라 수 평방km에 산포되므로 넓은 지역이 오염되고 지속 시간도 장시간 지속된다.

- 방독면을 신속 정확히 착용하는 것만이 생존을 보장한다.

- 가스가 살포되기 전이나 살포즉시 방독면을 착용해야 하며 잘못 착용하거나 방독면의 결함이 있을 시에는 가스가 들어와 생명을 잃는다.

- 가스 살포시 전체부대에 신속히 전파하는 것도 중요하다.

- 사용 초기에는 효과를 볼 수 있으나 시간이 갈수록 대비 훈련이 강화되어 살상 효과는 감소된다.

- 독가스는 낮은 곳으로 흘러들기 때문에 교통호, 엄체호, 포탄자국 등 낮은 곳에 쌓여 평탄한 표면보다는 더 오래 가스가 남아 있어 방독면을 벗을 때 특히 조심해야 한다.

- 신병과 같이 경험이 없거나 부상자는 특별한 대책이 필요하다.

> 화학전 하에서 각개 전투원은 생존을 위해 방독면, 보호의, 방독 장갑 및 군화를 사용해야 한다.

☐ 현대 독가스는 호흡뿐 아니라 피부로도 침투할 수 있다.

현대 독가스는 주로 신경 및 수포성 가스로 구성되어 있다. 이 중 신경 가스는 호흡기를 통하여 흡수되나 부분적으로 피부를 통하여 침투하며 수포성 가스는 노출된 피부를 오염시켜 물집을 만들고 부분적으로 호흡기를 통해 침투하여 살상하게 된다. 결국 현대 화학전에서 생존하려면 호흡기 보호는 물론 신체를 노출시키지 않도록 조치를 하여야 하고 치료약의 사용 방법도 숙달되어야 한다.

☐ 호흡기 및 신체 보호 장비로는 방독면, 보호의, 방독 장갑 및 군화가 있다.

– 방독면은 화학전에 대비한 기본 장비로 독가스를 정화통에서 정화하여 호흡기를 보호한다. 과거의 방독면은 호흡기만을 보호하도록 되어 있었으나 최근에는 머리를 완전히 감싸 안면 피부도 보호하도록 변화되었다.

– 보호의는 신체를 보호하기 위해 만든 옷으로 불침투성과 침투성으로 나눈다.

불침투성 보호의는 고무 제품으로 만들어져 모든 독가스를 방호할 수 있으나 신체의 열을 발산하지 못해 체력이 급격히 떨어져 장시간 사용할 수 없으므로, 보병 부대에는 사용할 수 없고 차량으로 활동하는 화학 부대 요원이 주로 사용한다. 침투성 보호의는 극심한 운동을 하여야 하는 전투 부대에서 사용하며 전투복 형태로 약품 처리나 목탄 등을 넣어 어느 정도 독가스를 흡수하도록 만들어져 있고 열을 발산할 수도 있다. 그러나 역시 장시간 착용시와 혹서기에는 체력이 급격히 떨어진다.

– 보호의는 있는데 방독 장갑은 구경하지 못했다. 방독 장갑이 없다면 지급된 가죽 장갑을 이용하는 창의성도 발휘해야 할 것이다. 군화는 어떻게 할 것인가? 의문이 나면 확인하고 문제를 풀어 나가야 한다.

방독면 착용후 방독면 안에 남아 있는 가스를 확실히 불어내야 하며, 눈이 나쁜자는 방독면에 사용할 수 있는 안경을 구비해야 하고, 방독면이 새지 않도록 해야 한다.

□ 우리의 훈련은 형식적이지 아은가 반성해 보자.

연대장 시절 군 검열시 모중대가 가스 상황하에서 전투사격을 실시하게 되었다. 평소 훈련시 "가스"라는 구령하에 신속히 방독면을 착용하고 사격하는 훈련을 자주 실시한 바 있어 자신을 갖고 병사들의 사격을 관찰하였다. 검열관이 가스탄을 터뜨리자 마침 풍향이 사선에서 타겟쪽으로 불면서 사수쪽으로 계속 가스가 산포되게 되었다. 병사들은 훈련받은 대로 방독면을 착용하고 사격을 시작하는데 2-3발 사격하다가 대부분이 사격을 못하고 방독면을 벗으면서 뒤로 도망나오듯이 나오는 것이 아닌가! 거기에다가 연막으로 인해(가스에다가 연막이 포함된 수류탄이었음.) 표적이 잘 보이지 않아 사격도 제대로 되지 않았다. 대기하고 있던 다음 조도 같은 상태였다. 기가 막힌 일이었다.

확인한 결과 다음과 같은 교훈을 발견함으로써 우리가 너무나 형식적인 훈련을 했구나 하는 반성을 하였다.

□ 방독면 안에 남아 있는 가스를 확실히 불어내야 안전하다.

우리는 훈련시 9초이내에 착용하는 것만 강조했지 방독면 착용시 방독면 안에 이미 들어와 있는 가스를 불어내는 행동은 등한히 하고 형식적이었다. 즉 평소 훈련시 방독면을 착용한 후 코틀뭉치를 막고 안에 있는 공기를 밖으로 내보내기 위하여 힘차게 불면 안에 있는 공기가 방독면과 밀착된 뺨을 통해 나가도록 함으로써 방독면 안에 남아 있는 가스 제거훈련을 하는데 이와 같은 동작을 정확하게 실시하지 못했고 또 그 이유를 정확하게 교육하지 않은 결과인 것이다. 그렇기 때문에 사수 바로 뒤에서 최루가스를 산포하게 되니까 병사들이 방독면을 꺼낼 때 방독면 안에 가스가 차게 되고 이를 모르고 방독면만 착용하고 사격을 하였으니 최루가스에 눈물이

나서 사격할 수 없었던 것이다. 그러므로 방독면을 착용하고 불어
내는 이유를 확실히 설명하고 뺨으로 공기가 나오는 소리가 들리도
록 정확하게 불어내는 훈련을 하여야 하겠다.

□ 안경을 쓰는 자는 반드시 군에서 지급하는 방독면 안경을 준비하
여야 한다.

일부 병사는 안경을 쓰고 사격하였는데 안경다리가 방독면 밀착을
방해하므로써 그 사이로 가스가 스며들었던 것이다. 그러니 사격할
수 없었던 것은 당연한 결과였던 것이다. 그 당시 연대에는 방독면
착용시 사용되는 안경이 하나도 없었다. 그 후 사단장으로 부임하여
예하부대에 방독면 착용시 사용되는 안경을 점검한 결과 이를 알고
있는 자가 거의 없어 예하 부대장과 의무대장에게 지시하여 지급토
록 한 바 있다. 즉 방독면 안경은 시력이 나빠 안경이 필요한 자가 의
무대에 주문하게 되면 방독면에 부착할 수 있는 안경이 지급되게 된
다. 지금까지 별로 주문하지 않고 있는 방독면 안경을 일시에 주문하
니 의무대장은 이를 확보하느라 동분서주하였으나 전원 확보하였다.
그러나 다음이 문제였다. 원칙적으로 제대하면 방독면 안경은 반납
하거나 개인이 가지고 가는 소모품이므로 계속 지급하는 것도 문제
였다. 실제로 방독면 안경을 신청한 후 지급되는 시간도 길고 또 잘
지급해 주지도 않기에 다음부터는 제대시 방독면 안경을 회수하여
돋보기처럼 개략적으로 개인에게 시험하고 지급하도록 한 바 있다.
그 후 사단을 떠났으나 과연 후배들이 본인과 같은 경험을 하고 방독
면 안경의 중요성을 알고 확보하고 있는지 궁금할 뿐이다. 더구나 지
금의 장,사병은 안경을 착용한 자가 더욱 증가하는 추세가 아닌가!

□ 코틀막을 제거해서는 안된다.

사수 중 일부는 코틀막을 제거하여 코틀막을 통하여 가스가 들어온
것이다. 일부병사들은 방독면을 장시간 착용하고 훈련을 하면 숨이
가쁘기 때문에 코틀막을 제거함으로써 이와 같은 결과가 생긴 것이
다. 그렇기 때문에 내무검사시 방독면을 확인할 때면 반드시 코틀
막을 확인하는 것이다.

> 방독면에는 부수적으로 예비정화통, 흐림방지포, 치료킷이 포함되어 있다.

☐ 예비정화통은 언제 사용할 것인가 확인해 보라.

　예비정화통은 2개가 중대별로 보관되어 있다. Defcon2가 발령되면 현재 방독면에 부착되어 있는 정화통은 빼서 버리고 예비정화통 중 1개를 갈아 끼우고 1개는 방독면 집안에 보관하게 되는 것이다. 그렇다면 방독면 집안에 보관한 정화통은 언제 사용할 것인가? 방독면에 부착되어 있는 정화통이 파손되었거나 가스살포로 인하여 장시간 방독면을 착용시 교체하도록 되어 있다. 그렇다고 마음대로 개인이 교체하는 것이 아니라 중대장급 지휘관의 지시에 의하여 교체하여야 하며 교체된 정화통은 소모품으로 버리는 것이다.

☐ 흐림방지포는 언제 사용할 것인가.

　방독면 밖의 온도가 찰 때 방독면 안은 얼굴과 호흡으로 인하여 온도가 올라가게 되어 방독면 안경에 습기가 차서 흐려지게 되므로 이를 방지하기 위하여 흐림방지포로 안경 안쪽을 문질러 놓으면 흐림방지포에 있는 약품이 안경에 보호막을 형성하여 흐림을 방지하는 것이다. 따라서 흐림방지포는 평소에 사용할 필요가 없으며 주로 겨울에 사용한다. 이를 모르는 병사들은 아무 때나 흐림방지포를 사용하거나 심지어 방독면 안경을 닦는 일에 사용하게 되고, 그러다보니 더러워지므로 깨끗하게 세탁을 하게 되면 흐림방지포에 묻어있는 약품이 없어져 보통의 천이 되어버리는 일이 종종 발생하고 있다. 이는 흐림방지포에 대한 교육이 미비한 때문이다. 겨울철이나 여름이라도 우기시 방독면을 착용하여 방독면 렌즈가 흐려지는 것을 체험하고 흐림방지포를 이용한 후 결과를 비교하는 체험을 시킨다면 확실히 이해할 수 있을 것이다.

□ 아트로핀 주사 및 치료킷 사용을 숙달하도록 해야한다.
 – 아트로핀 주사기 사용법은 극히 간단하여 쉽게 훈련시킬 수 있다. 그러나 아트로핀 주사기의 성능을 제대로 이해하지 못하면 형식적인 훈련이 되므로 교육용으로 제공되는 아트로핀 주사기를 이용하거나 실물로 그 기능과 용법을 설명해야만 완전히 체득시킬 수 있다.
 – 치료킷 사용법에 있어서도 교육보조재료 없이 훈련을 한다면 효과가 없다.
　본인이 대대장시 예하부대가 화생방 5단계 훈련시 관찰해보니 치료킷의 보조재료 없이 말로만 답변시키는 훈련을 하고 있는 것을 봤다. 그와 같은 훈련을 해보았자 쓸데없는 시간만 낭비하는 것이다. 그후 예하부대에 지시하여 교육보조 재료로 지급되는 치료킷을 모아두었다가 훈련시 사용토록 지시하여 훈련에 효과를 거둔 바 있다. 만일 분첩에 들어있는 약품이 전부 소모되었다면 밀가루라도 추가로 넣어서 훈련시킬 수 있는 창의적인 노력이 필요하다.
□ 물먹는 훈련도 해보자

월남전시 프라스틱 수통이 사용되자 한국군도 프라스틱 수통으로 장비하였다. 그후 화학전에 대한 중요성이 증가되자 화학전 대비 훈련이 강화되어 지휘관 방독면은 물을 먹을 수 있는 방독면으로 교체되고 수통의 물을 먹을 수 있도록 수통 마개도 교체되었다. 그러나 동계에는 프라스틱 수통이 얼어터지므로 문제가 되어 다시 알루미늄 수통으로 교체된 일이 있었다. 지금은 어떻게 발전했는지 궁금하다. 물먹는 훈련도 필요하다. 병사들은 어떻게 할 것인가.

보호의, 방독 장갑 및 군화를 착용하고 훈련해야 한다.

☐ 착용 훈련과 체력 유지 훈련이 필요하다.
　우리는 보호의를 창고에 신주 모시듯 보관만 하였지 착용 훈련은 등한시하고 있으니 착용 요령도 모르고 착용시 어떤 문제가 있는지 모르고 있다. 시범용이라도 만들어 착용 훈련을 해야 한다. 또한 방독면을 포함한 보호장구를 착용하면 열을 발산하지 못하여 체력이 급속히 저하된다. 특히 혹서기는 더 말할 필요없다. 따라서 평소에 모든 복장을 하고 훈련하여 이에 적응할 수 있는 체력을 만들어야 한다.

☐ 장갑과 군화에 대한 방독 훈련도 해야 한다.
　우리가 사용하는 장갑과 군화는 어느 정도 피부 침투를 방지할 수 있다. 여기에 더하여 따로 지급된 장갑과 군화가 있는가 확인하고 사용하는 훈련을 한 번이라도 실시해야 하겠다.

가스 실습 훈련은 가스의 위력을 시험하거나 훈련의 인내심을 키우는 훈련이 아니라 방독면의 효과를 입증하여 자신감을 갖게 하는 훈련이다.

□ 가스 실습시 지쳐서 비틀거리며 나오도록 만드는 훈련은 잘못된 훈련이다.

통상 가스 실습을 할 때 밀폐된 천막이나 건물에 들어가면 몇번 방독면을 착용하는 훈련을 한 후 최루탄을 터트리고 방독면을 착용하게 된다. 그런 다음 방독면을 벗기고 군가를 시키는 등 상당한 시간을 지낸 다음 재차 방독면을 착용시키면 일부는 최루가스에 지쳐서 탈진하여 나오는 경우가 허다하다. 그러므로 가스 실습하면 기합을 받는 곳으로 인식하고 두려움을 느끼게 만들고 있다. 과연 무엇에 목적을 두고 훈련하는지 생각해 볼일이다.

□ 가스 실습 훈련은 방독면의 효과를 입증하여 자신감을 갖는데 있다.

- 첫째 방독면을 착용하면 독가스에 안전하다는 것을 입증시킨다.

최루탄을 터트리고 즉각 방독면을 착용하게 되면 전혀 영향을 받지 않는다. 즉 방독면의 효과를 실증시켜 자신감을 갖도록 만드는 것이다. 특히 방독면을 정확하게 착용하는 것을 강조하여야 한다. 만일 방독면에 이상이 있으면 밖으로 보내 점검하도록 한다.

- 둘째 방독면 안에 남아있는 가스를 불어내는 훈련을 한다.

방독면을 착용하고 어느 정도 지난 후 숨을 멈추게 하고 방독면을 벗고 숨을 다시 쉬기 이전에 다시 착용케 한다. 이때 방독면 안에 들어있는 가스를 확실히 불어내도록 강조한다. 필요하면 몇 번 반복하여 실시함으로써 방독면 착용에 자신감을 갖도록 해야 한다.

- 셋째 방독면 착용시 제한 사항을 인식하도록 한다.

방독면을 착용하고 대화를 시킴으로 대화의 어려움을 느끼게 하고 제자리 뜀을 실시하여 호흡의 어려움을 인식시켜 평소 훈련의 중요성을 강조한다.

> 독가스를 군사 작전에 사용할 때는 광범한 지역을 오염시키고 수 시간 효과가 지속된다는 것을 생각하고 훈련에 반영하여야 한다.

□ 전후방을 막론하고 1시간 이상 방독면 착용 훈련을 하여야 한다.

화생방 훈련시 장병들은 방독면을 20분 이상 착용하는 일도 드물고 방독면을 착용한 상태에서 업무를 보는 훈련도 없이 끝나는 형식적인 훈련이 되기 쉽다. 이에 반해 미군은 방독면을 착용하고 모든 업무를 수행하는 훈련을 하고 있고 후방 비행장에서도 방독면을 착용하고 무장 장착 훈련을 하는 등 적극적이다. 무엇이 실전적 훈련인가? 1차대전 기록 영화를 보면 포병도 방독면을 착용하고 사격하는 장면이 있다. 전,후방을 막론하고 일단 화생방 상황이 부여되면 1시간 이상 방독면을 착용하고 업무를 수행하는 훈련을 하여야 한다.

□ 가스 상황하 전술 훈련시는 가스가 소멸되거나 그 지역을 벗어날 때까지 방독면과 보호 장비를 착용해야 한다.

공격 또는 방어 훈련시 가스 상황을 부여하고 5분도 못 되어 해제시키는 것을 자주 볼 수 있으나 이는 잘못된 것이다. 본인이 사단장 시절 예하 중대 공격 훈련을 참관해 보니 공격 개시선을 넘자 통제관이 가스 상황을 부여하고 잠시 전진 후 해제하는 것을 보고 아직도 우리 지휘관들이 화학전 상황을 잘 이해하지 못하고 있다고 생각되었다. 본인은 강평시 적이 가스를 사용한다면 풍향과 풍속, 사용량에 따라 다르나 적어도 수평방 km가 오염되므로 일단 가스 상황이 벌어지면 목표에 도달할 때까지 방독면을 쓰고 훈련해야 된다는 것을 강조한 바 있다. 행군시에도 마찬가지로 가스 상황을 부여하면 그 지역을 벗어날 때까지 방독면을 착용해야 하며 화생방 요원에 의해 안전 여부를 시험한 후 해제하여야 한다.

> 화학전 탐지 및 경보전파훈련을 실질적으로 실시하자. 과거 검열
> 시는 항시 검열대상이 되었다. 그 만큼 화학전을 중시하는 것이다.

☐ 화학전 탐지장비를 활용하는 습관을 키우자.

중대에 보급된 화학전 탐지장비는 자동경보장비, 탐지킷 탐지기, 탐지크레온 등이 있었다. 이와 같은 탐지장비에 대하여 평소 훈련 뿐만 아니라 전술훈련시는 반드시 훈련과목에 포함하여 훈련을 실시하여야 한다. 특히 자동경보 장비는 설치 장소에 유의하여야 한다. 전례에도 언급된 바와 같이 화학무기 살포시에도 고폭탄과 함께 발사하는 경우가 많으므로 함부로 노출된 지점에 설치하면 기능을 발휘하기 전에 자동경보기는 포탄에 의해 파괴될 것이다.

☐ 전술훈련시 경보전파훈련을 실질적으로 하자.

중대내무반 앞에 보면 각종 신호규정이 간판으로 제작되어 붙어있고 포탄 탄피, 종 등 신호장비가 비치되어 있다. 이것도 관심을 갖고 있는 부대는 잘 관리하여도 관심이 없는 부대는 방치하고 있다. 언제인가 검열관이 중대 내무반 앞에 비치되어 있는 타종기구를 보고 준비된 나무망치로 두드리니 망치가 망가져버렸다. 그럴싸하게 나무망치를 만들었으나 견고하지 못해 그러한 결과가 생긴 것이다. 차라리 나무몽둥이를 비치하였다면 그러한 결과는 나오지 않았을 것이다. 그런데 정작 필요한 전술훈련시에는 경보전파를 무전으로 하던가 "가스"라는 구령으로 전파하고 있는 것이다. 이는 잘못된 것이며 특히 방어훈련시는 경보 전파가 신속히 이루어지도록 소대본부에도 탄피, 종 등 각종 기구를 이용한 경보전파 기구를 비치하고 훈련하여야 한다.

☐ 화학병에 대하여

과거에는 중대에도 화학병이 인가되어 있었으나 지금은 겸무하도록 되어 있다. 전담 화학병이 인가되었을 시도 화생방 탐지훈련이 제대로 되지 않았는데 겸무직이야 더 말할 필요도 없다. 그만큼 지휘관은 관심을 가지고 탐지훈련을 실시하여야만 유사시 활용할 수 있는 것이다.

> 인체 제독소는 인체의 오염을 제거하기 위해 모든 피복, 군화
> 및 철모 등을 갈아입고 몸을 씻는 장소이다.

☐ 인체 제독소는 대대급에 설치하되 상황에 부합되어야 한다.

본인이 군단장 시절 전방 대대거점을 방문하니 대대장이 거점 후방
에 인체 제독소를 설치하였다고 보고함으로 가서보니 화생방 상황
에 맞지 않았다. 즉 장소 자체가 상황에 부합되지 않았고 피복과 군
화 등을 교체하기 위한 대책이 결여되어 있었다. 그 이유를 생각해
보니 교범에 인체 제독소는 대대장이 설치한다라고 되어있으므로
화생방 연구가 부족한 대대장이 교범만 보고 공연히 노력만 낭비한
것이다.

☐ 인체 제독은 교대후 예비대가 되었을 시 시행하는 것이 가장 좋다.

적이 가스 공격을 하면 당연히 전방 대대 거점은 오염되므로 제독소
로 사용하기는 부적합하다. 그러므로 오염 지역을 벗어난 지역에서
실시해야 하며 예비로 전환하면서 실시하는 것이 가장 좋다. 또한
인체 제독시 교환해야 할 피복, 장구류를 사전에 준비하여야 하고
샤워가 가능한 제독차의 지원요청 등 완벽한 준비가 되어야 한다.

〈샤워〉

〈장구류 준비〉

> 장비 제독소는 차량, 전차 등 대형 장비의 오염 물질을 제거하기 위해 연대장급 이상이 설치한다.

□ 휴대용 제독기는 비교적 적은 장비 제독에 사용한다.

본인이 대대장 시절 훈련시는 지휘 차량에 휴대용 제독기를 부착하고 다녔다. 그러나 그것을 누구 하나 사용해 보거나 시범도 본 일이 없고 단지 차량이 오염되었을 시 쓰는 것이라 하면서 간단한 사용 요령만 운전병에게 교육하고 부착하고 다니니 누구 하나 관심을 갖지 않고 훈련이 끝나면 반납하는 것이다. 이와 같은 형식적인 훈련은 아무런 도움이 안되며 각종 소화기를 부대에 비치하고 있으나 막상 불이 나면 사용법을 몰라 사용치 못하는 것과 같다. 따라서 평소 시범도 보이고 사용 훈련을 해야 유사시 사용할 수 있는 것이다.

□ 장비 제독소는 대형 장비를 제독하기 위해 설치한다.

연대 단위 이상에는 많은 차량을 갖고 있으므로 이와 같은 대형 장비를 제독하기 위한 시설이 필요하다. 따라서 장비 제독소는 연대장급 이상이 설치하며 장비 제독을 위한 제독차를 사단으로부터 지원받아야 한다.

〈차량제독〉

〈휴대용 제독기〉

제 5 장
지　　뢰

지뢰는 양면성을 가진 무기이다. 잘 사용하면
강력한 무기가 될 수 있으나 잘못 사용하면
재앙이 될 수 있다.

> 지뢰는 방어적 성격의 무기로 2차 대전시부터 본격적으로 사용되었으며 적의 공격을 지연시키고 인원과 장비를 살상 및 파괴시키는 데 사용한다.

☐ 2차대전시 아프리카, 소련 지역에서 대대적으로 지뢰를 사용하였다.

- 1942년 영국군은 아프리카 가잘라 지역 50마일 정면에 100여만개의 지뢰를 매설하였으며

〈대전차 지뢰 매설중인 독일군〉

- 1944년 독일군은 연합군의 상륙을 저지하기 위해 대서양 지역에 500만개의 지뢰를 매설하였고
- 소련군도 지뢰를 대량으로 사용하여 쿠르스쿠 전투에서는 독일군의 공격을 예상하고 종심 깊은 지뢰지대를 구축하여 독일군이 수마일을 돌파하였음에도 여전히 지뢰지대를 벗어날 수 없었다.

☐ 현재에도 지뢰를 사용하고 있으며 계속 사용될 것이다.

- 한국전쟁시 한, 미군은 초기에는 소규모로 사용하였으나 낙동강 전투시, 그후 전선이 교착된 후 휴전시까지 대규모로 사용하였으며 북한군도 지뢰를 사용하여 북진시 미군 전차 피해의 대부분이 지뢰에 의한 것이었다.
- 월남전, 걸프전 등 최근의 전쟁뿐 아니라 캄보디아 및 앙골라 내전에도 대량의 지뢰를 사용한 바 있으며 현재에는 포탄으로 살포 가능한 살포 지뢰가 개발되어 작전 용도에 따라 다양하게 운용할 수 있게 개발되고 있다.

> 지뢰는 장애물의 하나로 방어시 전술과 결합하여 적절히 매설하면 적의 전진을 지연시키고 기동을 제한하며 인원과 장비에 피해를 주어 공격력을 약화시켜 방어 작전에 기여한다.

☐ 적의 전진을 지연시킴으로 방자는 화력을 효과적으로 사용할 수 있다.

지뢰를 제거하기 위해서는 많은 시간이 소요되므로 자연히 적의 전진이 지연되고 이에 따라 노출시간이 길어져 화력 발휘가 용이하게 된다.

☐ 기동 공간이 제한되어 화력을 집중시킬 수 있다.

지뢰를 제거한다 하여도 전 지역을 다 제거할 수 없으므로 일정한 넓이의 통로를 만들고 이 통로를 통과하기 때문에 이곳에 화력을 집중할 수 있다.

☐ 아군 예비대를 적절하게 운용할 수 있는 시간을 벌 수 있다.

적이 공격전 또는 공격과 동시에 통로를 개척하는 상태를 보면 적의 기도를 알 수 있으므로 예비대를 효과적으로 운용하여 대처할 수 있다.

☐ 소규모 지뢰지대라도 진지의 강도를 강화하고 적에게 피해를 주어 방어에 기여할 수 있다.

대규모 지뢰지대는 적에게 노출되어 기습의 효과를 기대하기 어려우나 적은 발수라도 은밀하게 사용하면 의외로 큰 효과를 발휘하는 경우가 많다. 한국전쟁 당시 지형의 제약으로 수만발을 사용하는 대규모 지뢰지대를 설치하지 않았으나 수십발의 지뢰로도 큰 효과를 보는 경우가 허다하였다.

지뢰는 방어 진지를 보강하기 위한 장벽의 일환으로, 경계 수단을 보강하기 위해, 기타 매복 및 살상을 목적으로 광범하게 사용한다.

□ 장벽의 일환으로 설치
 – 설치 개념

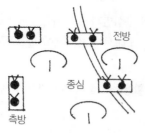

* 지역의 사용을 거부 및 살상을 목적
* 상급 부대 계획에 의거 수백발 이상 사용
* 전방은 물론 종심으로 설치, 기록 유지
* 화력에 의해 엄호, 탄막과 중복되지 않게
* 도보 부대 : 대인지뢰
* 기계화 부대 : 대전차 지뢰 위주

 – 설치 장소 및 방법
  * 방어선 전방 : 시간이 충분하면 기본형으로 설치하나 시간이 없으면 적은 발수라도 매설하고 추가로 보강한다. 특히 대전차 지뢰는 뿌려 놓아도 효과가 있다.
  * 방어선 종심 및 측방 : 시간이 충분하므로 기본형으로 설치하되 지뢰지대 표지를 하여 우군 피해를 방지해야 한다.
  * 기계화 부대 접근로 : 대전차 지뢰를 위주로 매설하되 제거를 방지하기 위해 대인 지뢰를 추가하고 필요하면 부비트랩을 설치할 수 있다. M19 프라스틱 대전차 지뢰는 SOP에 의해 사용이 통제된다.

□ 경계를 보완하는 수단으로 설치 (경계 지뢰지대)
 – 개념

* 지휘소, 초소, 독립된 전초, 청음초 등 적 침투를 조기발견 및 살상하기 위해 설치
* 적이 은밀히 접근 가능한 길목 및 아군 및 민간인 왕래가 없는 곳
* 수발로부터 수십발까지도 매설할 수 있으나 이동, 교대시는 제거해야 할 의무가 있음
* 조명지뢰 활용, M14 대인지뢰 사용통제
* 지뢰가 없을 시는 수류탄, 조명 수류탄 등을 이용

 – 설치 장소 및 방법
  * 지휘소 : 유동적인 전투 상황하에서는 적의 침투부대 활동이 활발하므로 적의 예상 접근로에 대인지뢰 및 조명 지뢰를 매설
  * 교량 및 시설 등을 경비하는 초소를 보강하기 위해 매설
  * 독립된 전투 전초, DMZ의 관측소 주변에 설치
  * 청음초, 매복 임무 수행시 적의 접근을 경고하기 위해 설치
 – 1950년 8월, 18연대가 안강 지역에서 전투시 사과밭에 위치한 연대 본부를 방호하기 위해 수발의 대인지뢰를 측방에 매설하여 적의 정찰대에 피해를 주고 격퇴한 바 있다.

> 지뢰는 과거 공병이 주로 매설 및 제거하였으나 현재에는 보병도 매설 및 제거하도록 발전되었다.

☐ 6·25 당시 경험

- 공병 능력의 제한

6·25 전쟁 당시 한국군의 지뢰 매설은 공병의 전문 분야였다. 그러나 2차 대전시부터 본격적으로 사용된 지뢰는 한국 전쟁시 광범위한 지역에 대량으로 사용되게 되었을 뿐 아니라 공격, 방어, 후퇴에 따른 전선의 변화가 심하여 일일이 공병에만 의존할 수 없게 됨으로써 보병도 지뢰를 매설하도록 임무가 부여된 것이다.

- 적의 지뢰지대에 봉착시 공병의 지원을 받을 여유가 없을 경우가 많아 훈련이 안된 보병은 많은 피해를 받았다.

1951년 8월, 5사단 36연대가 피의 능선인 983고지를 공격할 시 북한군은 5,000여발의 목함 지뢰를 중요 접근로에 매설하였다. 연대는 이에 대한 대책없이 공격하였다가 적이 매설한 지뢰에 많은 병력을 손실당하였으며 공격에 지장을 받았다.

- 소규모 지뢰지대는 보병도 매설할 필요가 있었다.

1952년 10월, 수도사단 26연대 3중대는 수도고지 방어 임무를 받고 예상 접근로에 지뢰를 매설할 필요가 있었으나 공병의 지원을 받을 만한 시간적 여유가 없어 가용한 중대병력을 차출하여 지뢰매설 교육을 시킨 다음 야음을 이용, 은밀히 지뢰를 매설하여 차후 수도고지 방어에 기여하였다.

☐ 현재의 추세

현재에는 지뢰가 더욱 대량으로 사용되어 분쟁지역은 수백만 개의 지뢰를 매설하고 있다. 한국군도 대량으로 지뢰를 사용하게 됨으로써 전방 각 보병부대는 책임 지역의 지뢰지대는 보병이 매설하고 종심 지역은 매설하도록 계획되어 있을 정도로 지뢰매설은 일반화되고 있다.

지뢰지대는 설치 형태에 따라 기본형, 응용형으로 분류할 수 있으며, 보병부대는 기본형 지뢰지대 설치에 중점을 두고 훈련하나 작전시는 주로 응용형 지뢰지대를 설치하게 된다.

☐ 기본형은 시간이 충분하고 지뢰가 가용하며 설치 공간이 허용할 때 설치할 수 있다.
 - 1951년, 아 1사단은 임진강에서 방어중 예상되는 적의 공격에 대비하여 서울을 방어하기 위한 종심진지를 1개월간 구축하게 되어 각종 호는 물론 지뢰, 철조망까지 설치하여 적을 격퇴한 바 있다.
 - 전투가 고착되자 전방 지역에 대대적으로 지뢰를 매설하였으며 휴전 이후 1960년대 및 월남 패망 이후 중요 지역에 기본형 지뢰를 매설한 바 있다.
 - 현재 전방 지역에 상당한 지뢰를 비축하고 기본형으로 매설하도록 계획되어 있으나 매설 시간이 많이 소요되어 문제가 되고 있다.

☐ 응용형은 시간이 별로 없고 가용 지뢰가 적어도 설치하면 효과를 볼 수 있으므로 보병 부대에서는 이 방법에 숙달하는 것이 좋다.
 - 1950년 8월, 미 27연대가 다부동 방어시 도로에 대전차 지뢰 매설시 적과 접촉하고 있어 신관만 결합하고 도로에 노출된 채로 수열로 늘어놓았으나 이를 발견한 적 전차가 정지한 사이 화력을 집중하여 큰 효과를 보았다.
 - 1951년 4월, 서울 방어시 경의선을 연하는 지역은 수전지대라 지뢰를 매설할 지역이 제한되어 부분적으로 매설가능한 철도지역, 논두렁, 도로의 경사면 등에 적은 양을 매설한 것을 보면 역시 기본형은 한계가 있다.

> 지뢰란 양면성을 띤 무기이다. 적절히 사용하면 강력한 방어 수단이 될 수 있으나 잘못 사용하면 재앙이 될 수도 있다.

□ 효과적인 지뢰설치로 방어성공 (전투지원)

1950년 8월 30일, 6사단 공병대는 신녕북쪽 방어지역에 지뢰를 설치하였다. 적 보병의 접근 예상지역에 야간을 이용하여 300발의 대인지뢰를 매설하고. 02:00시 작업을 마치고 철수하자 북한군 1개중대가 공격해 오기 시작하였다. 북한군은 지뢰가 매설된줄도 모르고 지뢰지대로 공격했기 때문에 맨처음 인계철선을 건드려 지뢰가 폭발하고서야 지뢰지대에 들어선 것을 알게 되었고, 지뢰가 터지면서 공포에 빠져 사방으로 뛰었기 때문에 더 많은 지뢰를 밟게 되어 5분도 안되는 사이에 100여명의 사상자가 생겨 아군은 방어에 성공하였다.

□ 아군 지뢰에 아군이 피해를 받음 (신녕지구 전투)

- 1950년 8월 26일, 6사단 2연대는 축차적인 지연전을 실시하였다. 이때 2연대 3대대 본부와 9중대는 아군이 매설한 지뢰지대로 들어가게 되었고 최초 지뢰가 폭발하기 시작하자 병사들은 적포탄이 떨어지는 줄 알고, 이를 피하느라 뛰는 바람에 지뢰를 건드려 연속 폭발하게 되어 대대장이하 대부분이 지뢰에 의해 피해를 입게 되어 차기 작전에 지장을 초래하게 되었다. 이 사고는 육본에서 파견된 공병부대가 전방부대와 협조없이 지뢰를 매설하고 경계병을 세웠으나 아군을 인도해야 할 경계병이 전방에서 철수한다는 말을 듣고 무단이탈을 했기 때문에 일어난 사고였다.

- 급히 철수하거나 시간이 촉박하여 지뢰지대를 기록하지 않아 재차 공격시 아군에 피해를 입히는 것이 심각한 문제였다. 1951년 3월초, 북진중인 미25사단 일부 부대는 의정부 지역에서 기록되지 않은 지뢰지대에 들어가 많은 장비가 파손되고 사상자가 발생하였다. (전투지원) 이와 같이 지뢰를 잘못 사용하면 오히려 재앙을 불러오게 되는 것이다.

> 지뢰지대를 설치한 후에는 반드시 매설기록을 유지하여야 한다. 그렇지 않으면 우군에게 피해를 입히거나 지뢰지대로서의 가치를 상실한다.

☐ 우리는 지뢰 매설기록 및 유지를 등한히 하고 있다.

필자가 사단 G-3보좌관 시절 전방에 많이 남아 있는 미확인 지뢰지대의 지뢰를 제거토록 상급부대의 지시를 받았다. 미확인 지뢰지대란 지뢰를 매설하고 기록을 하지 않았거나 매설기록을 분실함으로써 지뢰가 있긴 있어도 어떤 지역에 얼마만한 지뢰가 묻혀 있는지 모르는 지뢰지대이므로 혹시 사단 공병대대에 기록이 있는가 확인하였으나 이미 제거된 지뢰지대도 현재 있는 지뢰지대로 남아있는 등 전혀 정리가 되지않아 쓸모가 없었다. 그만큼 지뢰 매설기록을 등한히 하고 있는 것이다. 그러기에 휴전 이후 지금까지 상당한 노력을 기울였음에도 불구하고 미확인 지뢰지대가 아직도 많이 남아 있으며 아군병사나 민간인이 잘못하여 미확인 지뢰지대에 들어가 지뢰폭발로 인명손실을 가져올 뿐만 아니라 방어작전에 기여하지도 못하면서 오히려 무장간첩이 이 지역에 숨어 있으면 아군이 수색도 하지 못하므로 오히려 은신처를 제공하는 결과가 되고 있는 것이다. 특히 휴전 이후 매설된 지뢰에는 플라스틱으로 된 M14대인지뢰(일명 발목지뢰)가 대량으로 매설되었으며 이 지뢰는 지뢰탐지기로도 탐지가 곤란하고 육안으로도 발견이 곤란하며 뇌관이 플라스틱으로 되어 있어, 수십년이 지난 지금까지도 기능이 발휘되고 있으므로 인위적으로 제거하기 전에는 상당기간 기능이 지속되기 때문에 사고유발 위험이 높은 것이다.

☐ 따라서 반드시 매설기록을 유지하여야 한다.

지뢰 매설기록을 유지하는 것은 차후 지뢰를 제거하거나 손상된 지뢰지대를 보수하는 등 지뢰로 인한 각종 손실을 예방하기 위해서이다. 그러므로 지뢰를 매설하였을 때는 반드시 매설기록을 유지하여야 한다.

> 지뢰지대는 한번 설치하면 영구히 보전하는 것이 아니라 적
> 또는 포격에 의해 손상되었거나 다시 사용할 필요가 없거나 노
> 후화 되었을 시는 보수하거나 제거하고 다시 매설하여야 한다.

☐ 적에 의해 손상된 지뢰지대에 대한 보수 (전투지원)

1950년 8월 30일, 야간을 이용 은밀히 약 250발의 대인 지뢰를 요덕동 남방에 설치하였다. 다음날 야간 북한군 1개 중대가 공격중 지뢰지대에 들어가 지뢰가 폭발하여 100여명의 사상자를 내고 퇴각하였다. 우리들이 지뢰지대에 돌아가 확인해보니 몹시 손상된 것을 발견하고 9월 2일 야간을 이용하여 보수 작업을 실시하여 제 기능을 발휘하도록 하였다.

☐ 사용할 필요없는 지뢰지대 제거

1951년 4월, 서울 방어전시 1사단은 책임 지역에 지뢰를 매설하였으나 재차 북진하게 되자 지뢰지대에는 경계병을 세워 한동안 유지하다가 전선이 안정되자 공병을 투입하여 2-3회에 걸쳐 지뢰를 완전히 제거하였다.

☐ 노후된 지뢰지대는 제거 보수해야 한다.

본인이 1967년 GOP 중대장시 지뢰지대를 확인해 보면 6 · 25 당시 매설한 지뢰는 물론 1960년대 매설한 지뢰지대도 신관이 부식되어 대부분 기능을 상실하였으나 일부 및 M14 프라스틱 지뢰만 기능을 발휘하여 가끔 아군만 피해를 봤지 전술적 가치는 없는 것으로 생각되었다. 그후 1970년대 노후한 지뢰지대를 제거하도록 지시되었으나 지금까지도 완전히 제거하지 못한 것은 인명 피해가 두려워 적극적이지 못했기 때문이다. 우리는 이와 같은 어려움을 극복하고 과감히 노후된 지뢰를 제거하여야 하겠다.

> 6·25 전쟁 초기 한국군은 지뢰에 대한 교육훈련이 미비하여 지뢰를 효과적으로 사용하지 못했다.

☐ 6·25전 한국군은 지뢰를 보유하지도 못하였고 교육도 등한히 하였다.

당시 지뢰에 대한 훈련을 받았다면 비록 대전차 지뢰를 보유하지 못하였다 하더라도 폭약을 사용하여 급조지뢰를 만들어 T-34전차도 능히 격파할 수 있었을 것이고 북한군의 전차에 대한 공포증도 없었을 것이며 따라서 전쟁양상은 많이 달라졌을 것이다.

☐ 1950년 7월초 800여 발의 지뢰를 미군으로부터 인수하였으나 한국군은 지뢰에 대한 교육을 받지 못했으며 미 고문관 역시 대전차 지뢰나 대인 지뢰를 본 일도 없는 상태에서 지뢰상자에 붙은 영어로 된 설명서를 읽고 한국공병에게 교육을 실시하였다. 그러나 한국공병은 단기간의 교육으로는 지뢰에 대한 이해를 하기 어려웠으므로 미 고문관의 감독시에는 완전하게 지뢰를 매설하였으나 한국공병 단독으로 임무를 수행할 시는 신관을 삽입하는 것을 잊어버리거나 신관을 삽입하여도 안전핀을 제거하지 않아 지뢰가 제기능을 발휘하지 못하는 경우도 있었다. 이와 같은 현상은 낙동강선으로 후퇴할 때까지 계속되었으며 낙동강선에 도달해서야 비로소 지뢰 사용법이 숙달되어 효과적인 지뢰지대를 설치할 수 있었다. (전투지원)

☐ 이에 반하여 북한군 공병은 6·25전 이미 지뢰에 대한 교육을 완료하였으며 대량의 지뢰를 보유하고 있었다. 따라서 북한군이 후퇴시 대량의 지뢰를 사용함으로써 미군 전차의 대부분이 북한군의 지뢰로 파괴되었다. 심지어 낙동강 전선에서는 북한군의 침투부대가 아군의 대전차 지뢰를 획득하여 아군후방에 침투하여 지뢰를 매설하는 경우도 있었다.

> 휴전 이후에도 지뢰의 중요성에 비하여 훈련은 미비한 상태이
> 다. 특히 하사관, 장교 등 간부는 지뢰에 대한 전문가가 되어야
> 한다.

☐ 교육기관에서 지뢰 취급에 대한 교육이 미약하다.

본인이 육사 생도시절 공병학교에서 교육을 받을 때 그 당시 보유
하고 있던 도약형 M2A4지뢰를 모방한 훈련용 M2A4지뢰 시범을
참관한 일이 있었다. 조교가 훈련용 M2A4지뢰 탄체에 백회를 넣
고 매설한 다음 인계철선을 당기니 탄체가 공중 폭발하여 VT신관
을 가진 포탄과 같은 역할을 한다는 것을 알았고 지금도 그 광경을
기억하고 있으나 지뢰 교육을 어떻게 받았는지 기억이 없다. 그 후
임관하여 OBC에서 지뢰 교육을 받았지만 기억에 남는 것이 없으
니 본인의 노력도 부족하겠지만 교육기관에서 지뢰 교육이 미약하
다고 생각된다.

☐ 전방부대 현지교육도 미약한 실정이었다.

– 임관후 FEBA를 담당한 대대에 보직되었으나 지뢰를 본일도 없고
교육을 실시한 일도 없었다. 당시 GOP를 담당한 부대는 지뢰를 대
대적으로 매설하였으므로 지뢰에 대한 교육이 활발하였으나 한정
된 인원에 국한되었다. GP에 근무할 때도 지뢰지대 표시만 보았지
지뢰를 본 일이 없었고 단지 GP를 방호하기 위한 수류탄 부비트랩
을 설치한 것이 전부였다.

– 1965년 월남전에 참전하였어도 지뢰에 대한 체계적인 교육을 받은
일도 없었고 단지 베트콩이 광범하게 각종 포탄, 수류탄, 지뢰 등
을 사용하였으므로 경험을 통하여 이를 피하는 데 주력할 뿐이었
다. 그 당시 M18크레모아는 매복시 대대적으로 사용하였으므로
현지 교육을 통하여 숙달토록 하였다.

- 1967년 한국에 돌아와 GOP중대장으로 근무시에도 지뢰에 대한 교육을 체계적으로 받거나 교육한 일도 없었고 도처에 6·25 당시 매설한 지뢰, 휴전 이후 매설한 지뢰지대가 산재해 있어 확인 및 미확인 지뢰지대에 대한 출입만을 통제하였지 성능이 저하된 지뢰지대를 보수하거나 지뢰를 제거하는 일도 하지 않았다.

- 1973년 육대를 졸업하고 사단 G-3보좌관 시절 사단 장벽계획과 장벽고에 비치된 지뢰를 대조한 결과 장벽계획 수립시 계산된 지뢰 숫자와 장벽고에 보관된 지뢰 숫자와 일치되지 않아 이를 조정하는 작업을 대대적으로 실시하였다. 그 당시 GOP지역에는 필요 이상의 각종 장벽 자재와 부비트랩용 신관도 보유하고 있어 이를 조정하는 데 많은 시간이 소요되었다. 그때 처음 부비트랩용 신관을 보았으나 그 후 어떻게 처리하였는지 궁금할 뿐이다.

- 1975년 대대장으로 보직시는 월남이 패망한 직후라 FEBA를 연하여 철조망을 가설하였고 지뢰 매설훈련에 대한 상급부대 감독도 강화되던 시기였다. 이때에는 훈련용 지뢰도 부분적으로 지급되었으나 역시 부족하여 훈련시는 돌멩이로 대신하기도 하였다. 이때 처음으로 장벽고에 보관중인 대전차, 대인 지뢰상자를 개봉하여 내용물을 확인하는 기회를 갖게 되었고 이후 대대장시 경험을 살려 대대 단위로 훈련용 지뢰를 통합하여 소대단위 지뢰 매설 훈련을 실시한 결과 상당한 효과를 거두었다.

□ 본인이 군대생활을 통하여 지뢰에 대한 교육실태를 회고해 보았다. 현재에는 시범용으로 작전용 지뢰도 보급되고 각종 훈련용 지뢰도 보급되어 있어 훈련 여건은 좋아졌으나 과연 장벽고에 들어있는 포장된 지뢰를 직접 확인한 간부들이 몇이나 되며 이를 활용할 수 있는 자신 있는 간부가 얼마나 되는지 궁금하다. 하사관이나 초급 장교들이 학교기관이 되었건 현지부대가 되었건 훈련을 통하여 지뢰매설에 자신을 갖도록 하여야만 하겠다.

지뢰를 잘 사용하면 방어에 기여하는 것이 사실이나 필요한 지뢰를 획득하는 것이 문제다. 어떻게 획득할 것인가 생각해 보자.

□ 대대 또는 연대 본부에 인가된 B/L을 요청하여 사용한다.

긴급시 사용하기 위하여 대대 또는 연대에 인가된 양을 항상 보유토록 되어 있다. 따라서 공격중 일시적인 방어를 할 때도 필요하면 요청하여 사용할 수 있다. 본인이 대대장시는 대대에도 인가되었었다.

□ 배속된 공병으로부터 획득한다.

사단 공병대에는 지뢰가 B/L로 인가되어 있으며 공,방을 막론하고 배속시는 휴대하게 된다. 1950년 10월 18연대 1대대가 북진시 갑자기 적 전차가 나타나자 마침 배속된 공병 소대가 대전차 지뢰를 휴대하고 있어 이것을 목교 우회 도로에 늘어놓아 전차를 파괴한 일이 있다.

□ 상급 부대에 정식으로 요청하여 사용한다.

대대를 거쳐 상급부대에 요청하여 보급되면 사용하며 이와 같은 경우는 주로 방어 준비기간이 충분할 시 이루어진다.

□ 적의 지뢰를 획득하여 사용한다.

6 · 25 전쟁중 북한군은 아군의 지뢰를 획득하여 사용하였고 아군 후방에 침투하여 획득한 대전차 지뢰를 매설하여 피해를 입히는 경우도 있었다.

□ 수류탄 폭약, 유기된 폭탄 등을 이용하여 대용지뢰를 만들어 사용한다.

월남전시 베트콩은 폭약, 포탄 등을 이용하여 간단한 신관을 결합한 대용지뢰를 만들어 많은 피해를 입혔다.

> 한국군이 보유한 지뢰의 종류에는 크게 나누어 대전차지뢰와 대인지뢰가 있다.

☐ 대전차지뢰
- 한국군이 보유한 대전차지뢰는 M15, M19 대전차지뢰로 모두 전차가 지뢰를 지나갈 때 폭발하여 궤도를 파괴시키는 압력식 지뢰이며, M15는 강철판으로 되어 있어 지뢰탐지기로 쉽게 탐지할 수 있으나 M19대전차 지뢰는 플라스틱으로 되어 있기 때문에 지뢰탐지기로 탐지하기 어렵다. 그러므로 M19 대전차지뢰는 장차 아군이 사용할 통로지역에는 매설하지 않는 것이 원칙이며 부대 예규에 의하여 규제하고 있다. 본인이 대대장 재임시 장벽고에 M15 대전차지뢰뿐만 아니라 M19 대전차지뢰도 상당수 있었으며 별 고려 없이 장벽계획을 세웠으나 추후 확인해 보니 상급부대 예규에 M19 대전차지뢰는 장차 아군이 사용할 도로, 통로 및 역습할 간격에는 매설하지 하도록 규제되어 있는 것을 발견하고 장벽계획을 수정한 일이 있다. 현재는 어떠한지 궁금하다.

〈M15 대전차지뢰〉　　　〈M19 대전차지뢰〉

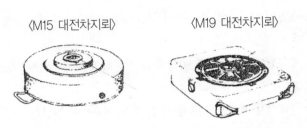

- M16 대인지뢰

M16 대인지뢰는 밟거나 인계철선을 건드리면 내부에 있는 탄체가 1~2m까지 공중으로 튀어 올라 폭발하여 파편에 의한 살상을 가하는 지뢰이다.

- M14 대인지뢰

M14 대인지뢰는 소량의 폭약을 플라스틱으로 감싸고 있어 지뢰탐지기로 발견하기 어렵다. 이 대인지뢰는 병사가 밟으면 발뒤꿈치가 날아갈 정도로 적은 위력을 발휘하나 발견하기 어렵기 때문에 제거하기 어렵다.

> 지뢰상자를 개봉해 보라. 대전차지뢰는 어떻게 포장되어 있으며 대인지뢰는 어떻게 포장되어 있는가 확인하여야 한다.

□ 본인은 대대장 시절 처음으로 지뢰상자를 개봉해 보았다.

본인이 대대장 임무를 수행할 때까지 지뢰를 본 적은 있으나 포장된 상자를 개봉해 본 일은 없었다. 대대장에 임명된 시기는 월남이 월맹에 의해 패망한 시기라 북한의 남침에 대비하기 위하여 지뢰매설 훈련이 활발하였고 상급부대 검열도 강화된 시기이다. 그 당시 사단은 군사령부 지휘검열을 받게 되었는데 점검사항 중에 작전용 지뢰매설 훈련이 들어있었으며 장벽고에서 지뢰를 계획된 지뢰지대로 운반하고 매설하되 안전핀은 제거하지 말라는 지침이 하달되어 있었으므로, 지뢰의 포장을 뜯어보지 않고는 그 내용을 잘 알 수가 없어 포장을 뜯어서 대대 간부는 물론 병사들에 이르기까지 교육한 일이 있었다. 교범에는 지뢰몸통과 신관이 있고 신관을 결합하는 장전렌치가 있으나 한번도 본 일이 없었는데 지뢰상자를 개봉해 보니 상자 내에 모두 들어있어 교범에 표현된 것이 부족하다는 것을 느꼈다. 특히 장전렌치는 훈련용으로 지급되지도 않고 있으니 그림만 보고 이런 것이구나 할 뿐 훈련에 적용할 수 없었다. 과연 현재의 간부들은 이와 같은 사실을 알고 있을까 궁금하다.

□ 간부들만이라도 지뢰상자를 개봉하여 내용물을 확인해야 한다.

• 1980년, 연대장 시절 군단예비인 사단은 지뢰와는 밀접한 관계가 없었으나 지휘검열 과목에 실지뢰 매설훈련이 들어있어, 예하 대대장에게 포장된 작전용 지뢰를 개봉해 본 일이 있느냐 문의하니 없다고 하기에 공병대에서 획득하여 포장된 작전용 지뢰를 개봉하여 견학시킨 일이 있었다.

사단장 시절에도 이와 같은 것을 착안하여 훈련을 실시하여 지뢰 취급과 매설에 대한 자신감을 갖도록 하였다.

☐ 대전차지뢰

상자를 개봉해 보면 대전차지뢰 1개와 신관 1개가 들어있고 장전렌치가 들어있다.

대전차지뢰 신관은 깡통에 포장되어 있으므로 밑에 붙어 있는 깡통마개로 깡통을 뜯어야 신관을 사용할 수 있다.

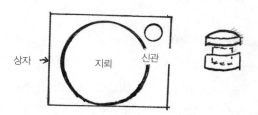

☐ M16 대인지뢰

상자를 개봉해 보면 4개의 M16 대인지뢰와 1개의 신관통이 있으며 장전렌치가 들어 있다. 신관통은 깡통으로 되어있어 밑에 있는 깡통마개로 깡통을 따면 5개의 신관이 들어있다. 신관이 1개 더 있는 것은 예비로 준비된 것이다.

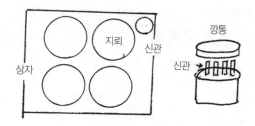

☐ M14 대인지뢰

은박지에 포장되어 있으며 포장을 제거하면 90개의 M14 몸통과 90개의 신관이 분리되어 들어있고 장전렌치가 들어있다.

지뢰교육은 신관조작부터 교육되어야 한다. 교육용 신관이 지급되어 있으므로 이를 활용하여 기능과 조작훈련을 완벽하게 교육하여 자신감을 갖도록 하자.

□ 대전차지뢰 신관 (M15)
- 주 신관

대전차지뢰 신관은 성능에 따라 여러가지가 있으나 한국군은 압력식 신관을 갖고 있다. 이 신관은 사람이 올라서 있어도 폭발하지 않으며 1/4톤차 등 무거운 물체 (130-150kg)가 신관을 누르면 신관이 압력에 의해 찌그러지면서 내부에 들어있는 격침이 뇌관을 치게 되어 폭발하도록 되어있다. 그러므로 큰 돌로 내려치거나 사람이 올라가서 높이 뛰면서 발을 구르지 않는 이상 폭발하지 않으므로 신관조작에 아무런 위험이 없다.

- 안전장치
  • 신관에 안전장치는 하나가 있는데 압력을 받아도 신관이 찌그러지지 않도록 링으로 되어있다. 따라서 신관을 몸통에 삽입전 반드시 안전핀을 제거해야 폭발한다.

신관   안전크립   신관

- 지뢰몸통 안전장치

지뢰신관 마개를 보면 최초에는 SAFE로 되어있다. 이때 후면을 보면 원형 홈으로 되어있어 지뢰에 압력을 가하더라도 신관이 원형 홈으로 들어가기 때문에 신관이 찌그러지지 않아 폭발하지 않는다. ARM 위치에 놓으면 신관을 누르는 압력대가 중앙으로 이동하므로 지뢰에 압력을 가하면 압력대가 신관을 눌러 찌그러지게 되므로 폭발한다.

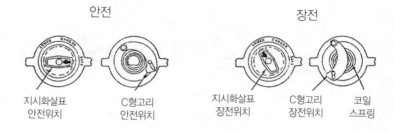

안전   장전

지시화살표 안전위치   C형고리 안전위치   지시화살표 장전위치   C형고리 장전위치   코일 스프링

- 신관 조작 훈련

 * 신관의 안전핀을 뽑지 않으면 신관이 찌그러지지 않아 작동하지 않는 이유를 이해시키고 안전핀 제거 연습을 실시한다.
 * 장전 플러그를 뽑아 후면을 보이면서 SAFE, ARM 위치시 C형고리 위치를 설명하고 기능을 이해시킨 다음 돌리는 연습을 실시한다. 이때 M20 장전렌치 사용법을 훈련한다.

– 지뢰 설치 훈련

  * 대전차 지뢰는 통상 땅에 묻어 설치하나 상황에 따라 그냥 땅 위
    나 도로 위에 던져 놓아도 위력을 발휘한다.
  * 연병장에서 순서에 의해 여러번 반복하여 설치 및 해제 훈련을
    실시한다.

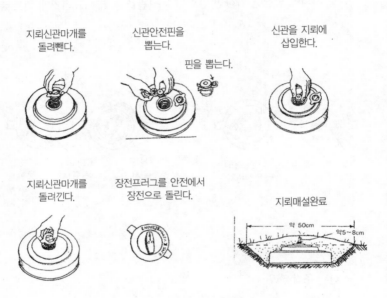

지뢰신관마개를   신관안전핀을   신관을 지뢰에
돌려뺀다.   뽑는다.   삽입한다.

                       핀을 뽑는다.

지뢰신관마개를   장전프러그를 안전에서
돌려끼운다.   장전으로 돌린다.   지뢰매설완료

                                              약 50cm   약5~8cm

  * 야외에서는 실제로 지뢰공을 파고 순서에 의해 매설하고 해제 훈
    련을 한다.

□ M16 대인지뢰 신관

- 신관 안전장치

　신관에는 안전장치가 두 개가 있으며 가는 핀으로 연결되어 있다.

- 안전핀 제거요령

　먼저 제1안전핀을 뽑고 제2안전핀을 뽑으면 신관은 기능을 발휘하며 두 개의 안전핀 중 어느 하나를 뽑지 않으면 신관은 기능을 발휘할 수 없다. 제1안전핀은 인력고리나 압력뿔이 작동하지 못하게 하는 장치이며 제2안전핀은 내부의 격침이 내려가지 않도록 하는 역할을 한다. 따라서 제1안전핀을 뽑은 다음 기능이 정상이면 제2안전핀을 뽑을 때 쉽게 뽑을 수 있으나 신관의 이상이나 인계철선의 장력이 강하여 제1안전핀을 뽑은 다음 격침이 내려가면 제2안전핀 홈에 걸려 제2안전핀을 뽑을 수 없게 된다. 이와 같은 경우 이 신관은 사용할 수 없으므로 대체하여야 한다. 과거 제2안전핀은 밋밋하게 만들어져 있었으므로 훈련이 덜 된 병사들이 지뢰를 묻을 때 신관의 이상이 발생하였거나 인계철선을 잘못 연결하여 장력이 강하게 작용하게 되어 제1안전핀을 뽑은 다음 이미 격침이 내려간 것을 모르고 무리하게 제2안전핀을 뽑음으로써 격침이 내려가 지뢰가 폭발하는 경우가 발생하였으므로 제2안전핀은 홈을 내어 이와 같은 이상이 생기면 격침이 홈에 걸려 제2안전핀이 빠지지 않도록 만든 것이다.

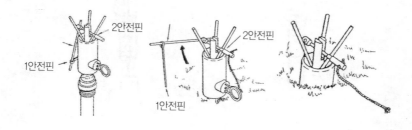

□ 신관 조작

- 훈련
  • 교육용 신관으로 뇌관을 결합하지 않고 제1 및 제2안전핀을 제
    거하고 인계철선고리나 삼각뿔을 누르게 되면 용수철의 작용으
    로 격침이 나오게 된다. 즉 격침이 뇌관을 치면 폭발하는 원리인
    것이다.
  • 이 신관을 다시 결합하면 자연히 신관의 기능을 알게되며 다음
    은 제1안전핀만 빼고 인계철선 고리를 당기거나 삼각뿔을 누른
    다음 제2안전핀을 빼도록 하면 빠지지 않게 된다. 이와 같은 훈
    련을 실시하면 병사들이 왜 제1안전핀을 뽑고 제2안전핀을 뽑으
    라고 교육하는지 알게 될 것이다. 과거 교육은 이와 같은 원리를
    교육하지 않고 덮어놓고 교육하였으니 교육성과가 오르지 않는
    것은 당연한 일이다.

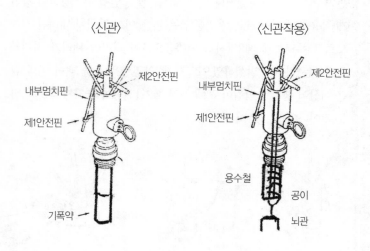

〈신관〉   〈신관작용〉

- 설치 훈련
  * M16 대인지뢰는 도약형 지뢰로 반드시 지뢰공을 파고 똑바로 세워서 매설해야 효과를 발휘한다. 따라서 그냥 흩어놓거나 쓰러지면 효과가 없다.
  * 연병장에서 순서에 의해 설치 및 해제 훈련을 실시한다. 이때 특히 제1안전핀 및 제2안전핀 제거요령에 중점을 둔다. (M25 장전렌치 사용훈련 병행)
  * 야외에서는 실제로 지뢰공을 파고 순서에 의해 매설하고 제거 훈련을 한다.

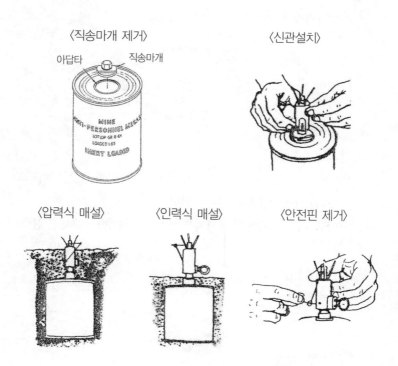

〈직송마개 제거〉   〈신관설치〉

아답타   직송마개

〈압력식 매설〉   〈인력식 매설〉   〈안전핀 제거〉

□ M14 대인지뢰

– 구 성

이 지뢰는 밟으면 압력판이 밑으로 내려가며 압력판에 있는 격침이
뇌관을 타격하여 폭발하게 된다.

– 안전장치

타 지뢰 안전장치는 주로 신관에 있으나 M14 대인지뢰는 몸통에만
있다. 즉 안전클립과 압력판이며 압력판에 화살표를 S에서 A로 돌
려놓고 안전클립을 제거하면 된다. 압력판의 화살표를 먼저
S(SAFE)에서 A(ARM)로 돌리는 이유는 압력판을 돌리다가 잘못
되어 압력판이 내려갈 가능성이 있기 때문이다.

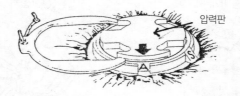

압력판

– 지뢰 설치훈련

 * 연병장에서는 순서에 의해 지뢰 몸통과 기폭약의 결합, 압력판의
   조정과 안전크립 제거 훈련을 한다.

 * 야외에서는 순서에 의해 지뢰를 설치하고 제거하는 훈련을 한다.

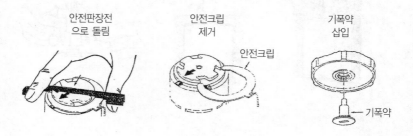

안전판장전
으로 돌림

안전크립
제거

안전크립

기폭약
삽입

기폭약

> 대전차지뢰는 막 다루어도 쉽게 폭발하지 않기 때문에 적이
> 쉽게 제거할 수 있다. 따라서 적의 제거를 방해하기 위해 부비
> 트랩을 설치할 수 있다.

☐ 전례 (부비트랩 설치로 제거방지)

1950년 9월 1일, 9공병 1중대는 신녕으로 향하는 도로를 따라 대전
차지뢰를 매설하고 M3 대인지뢰를 이용하여 부비트랩을 설치하였
다. 9월 4일 야간, 적 공병 10-15명이 전차를 선도하여 도로에 설
치된 지뢰를 탐지하기 위해 무릎을 꿇고 더듬으면서 내려오고 있었
다. 그들이 부비트랩이 장치된 대전차지뢰를 발견하고 그대로 집어
던지자 폭발하여 적의 공병이 모두 죽고 전차도 정지하여 아군 3.5
로켓포로 파괴하였다.

☐ 부비트랩 설치는 부대 예규에 의한다.

대전차지뢰에 부비트랩을 모두 설치하는 것이 아니고 상급 부대 부
대예규에 의한다. 부대예규에 명시되지 않았을시는 꼭 필요한 경우
에만 설치하며 반드시 매설 기록을 유지하여 제거가 용이하도록 하
여야 한다.

☐ 부비트랩 설치 방법은 다양하나 획득 가능한 자재를 이용한다.

 - 공병이 보유한 특수 신관을 이용하는데 본인도 실습을 하지 못했
   다. 실물로 실습을 해보자.

수류탄도 지뢰 대용으로 널리 사용하고 있다. 특히 쉽게 구할 수 있고 신속하게 설치 및 제거할 수 있으므로 경계 보조 수단으로 적합하다.

□ 비무장지대 GP, 목책선 경계에 많이 사용하였다.

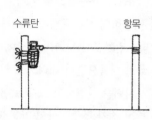

수류탄   항목

– 1963년 본인이 GP에 근무시 경계를 보강하기 위해 철조망이나 주변에 수류탄을 이용한 지뢰 대용품을 만들어 사용하였다. 그 후 1967년 GOP에서 중대장시 역시 GP에서는 물론 목책선(철책설치전)에 대대적으로 사용한 바 있다.

□ 수류탄을 지뢰 대용으로 적극적으로 사용할 필요가 있다.
– 방어시 지뢰가 없다 하여도 수류탄 부비트랩을 이용하여 보강할 수 있다.

* 적 접근로에 수줄로 부비트랩을 설치한다면 적을 조기에 경고할 수 있고 살상할 수 있다.

– 매복, 청음초 등 경계시에도 사용할 수 있다.
* 적의 접근을 경고하여 기습을 방지할 수 있고 살상지대를 만들 수 있다.

> 인계철선을 설치할 수 있는 지뢰는 M16 대인지뢰, 조명지뢰
> 등이며 그외 수류탄을 지뢰대용으로 사용할 때 가능하다. 그런
> 데 인계철선을 어떤 경우에 설치하는가?

☐ M16 대인지뢰

- 지뢰지대 설치시 규칙 지뢰조에는 전방 지뢰열 4-5개 지뢰군마다
  1발의 지뢰에 설치하며 4발이 들어있는 지뢰상자마다 인계철선 1
  뭉치가 들어있다.

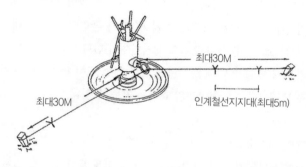

- 진지 및 중요시설 방호 등 경계 목적이나 소규모로 사용할 때는 매
  지뢰마다 인계철선을 설치할 수 있는 등 융통성이 있다.

☐ 인계철선 설치시 인계철선을 너무 팽팽하게 하면 설치중 폭발한
  다. 따라서 약간 느슨하게 하는 것이 좋다. (어느 노해병 이야기)

  "그날밤 우리는 조용히 침투하여 조명지뢰를 무사히 매설하고 마
  지막 한개를 매설하기 위해 길이가 5m 되는 철사줄을 작은 나무에
  묶고 조명지뢰 인력고리에 연결한 다음 팽팽하게 조정하다가 너무
  많이 죄였는지 뇌관이 격발되어 픽하고 도화선이 타기 시작하였다.
  그 순간 이제는 다 죽었구나하고 뇌관을 땅에 박고 그 위에 엎드렸
  으나 다행히 조명지뢰는 폭발하지 않았다. 폭발했다면 적에게 발견
  되어 모두 죽었을 것이다."

> 지뢰 매설 및 제거 훈련은 개인부터 숙달시키고 분대, 소대단위로 숙달시키는 것이 바람직하다.

□ 지뢰 매설 및 제거 훈련을 동시에 실시하자.
- 보통 지뢰에 대한 훈련은 매설에 치중하고 있으나 오히려 탐지, 제거 훈련이 더욱 중요하다. 본인이 전방에 근무시나 월남전에 참전하여서도 매설보다는 지뢰를 탐지하고 제거하는 경우가 대부분이었다. 더구나 전방에는 미확인 지뢰지대가 많아 자주 사상자가 생기는데 이와 같은 사고는 탐지 및 제거 훈련이 미숙한 데 원인이 있으므로 탐지, 제거 훈련도 실시하여야 한다.
- 지뢰 매설 훈련시 매설을 하면 다른 인원 또는 팀이 제거하는 훈련을 병행한다면 일석이조의 효과를 거둘 수 있다.

□ 개인부터 숙달시키자.
지뢰는 다루기 쉽고 안전하기 때문에 쉽게 훈련시킬 수 있다. 먼저 개인에 대하여 충분히 매설 및 제거 훈련을 실시하여 숙달시키면 단체에 의한 매설 및 제거 훈련은 쉽다.

□ 분대 및 소대 등 건제 단위 훈련을 하자.
지뢰는 개인도 매설 및 제거할 수 있으나 가능하면 건제 단위 부대로 필요한 조편성을 하여 실시하는 것이 능률적이다. 따라서 분대 및 소대 단위로 작업반을 편성하여 훈련하여야 하며 작업반 편성은 교대하는 것이 좋다.

지뢰 제거 훈련도 중시해야 한다. 지뢰를 제거할 수 있으면 나는 물론 전우의 생명을 구하고 임무를 완수할 수 있다.

□ 특별한 훈련을 받지 않은 민간인도 경험에 의해 지뢰 전문가가 된다.
1967년 GOP 중대장시 인근에 사는 민간인들이 전파상에서 파는 부품으로 지뢰 탐지기와 유사한 금속 탐지기를 만들어 휴대하고 용케도 미확인 지뢰지대를 드나들면서 고철과 탄피를 수집하는 것을 보고 경험이란 저렇게 중요한 것이구나 생각하였다. 그 후 미확인 지뢰지대 통로를 만들기 위해 민간인을 초청하여 작업중 지뢰를 능숙하게 다루는 것을 보고 우리 병사들의 훈련 수준과 비교해 보면서 착잡한 마음을 가진 일이 있다.

□ 그 당시 우리는 지뢰사고가 날까보아 지뢰지대에 들어가지 않도록 하는 소극적인 조치가 전부였다.
그 당시는 지금보다 GOP 지역에 더 많은 미확인 지뢰지대가 산재해 있고 병사들이 나무를 하거나 호기심으로 지뢰지대에 들어가 사고를 당하는 경우가 많아 지뢰지대에 들어가지 않도록 주의를 환기시키는 소극적인 교육이 전부였다.

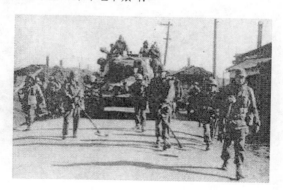

☐ 이제는 적극적으로 탐지 및 제거 훈련을 해야 한다.

– 전방에 그 많은 미확인 지뢰지대를 제거하고 경작지를 개척한 것
은 농민들이었다. 국민을 보호해야할 군인이 마땅히 제거했어야
하나 그렇지 못한 것은 부끄러운 일이다.

– 이제는 적극적으로 탐지 및 제거 훈련을 하여 지뢰 제거에 앞장설
때 국민으로부터 신뢰를 받고 유사시 나와 내 전우의 생명을 구할
수 있다.

☐ 여러분들은 지뢰탐지기를 보았으며 사용할 줄 아는가?

본인 자신도 임관 전이나 초급장교 시절 지뢰탐지기와는 거리가 멀
어 소개받은 정도로 만족하였다. 그러나 GOP 중대장시 지뢰탐지
가 필요하여 확인해보니 대대본부 탄약작업소대에 장비되어 있어
빌려다가 작동시켜보니 훈련이 안 되어 활용할 수 없었다. 따라서
눈으로 지뢰를 찾는 원시적인 방법을 사용할 수밖에 없었다. 여러
분은 어떤가. 간부들만이라도 실제로 사용방법을 익히도록 하자.

야간 공격을 위해 적의 지뢰지대는 공격 전에 제거하여 통로를 만드는 방법이 가장 좋으나 불의에 조우하더라도 제거하고 통과할 수 있을 정도로 훈련되어야 한다.

1. 전례

☐ 북한군은 야간에도 능숙하게 아군의 지뢰를 제거하고 통로를 만들었다.

– 공격 전 통로를 만드는 경우
아군의 지뢰지대를 발견하면 수일간에 걸쳐 야간을 이용, 은밀히 접근하여 별다른 장비없이 손으로 지면을 더듬어 지뢰 유무를 확인하고 의심되는 곳은 탐침을 이용하여 확인한 다음 지뢰를 제거하여 통로를 만들고 지뢰를 철거하여 가지고 가서 역이용하였다.

– 공격과 동시 통로를 만들 경우
갈쿠리가 달린 긴 장대와 흰 밀가루 포대를 휴대한 탐지병이 맨 앞에 위치하여 엎드린 상태에서 장대로 지뢰매설 지역을 긁으면 인계철선이 갈구리에 끌려 인계철선이 연결된 지뢰는 폭파되나 낮은 곳에 엎드린 탐지병은 피해를 입지 않았다. 그리고 손으로 땅을 더듬어 인계철선이 설치되지 않은 지뢰를 탐지하여 제거하고 흰 밀가루를 뿌려 후속 부대의 길을 인도하였다.

□ 휴전 이후에도 무장 간첩은 아군의 지뢰지대를 능숙하게 통과하였다.

본인이 GOP 중대장으로 근무할 시기에는 무장 간첩이 수시로 출몰하였다. 그중 호송 요원을 사살한 결과 소지품 중에 끈이 연결된 갈고리와 옷핀을 다수 발견할 수 있었는데 갈고리는 아군 지뢰 매설지역으로 던져서 끈을 당기면 갈고리가 인계철선을 건드려 지뢰를 폭발시키고, 나머지는 손으로 지면을 더듬어 지뢰를 찾고 지뢰를 발견하면 옷핀을 안전핀 대신 사용하여 지뢰 신관에 끼워 무력화시키고 능숙하게 통과한다는 사단 회보를 본 일이 있다.

2. 훈련 방향

□ 우리는 지뢰 제거훈련을 매우 등한히 하고 있다. 주간 훈련도 등한히 하는데 야간에는 더 말해 무엇하겠는가? 본인이 OAC 교육을 받을 때 침투훈련을 받은 장교가 야간 침투를 하면서 손으로 지뢰를 탐지하는 요령을 시범으로 보인 것이 지금도 기억에 남아 있다. 우리도 관심을 갖고 훈련시키면 지뢰지대를 능히 극복할 수 있다.

□ 주간에 훈련용 지뢰를 매설한 다음 야간을 가정하여 눈을 가리고 인계철선을 감지하거나 삼각뿔 등을 확인하여 지뢰를 찾고 제거하는 연습을 한다.

□ 야간에 1명은 지뢰를 매설하고 1명은 이를 탐지하고 제거하는 훈련을 한다.

M18 대인용(크레모아) 지뢰는 한국 전쟁에서 중공군의 인해 전술을 경험한 미군에 의해 1발로 광정면을 제압할 수 있도록 개발된 특수 지뢰로 경계, 매복 등에 주로 사용하는 방어적 성격의 무기이다.

1. 크레모아는 월남전시 대대적으로 사용되어 그 효용성이 입증되었다.

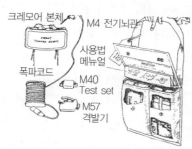

크레모어 본체
M4 전기뇌관
사용법 메뉴얼
폭파코드
M40 Test set
M57 격발기

1965년 월남전에 참전후 보급되어 기지방어, 교량 경계초소 등에 고정 설치하였으나 적의 공격이 없어 사용된 일이 없었고 대부분 매복 작전시 살상 지대를 제압하도록 설치하여 큰 효과를 보았다. 따라서 크레모아 사용이 일반화되었고 적이 살상 지대에 들어오면 "누르고(크레모아), 던지고(수류탄), 쏴라"라고 귀에 못이 박히도록 강조하였다.

☐ 매복 작전에 효과를 본 이유
- 월남전에서 적은 야간에 주로 이동하므로 야간 매복으로 적의 통과 지점을 예측하여 살상 지대를 만들어 기다리면 대부분 그 지역을 통과하므로 전과를 올릴 수 있었다.
- 휴대하기 편리하고 취급시 안전하기 때문에 주야간을 막론하고 그때그때 필요한 지역에 설치하고 사용하지 않았으면 회수하여 차후에 사용할 수 있어 융통성이 많았다.
- 크레모아는 수류탄보다 위력이 강하고 살상 범위가 넓고 큰 폭발음으로 포탄이 떨어지는 것 같아 적을 혼비백산케하고 아군은 기선을 제압할 수 있어 적은 병력으로 많은 적을 섬멸할 수 있었다.

2. 사용할 때 참고사항

□ 장기간 고정 설치시는 수시로 점검을 해야 한다.

기지방어, 초소 등에 장기간 고정 설치한 것은 도전선이 쉽게 노후되어 폭발이 안되거나 몸통이 풍우로 넘어지거나 방향이 틀어져 살상 효과를 얻을 수 없는 경우가 자주 발생하였고, 귀국 후에도 GOP 지역 철책선 밖에 설치된 크레모아도 같은 경우가 생기는 것을 보았다. 따라서 수시로 기능을 점검해야 성능을 발휘한다.

□ 크레모아 설치시는 반드시 조준을 하여 정확하게 설치해야 한다.

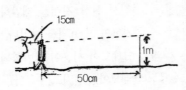

몸통의 방향과 각도가 정확해야 효과를 거둘 수 있으므로 반드시 조준을 하여 설치하는 습관을 들여야 한다. 기 설치된 크레모아도 수시로 확인해야 한다.

□ 벼락이 떨어져도 폭발하는 경우가 있으므로 도전선이 벗겨지지 않도록 하여야 한다.

월남전시 주간에 벼락이 치니 장기간 설치한 크레모아가 자연히 폭발하는 것을 보고 이유를 알아보니 뇌관이 예민하여 적은 전류가 흘러도 폭발함으로 도전선이 벗겨졌을 때 주변에 벼락이 치면 전류가 흘러 폭발한다는 것이었다. 그 후 28사단 작전처에 근무시 GOP 연대에서 벼락으로 크레모아가 폭발했다는 보고를 받고 경험이 없는 장교들은 이해를 하지 못해 본인의 경험을 설명하고 고정 설치된 크레모아를 일제히 점검하여 도전선을 보수하거나 교체하여 그 후 손실을 방지한 바 있다.

☐ 크레모아 몸통 정면이 적을 향하도록 항상 주의하여야 한다.

최초로 크레모아를 보급 받았을 때 병사들이 모르거나 관심없이 설치하면 오히려 아군 방향으로 설치하여 피해를 입은 일이 있어 FRONT를 적 방향으로 설치하라고 수시로 강조한 바 있었다.

☐ 크레모아를 완전히 설치하기 이전에는 격발기를 연결하지 마라.

월남전시 본인 중대의 소대장이 새로 전입하는 사병들에게 크레모아를 교육할 때 격발기를 결합한 도전선을 들고 설명하는데 호기심 많은 병사가 격발기를 눌러 뇌관이 터져 부상한 일이 있다.

3. 크레모아 설치시는 반드시 작동 여부를 확인하여야 한다.

☐ 매복 등 자주 사용하는 크레모아는 출발전 격발기, 검전기, 도전선을 연결하고 (몸통제외) 격발기를 눌러 확인한다. 이때 뇌관이 폭발해도 이상이 없도록 조치해야 한다.

☐ GOP 중대장시 철책선 밖에 설치된 크레모아는 나가기가 까다로우므로 전연 확인하지 않는 것을 보고 검전기를 이용하여 나가지 않아도 이상 유무를 확인하는 시범을 보이고 설치된 크레모아 모두를 확인한 일이 있었다. 이와 같은 경우 몸통이 연결된 상태이므로 점검시 폭발에 대비하여 엄폐된 곳에서 확인해야 한다.

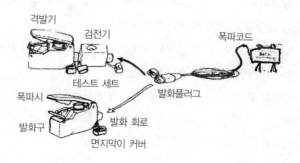

4. 한국에서는 크레모아 사용에 대한 연구가 필요하다.

□ 평시 대침투 작전을 위한 GOP 지역 철책에서는 꼭 필요한 지점에
만 설치하는 것이 좋다.

철책지역에는 철책에 연해서 적 예상 접근로에 고정하여 설치하고
있으나 잘 모르는 탓인지 몰라도 크레모아로 침투공비를 사살했
다는 소리를 듣지 못하였다. 결국 적이 크레모아를 설치한 곳으로
오지 않았다는 말이요 잘못 이용함으로써 크레모아만 노후된 결
과가 생긴 것이다. 따라서 늘어놓는 식으로 많이 설치하는 것은
낭비라고 생각되므로 물골, 철책문 등 중요한 지점에만 설치하는
것이 좋다.

□ FEBA지역에서는 정규전에 대비하여 매복, 청음초 등에 사용하는
것이 유리하다.

– 각 중대별로 탄약고에 B/L로 보유하고 있으나 수량이 한정되어 있
다.

– 정규전에서는 적의 대량의 포병 사격을 고려할 때, 방어지역에서
사전 설치해 보아야 공격 준비 사격으로 파괴되거나 전도되므로
사용할 수 없다.

– 크레모아의 특성은 기습적으로 사용할 때 효과가 극대화되므로 기
습을 달성할 수 있도록 사용하여야 한다.

  * 특히 야간 방어시 적 돌격이전에 기습적으로 사용하여 공격을 약
    화시키는 연구를 하여야 한다.

  * 방어선 전방으로 나가는 매복 정찰대가 사용하여 적을 기습한다.

  * 청음초에 설치하면 나의 위치를 노출시키지 않고 접근하는 적을
    기습할 수 있고 경고할 수 있다.

제6장
야 전 축 성

적 포화에서 살아남기 위해서는 땅을 파야 한다.
항상 땅 파는 습관을 들이도록 하자.

> 적의 포, 폭격은 얼마나 받을 것이냐에 따라 진지의 강도가 결정된다. 화력이 약한 2차대전 당시 일본군, 6·25 당시 중공군은 화력의 열세를 강력한 진지로 대항하였다. 미래는 어떠한가. 적의 화력을 고려한 진지 편성을 항상 염두에 두어야 한다.

☐ 중공군과 북한군은 진지로 대항하였다.

- 중공군이 아 9사단이 장악하고 있던 백마고지를 공격하였다. 백마고지는 395고지로 서울의 남산보다 약간 더 높으며 경사도가 완만한 고지였다. 1952년 10월 6일, 중공군이 백마산을 공격해오자 항공기 폭격을 제외하고도 1일 3만발의 포탄을 발사하였고 10월 15일까지 219,000여발을 사격하였다.

- 양구 북방에 있는 983고지(피의 능선)의 북한군은 배사면에서 전사면까지는 갱도를 뚫고 전사면에는 유개교통호와 유개진지를 구축하였다. 한국군 5사단 36연대는 1951년 8월 18일 공격을 개시하였고 포병지원은 1일 30,000발 최고 50,000발이었다.

- 이와 같은 포격하에서도 중공군은 고지를 공격하고 방어시에는 진지를 구축하여 아군의 희생을 강요하였다.

☐ 한국군도 앞으로 전투시 일일 30,000발의 적의 포격을 받을 수 있다는 가정하에 야전축성 훈련을 강화해야 한다.

6·25 당시는 미군의 지원으로 압도적인 화력 우위하에 작전함으로써 진지강도가 미약하여도 전투할 수 있었으나 앞으로 북한군이 공격해 온다면 1일 30,000여발의 포격에 능히 지탱할 수 있는 진지 구축과 평소 공격, 방어를 막론하고 이와 같은 포격하에도 살아남을 수 있도록 전투훈련은 물론 야전 축성훈련을 강화할 필요가 있다.

> 적의 포화에 살아남아 방어진지를 지키기 위해서는 어떻게 해
> 야 되는가, 결국 적의 포화를 견딜 수 있는 진지를 만드는 방법
> 밖에 없다.

□ 6 · 25 당시 10시간 15,000발의 포격을 받은 프랑스대대

1952년 10월 6일, 중공군이 포격을 시작한 후 5시간 안에 화살머리 고지는 1,000발의 포탄세례를 받았다. 병사들은 포격의 지옥을 경험했다고 생각했으나 그것은 시작에 불과하다는 것을 알았다. 단 일분의 틈도 없이 엄체호, 교통호, 철조망, 도로, 교차로 등 중공군은 땅을 평평하게 고르고 전초기지를 초토화시키려 하였다. 부상자와 전사자가 수십명 발생했으며 지난 며칠 동안 심혈을 기울여 구축한 방어진지를 초토화시키는 데도 몇 시간으로 충분했다. 포격을 계속한 지 10시간이 되었으며 15,000발의 포탄세례를 받아 병사들은 포성에 진저리를 냈으며 포연과 흙먼지에 질식했다. 불란서 중대가 이와 같은 장시간 포격에도 큰 피해 없이 살아 남은 것은 9월 말부터 이곳에 방어 배치된 이후 모래주머니로 강화된 토치카와 교통호를 거미줄처럼 판 덕분이었다.

▲ '애로우 헤드' 고지의 진지(1952년 10월)

□ 지형능선에서의 진지 구축 (다음 지휘관에게)

1952년 11월, 수도사단과 지형능선의 진지를 교대할 때의 일이다. 지형능선은 하루에 3-4만발 포탄이 떨어지는 고지로 연대의 지시는 진지에 도착하자마자 무릎까지 만이라도 호를 파고 철주를 걸친 다음 마대를 쌓아올려 엄체호를 만들라는 것이었다. 우리는 진지에 진입하면서 휴대한 배낭, 철주, 마대를 벗어 놓기가 바쁘게 삽과 곡괭이로 땅을 파기 시작했다. 교대한 날 밤 허리 이상 팔 수 있었고 주간에도 계속 공사를 하여 "ㄱ"자 형으로 파고 그 다음날까지 철주와 마대로 엄체호를 완성하였다. 그 이후에도 계속해서 동굴을 파고 목재로 호를 받쳐서 강력한 진지가 완성되었다. 그간 삽과 곡괭이는 여러 차례 새것으로 교체하였고 병사들의 손가락은 굳어서 펴지지 않은 정도였을 뿐 아니라 몸도 쇠약해졌다. 그러나 그렇게 어려운 여건에서도 피땀 흘려 호를 팜으로써 인명 피해없이 진지를 방어할 수 있었던 것이다. 여기에서 용기를 얻은 우리들은 가는 곳마다 두더지가 되었다.

□ 수도고지, 351 고지 등도 모두 동굴진지화하였다.

〈진지내부〉 〈기관총호에서 본 수도고지〉

꾸준한 축성연구와 실질적인 축성 훈련이 필요하다.

☐ 한국군은 축성 연구를 등한히 하고 있다.

1973년 본인이 사단 작전처 보좌관 시절 FBA "B" 진지에 대한 대대적인 보강공사가 있었다. 그때 육군본부 지시는 "진지를 요새화 한다"라고 되어 있으나 요새화에 대한 개념이나 설계도도 없기 때문에 어떻게 하는 것이 요새화 하는 것인가가 문제였다. 북한군처럼 동굴을 뚫을 것인가, 마지노선처럼 콘크리트 구조물로 모든 시설을 지하에 설치하는 것인가 막연하였다. 이에 본인이 육군본부 공병감실 축성과에 찾아가 문의하니 뚜렷한 개념도 없이 사단에서 계획하여 실시하라는 답변이었다. 마침 부사단장께서 금문도를 방문하셨기 때문에 자문을 받고 수도권 진지 설계도를 참고하여 공사 계획을 세워 시행하였다. 그후 지금까지 공병에 축성을 연구하는 기관이 있어 축성을 연구하고 발전시켰다는 말을 듣지 못했고 아직도 미군 교범을 복사해서 쓰고 있으니 우리 군의 축성 연구가 얼마나 부족한가를 알 수 있다.

☐ 간부들부터 호 파는 훈련을 해야 한다.

휴전 이후 도처에 콘크리트 진지를 구축하였으나 확인해 보면 사계가 막혀 사격을 하였을 수 없는 진지를 많이 발견할 수 있다. 또한 현재도 귀가 따가울 정도로 사계에 대해 강조하고 있으나 제대로 되지 않고 있으니 문제인 것이다. 그 이유중 하나가 장교들 자체가 호를 직접 파본 일이 없다는 데 있다고 생각한다. 본인도 임관이전 호를 완전히 파본 일이 없어 호 구축 방법이 서툴렀으나 진지 공사에서 시행 착오를 거쳐 체득하게 되었다. 요즈음도 직접 확인하고 지도해야할 초급 장교 자체가 호 구축 방법이나 사계를 보는 방법을 모르니 노력에 비해 성과는 적은 것이다. 따라서 간부부터 직접 호를 완벽히 파는 훈련을 하여야 할 것이다.

> 야전에서 총과 삽은 필수불가결한 전투 장비이다. 훈련시 총과 같이 항시 휴대하고 사용법을 숙달해야 한다.

☐ 야전삽은 총과 같이 필수적인 전투장비이다. (국경선에 밤이 오다)

나는 중대로 돌아와 긴급출동 준비를 시켰다. 신병들은 눈을 둥그래 가지고 배낭을 꾸리고 있었다. 배낭을 점검하던 나는 중요한 전투장비 하나가 빠진 것을 발견하였다. 그것은 다름아닌 전투용 야전삽이 신병들에게는 지급되어 있지 않다는 것이다. 야전에서는 총과 삽이 필수불가결한 전투장비인 것이다. 호를 파지 않고 방어선을 치고 적과 싸운다는 것은 이미 적에게 손을 들고 있는 것과 같은 것이다.

☐ 야전삽의 작업량에 따라 피해는 반비례한다. (롬멜 보병전술)

최근 전투경험에 의하면 사상자를 최소한으로 감소시키는 유일한 방법은 호를 깊이 파야 한다는 것이었다. 호의 깊이는 160cm 이상 되어야 한다. 모두 열심히 호를 팠다. 어제 적 포병의 맹렬한 사격을 받고서 야전삽의 작업량에 따라 피해가 반비례한다는 쓰라린 경험을 얻었다.

☐ 방어시뿐 아니라 공격시에도 야전삽을 휴대하여야 한다 (롬멜 보병전술).

목표를 점령하고 진지를 구축하기 시작했다. 적의 역습을 물리치고 50cm밖에 안되는 호를 다시 파기 시작했다. 적의 포격이 재개되어 호 구축 작업을 중단했다. 우리 진지내는 엄폐물이 없어 밤새 떨면서 얕은 호속에 숨어 있었다. 이날밤 12명의 병사를 잃었다. 이것은 공격중 입은 피해보다 더 큰 손실이었다. 공격준비를 서둘렀기 때문에 호를 팔 수 있는 장비를 충분히 갖추지 못한 탓이었다. 야전삽은 방어시뿐 아니라 공격시에도 중요한 전투 장비임에 틀림없다.

□ 야전삽은 항상 휴대하고 사용하는 훈련을 하여야 한다.

1980년 초까지 한국군의 배낭은 외부에 야전삽을 달게 되어 있어 배낭을 휴대할 때는 자연히 야전삽을 휴대하게 되고 공격시와 같이 배낭을 휴대하지 않을 때는 야전삽은 떼어 탄띠에 달고 훈련에 임하였다. 그러나 최근에는 배낭 형태가 달라져 배낭 안에 모든 필요한 물건을 넣게 되기 때문에 야전삽도 배낭 안에 넣도록 되어 있어 사용상에 문제가 될 뿐 아니라 공격 훈련시에도 관심있는 지휘관은 야전삽을 휴대하고 훈련하도록 하고 있으나, 관심이 없는 지휘관은 이를 강조하지 않아 야전삽을 휴대하지 않고 훈련하고 있다.

야전삽의 중요성을 생각하는 지휘관이라면 항상 휴대하는 습관을 들여야 할 것이다.

□ 아무리 좋은 무기도 숙달되지 않으면 능력을 발휘할 수 없다.

야전삽은 휴대하는 것도 중요하지만 사용하는 훈련을 평소에 실시하지 않으면 안 된다. 과거에는 농촌출신이 대부분이므로 따로 훈련을 하지 않아도 야전삽을 능숙하게 사용하였으나 현재는 거의 도회지 출신으로 구성되어 있으므로 삽에 대한 사용 요령을 훈련하지 않으면 필요시 사용할 수 없다. 또한 야전삽의 페인트가 벗겨지면 항상 손질해야 하는 부담이 있으므로 신주 모시듯 신품으로 보관하는 것을 자주 보고 있는데 이 또한 잘못된 것이다.

> 진지를 완벽하게 구축하면 심리적으로 안정되고 피해를 최소
> 화하면서 방어에 성공할 수 있다.

□ 진지를 완벽하게 구축하면 적에게 심리적으로 위압감을 준다.

한국군이 월남전 참전시 먼저 할 일이 진지구축이었다. 매일 매일 개인호, 교통호를 파고 기관총 진지는 유개화 하는 등 베트콩의 어떠한 포격에도 지탱할 수 있는 진지를 완성하는 데 목표를 두고 열심히 일하였다. 망망대해의 일엽편주와 같이 베트콩에게 둘러싸인 고지의 중대기지는 교통호를 파낸 흙이 멀리서 보아도 선명하게 보이기 시작하고 하루가 다르게 강력한 진지로 변모하고 있었다. 한국군은 어딜가나 강력한 진지를 구축하였으며 본인이 18개월 월남에 근무하는 동안 맹호부대의 기지가 베트콩으로부터 습격당하는 일이 없었다. 그 이유는 어느 군대도 하지 않는 강력한 진지구축으로 베트콩이 심리적으로 위압감을 느꼈으며 상대적으로 아군은 자신감을 느꼈기 때문이라고 생각한다.

한국군기지

□ 사전 진지 준비로 장병들에게 자신감 부여 중공군 격퇴 (교훈집)

1951년 4월, 1사단은 8군 계획에 의거 서울 방어선 진지 공사를 시작하여 4월말에는 유개호, 교통호 등을 완료하고 철조망과 지뢰도 설치하였다. 4월 22일, 적이 춘계 공세를 개시하자 사단은 지연전을 수행하면서 서울 방어선에 도착, 준비된 진지에서 적을 격퇴하고 반격할 수 있었다. 당시 참전자들은 전쟁에 참전한 이후 이렇게 유개호, 교통호, 철조망, 지뢰 등으로 완벽하게 준비된 진지는 처음 보았다. 전투로 피로가 쌓였지만 이곳에서는 적의 어떠한 공격도 격퇴할 수 있는 자신감이 생겼다고 증언할 정도로 준비된 진지의 효과를 증명한 전투였다.

□ 진지가 불완전하면 불안감이 앞서 자신감을 잃어버린다. (국경선의 밤이 오다)

중대의 배치는 훌륭하였으나 나는 불안을 느꼈다. 개인호와 공용화기호를 파야하는데 야전삽을 가지고 있는 사병은 고참병 뿐으로, 만일 지금 당장 적이 공격해 온다면 1중대는 약 30도 경사진 밭 가운데 거꾸로 엎드려 산병호 하나 없이 적을 향해 방아쇠를 당겨야 했다. 이쯤 되면 저항다운 저항은 도저히 불가능한 일이었다. 밤 0시 50분 중공군의 공격이 시작되었다. 나는 흙 가죽만 벗겨놓은 미완성호에 엎드려 보았으나 산병호로서의 가치는 영점이었다. 차라리 밭고랑이 나을 것 같아서 기어가던 중 적의 박격포 사격을 받아 파편과 흙이 사방으로 날아가며 그 중 일부는 나의 철모 위에 후두둑 떨어졌다. 나는 겁이 덜컥나면서 개죽음이라 직감적으로 생각했다. 적의 수류탄이 눈앞에 터졌다. 신병들은 달아나고 고참병들 20여명만 남았다. 능선으로 후퇴하라고 하고 나도 고개마루로 뛰었다.

> 공격시에도 집결지, 공격대기 지점, 공격돈좌시, 재편성시 등
> 시간이 허락하는 대로 호를 구축해야 한다.

□ 공격대기 지점에서도 호를 파야한다. (탈주 4,000리)

우리 중대는 미군과 교대하여 다음날 여명에 공격하도록 명령을 받았다. 소대원들이 도착하여 미군들이 있던 박격포와 기관총 진지에 배치되고 미군들은 철수하였다. 미군들은 땅이 얼어서 못팠는지 개인호가 전혀 없어 나는 호를 파도록 명령하였다. 파기 힘들다고 호를 파지않고 있다가 적의 곡사화기 포격을 받고 많은 희생자를 내는 것 보다 고생스럽더라도 호를 파는 것이 여러모로 유익하기 때문에 전원 호를 파도록 명령했다. 소대원들은 열심히 땀흘려 팠으나 절반밖에 파지 못했는데 어두워져서 작업을 중단시켰으나 다음날 완성하였다. 그 후 적의 박격포탄이 주위에 떨어졌다. 적은 10여발 쏘더니 포성은 멎었고 적 포탄에 호가 부실한 1소대원 수명이 부상하였다.

□ 공격대기 지점에서 공격대기중인 예비대도 호를 파야한다. (전우애)

1951년 8월 18일, 938고지 공격시 3대대 예비인 11중대는 공격대기 지점에서 대기하고 있었다. 오후 2시 30분 적은 공격제대는 물론이고 대대 예비대인 우리 지역에도 82밀리 박격포탄을 작렬시켰다. 다행히 야전삽으로 개인호를 구축하고 있었으므로 큰 피해는 없었지만 워낙 많은 포탄이 낙하하여 얼마 안 있다가 피해자가 생기기 시작했다. 잠시동안 3명의 부상자가 생겼으며 적은 수백발의 포탄을 쏘았고 저녁 때가 되어서야 적의 포격은 멎었다.

□ 목표 탈취후에는 즉각적으로 호를 파야한다. 목표를 상실한 적은 포, 박격포로 즉각 사격하기 때문이다.

– 6·25 당시 중공군은 아군의 엄청난 화력 집중에 대항하기 위하여 목표 탈취후 신속히 호를 구축하였다.

중공군은 일단 고지를 확보하면 밤낮을 가리지 않고 곧바로 땅을 팠으며 고지 정상 후사면 (8–9부 능선쯤), 그러니까 아군의 각종 포격의 사각지점에 견고한 터널식 땅굴 진지를 구축해 놓고 교통호를 전사면에 깊게 판 다음, 아군이 공격을 위한 포사격을 하면 대피하다가 사정연신을 하면 즉각 정상부근으로 뛰어올라 수류탄을 던지고 기관총을 사격했던 것이다. (철의 삼각지)

– 아군도 적의 포격에 대비하기 위하여 목표를 점령하면 즉각적으로 호를 구축하였다.

※ 마지막 돌격을 개시한 후 약 15분, 마침내 내가 지휘하는 6중대는 C고지 정상을 점령했다. "이젠 파라, 땅을 파라, 살고 싶으면 땅을 파야 한다." 나는 각 소대를 C고지 정상일대에 사주방어 형태로 배치하면서 땅을 파라고 명령했다. 내가 지휘하는 6중대가 C고지를 점령한 지 10분도 못되어 적의 박격포탄이 우박처럼 쏟아졌다. 사상자가 속출했다.(철의 삼각지)

※ 우리는 돌격을 하여 고지를 점령하였다. 적은 후퇴하였지만 적 역습에 대비하고 수없이 작렬하는 적의 포화로부터 피해를 감소시키기 위하여 나는 소대장에게 자신의 안전을 위하여 어떻게 해서든 호를 파라고 지시하였다. 적 포탄이 떨어지는 가운데 호를 파는 것은 매우 어려운 일이었으나 병사들은 무서운 힘을 발휘해 주었다. (전투)

> 방어 진지는 적의 화력에 대비하기 위하여 개인호, 기관총, 박격포 등 공용 화기호, 관측소, 탄약, 식수 등 물자 저장소, 대피호 등으로 구성된다.

☐ 일반적인 진지구축 순서
- 1단계 : 개인호만 구축한다.

목표 점령후, 새로운 진지 점령 등 급박한 상황이거나 매복과 같이 기도 비닉이 요구되는 경우 개인호만 구축한 다음 철저한 위장을 실시한다.

분대장

소대장

- 2단계 : 개인호와 개인호간, 소대장호간 교통호로 연결한다.

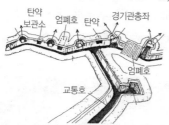

탄약 보관소　엄폐호　탄약　경기관총좌

엄폐호

교통호

* 일반적으로는 개인호와 개인호는 횡으로 연결하고 탄약 보급, 환자후송, 지휘를 위해 종으로 연결한다. 오리발 교통호는 지휘, 통제에 유리하나 구축 시간이 너무 많이 소요된다.

- 3단계 : 중요화기 및 시설을 유개화한다.

* 기관총진지 * 관측소 * 대피호 등

〈유개화 기관총 진지〉

☐ 이용 가능한 자재로 모든 진지를 유개화하는 방법도 있다.

1951년 4월 30일, 미 2사단 38연대 K중대는 800고지를 방어하게 되었다. 대대장은 예하중대에게 2인내지 3인이 들어갈 수 있는 엄폐진지를 구축하도록 명령했으나 대부분의 병사들은 보통 하던대로 호를 파고 나뭇가지와 판초우의를 덮은 정도로 하고 손을 떼었다. 다음날 대대장은 진지를 검열하고 나서 야포 사격으로 방호되는 벙커를 만들라고 강조하고 매일 예하중대를 감독했다. 3대대 병사들은 일주일에 걸쳐 무거운 통나무와 모래주머니로 보강한 결과 만족할 정도의 벙커를 완성하였고 철조망과 지뢰도 설치하였다. 5월 18일, 중공군이 진지에 침투하자 중대원들은 벙커에 몸을 숨기고 시한신관으로 8분 동안에 105미리 포탄 2,000발을 발사하여 격퇴하였다. 그 다음 다시 동일한 방법으로 포병사격을 하였고 날이 밝을 때까지 3만발의 포탄을 발사하였다. 날이 밝자 중공군은 공격을 중단했으며 K 중대원은 자신들이 직접 전투는 거의 하지 않고 벙커속에서 적을 기다리고만 있었다. (벙커고지전투)

〈교통호〉

〈벙커〉

□ 적의 화력이 월등하고 시간이 가용할 때는 동굴화된 진지를 만드는 것이 유리하다.

- 유황도의 일본군은 1944년 6월부터 1945년 2월까지 동굴을 중심으로 한 지하 요새를 만들어 상륙하는 미군에게 막대한 피해를 입혔다.

- 중공군과 북한군은 동굴을 중심으로 한 진지를 만들어 큰 효과를 봤으며 휴전후에도 전 지역에 구축하고 있다.

- 아군도 351고지, 저격능선, 지형능선, 수도고지 등 중요 고지에는 동굴화된 진지를 만들어 전투하였다.

※ 351 고지의 예

1953년 1월 15사단은 351고지에 동굴화된 진지를 편성하였다. 즉 351고지 8-9부 능선 사주에 터널로 된 교통호와 벙커 그리고 분대 단위로 북한군의 집중 포격을 피할 수 있는 동굴 진지를 구축하였고 그 외곽에는 철조망을 가설하였다. 동굴화된 출입구는 교통호를 통해서만 출입이 가능하였고 적이 대대적인 공격을 감행할 때는 교통호 입구와 총안을 모래주머니로 막고 포병으로 하여금 진내사격을 하여 적을 격멸시켰다.

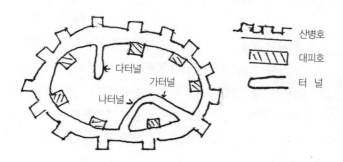

> 개인호는 소총병의 기본방어 진지이다. 진지를 구축할 때는 개인호를 먼저 구축하고 필요에 따라 교통호와 연결한다.

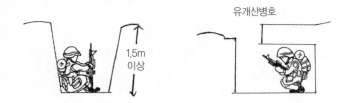

유개산병호

1.5m 이상

□ 개인호는 1.5m 이상 되어야 적포격에 방호를 받을 수 있다. 개인호 깊이는 깊을 수록 좋으나 너무 깊으면 사격에 문제가 있으므로, 적의 포격시 호에 머리를 숙이고 앉아 있을 때 머리 위로 50cm 정도 높이가 있으면 적의 포탄이 호에 직접 떨어지지 않는 이상 폭풍과 파편의 피해를 받지 않는다.

□ 개인호 일부를 유개진지로 만드는 방법도 있다. 이와 같은 진지는 적 포병의 공중파열탄의 파편을 막아주고, 부분적으로 직격탄을 방호할 수 있으며 배낭, 여분의 탄약을 저장할 수 있다.

□ 수류탄 처치구는 반드시 필요한 것은 아니다. 수류탄 처치구란 원형의 수류탄이 호 내에 떨어졌을 때 수류탄 처치구로 굴러들어가 호 내의 인원을 보호한다는 목적하에 설치되는 것이나 수류탄 자체가 완전히 원형도 아니고 6 · 25 당시 중공군은 봉형 수류탄을 사용하였으므로 수류탄 처치구로 들어가지도 않았다. 따라서 수류탄 처치구는 배수목적으로 만든다는 것이 타당할 것이다.

> 개인호 전체를 유개화하지 않는 이유는 수류탄 투척이 곤란하기 때문이다.

□ 개인호는 일반적으로 유개화하지 않는다.

개인호는 소총병이 사용하는 호로 소총병은 소총사격 이외에 수류탄을 투척하는 임무를 갖고 있으므로 유개화할 때는 수류탄 투척과 구두로 지휘하는 분대장의 명령 전달이 곤란하며 소총병의 상태를 지휘자가 감독할 수 없기 때문이다.

□ 전방에 구축된 우체통 진지는 전투호로서의 사용에 제한이 있다.

1976년 본인이 대대장 시절 대대적으로 전방방어 진지에 대한 보강공사를 실시하였다. 그 당시 개인호로 제시된 것이 유개화된 우체통 진지였으며 전 대대원이 대피할 수 있도록 81미리 박격포 요원에 이르기까지 우체통 진지가 배당되었다. 본인이 우체통진지를 만들고 확인한 결과 분대장 지휘가 곤란하고 진지내에서 수류탄 투척이 곤란하므로, 연대장에게 건의하여 우체통 진지 좌우에 무개화된 개인호를 구축하고 적의 포격시는 우체통 진지에 대피하여 전방을 감시하고 적의 포격이 끝나면 무개화된 개인호에서 전투하도록 운용방법을 구체화한 일이 있다. 결국 우체통 진지는 산병호의 특성을 모르고 설계한 실패작이다.

우체통진지   무개산병호

> 한국 지형은 산악지대가 대부분이며 급경사를 이루고 있기 때문에 개인호를 구축할 때는 지형의 경사면을 고려하여 하향사격이 가능하도록 구축하여야 한다.

☐ 사계에 대하여 계속 강조하는 데도 실천이 되지 않는 이유는 간부들의 실전 경험 부족에서 오는 것이다.
완전한 호를 구축하여도 실제 전투시는 두려움으로 정확한 사격이 어려운데 구축된 호에 들어가 사격자세를 취해보면 지형의 경사로 인하여 도저히 사격할 수 없도록 호를 구축하였으니 노력만 낭비하고 전투시 사용할 수 없는 호가 되고 마는 것이다. 이와 같은 사실을 간부들이 알고 있다면 각 호마다 일일이 점검하여 직접사격 자세를 취해보고 병사들을 지도한다면 그와 같은 과오는 되풀이되지 않을 것이다.

☐ 교범은 미군 교범위주로 유럽 평지에서 작전을 고려하여 기술되었기 때문에 한국과 같은 산악지형에서는 연구하지 않으면 적용할 수 없다. 기관총호, 개인호 예를 들면 예외없이 평지를 기준하여 기술되어 있다. 한국지형에서 평지에서 작전하는 경우가 얼마나 있는가? 평지를 기준으로 경사가 급한 한국지형을 적용하고 보니 하늘에다 대고 쏘는 형태가 될 수 밖에 없다.

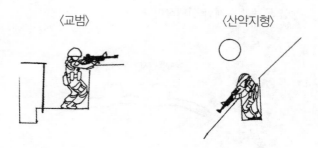

〈교범〉　　　　　〈산악지형〉

□ 방어진지 경사도에 따라 호의 깊이를 조정한다. 한국지형은 급경
사가 많고 굴곡이 심하므로 호를 너무 깊이 파면 사격할 수 없다.

– 먼저 전방 몇m부터 사격할 것인가를 결정한다. 소총 유효사거리
를 고려할 때 주간 250m, 야간 100m까지 사격한다면 진지가
2/3정도 완성되면 사격자세를 취해보고 진지를 조정한다.

– 지형에 따라 진지를 지면보다 높게 만들 것인가, 지면과 비슷하
게 하고 호의 깊이를 낮게 할 것인가 결정한다. 일반적으로 진지
에 들어가 눈으로 관측하면 전 지역을 사격할 수 있을 것 같으나
막상 사격자세를 취하면 사격을 할 수 없을 경우가 많다. 이와 같
은 이유는 눈의 높이는 지면보다 20-30cm 높기 때문이다. 따라
서 호를 사격 가능하도록 얕게 파던가 호의 높이를 지면보다 높
게 하여야 한다.

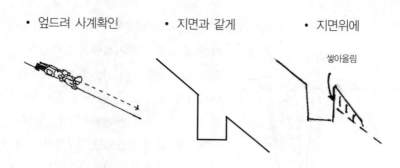

• 엎드려 사계확인   • 지면과 같게   • 지면위에

쌓아올림

> 교통호를 구축하는 데 있어 횡적 교통호와 종적 교통호는 깊이를 달리하는 것이 좋다.

☐ 횡적 교통호는 교통호에서 사격이 가능하도록 1.5m이하로 굴착하는 것이 좋다.

〈횡적교통호〉

어떤 상급 지휘관은 개인호와 개인호를 연결하는 횡적 교통호에서도 사격할 수 있도록 만들라고 까다롭게 주문하고 실제 사격자세를 취하면서 일일이 잘못된 점을 시정하도록 지시하는 경우를 많이 보았다. 일반적으로 교통호라면 이동 통로로 깊을 수록 좋다는 인식을 갖고 있으나 개인호와 개인호를 연결하는 횡적 교통호는 전투호의 연장이라는 개념이 더 강하기 때문이다. 따라서 횡적 교통호의 깊이는 1.5m이하로 구축하여 사격이 가능하도록 만들어야 한다. 이동할 때는 구부리거나 필요하면 포복으로 이동하면 된다.

☐ 종적 교통호 즉 예비대 기동, 보급 및 환자 후송을 위한 교통호는 서서 걸어도 적 직사화기에 피해를 받지 않도록 1.8m이상 깊이 파야한다. 중대 사하지점에서 중대관측소

〈종적교통호〉

또는 전방소대에 이르는 종적 교통호는 예비대의 이동, 보급, 물자 및 환자의 수송 등에 필요하여 구축하게 된다. 따라서 이와 같은 종적 교통호는 전투진지가 아니고 적의 직사 및 곡사화기의 피해를 감소시키기 위한 통로이기 때문에 깊이가 깊을 수록 좋은 것이다.

> 개활지 횡단에 있어 피해를 감소시키기 위하여 교통호를 파는
> 경우도 있다.

☐ 야간이면 파여지는 교통호 (다음 지휘관에게)

1953년 3월, 중부전선 교암산 우측 769고지 전방에서 있은 일이
다. 포대경을 통해 개활지에 적의 교통호가 아군쪽으로 파여지고
있음을 발견하였다. 비탈진 기슭을 따라 구축된 교통호는 지난 밤
에 새로 파여진 듯한 흙이 뚜렷이 보였다. 이러한 사실에 대해서 포
병 관측장교는 호 작업은 부대교대 당시부터 있었고 하룻밤을 지나
면 교통호 길이가 연장되고 있으나 이상하게 생각하지 않았다는 것
이다. 나는 적의 교통호 작업을 방해하기 위해 야간이면 요란사격
을 하였다. 우리가 교대한 후 7월 13일, 적의 공격시 틀림없이 이
교통호를 주 접근로로 이용하여 공격부대를 투입시킴으로써 개활
지 횡단에 있어 피해를 감소시키면서 수월하게 공격 개시선까지 전
출할 수 있었던 것으로 판단된다.

☐ 디엔비엔프 요새를 공격하기 위해 월맹군은 프랑스 진지에 이르는
교통호를 파서 프랑스군의 포화의 피해를 감소시켰다.

디엔비엔프는 프랑스군의 요새로 월맹군은 이를 공격하기 위하여
장애물 제거반이 은밀하게 프랑스 진지에 접근하여 철조망을 절단
하고 지뢰제거 작업을 실시하였으며, 공격부대는 계속해서 참호를
굴착하여 프랑스 진지 200m까지 진출하였으나 프랑스군은 이를
알지 못하였다. 월맹군은 이와 같은 교통호로 프랑스군 진지에 압
도적인 병력을 투입하여 공격하여 프랑스군 진지를 점령하였다.

> 교통호나 개인호는 돌로 만들면 안 된다. 포탄이 떨어지면 돌도 파편이 되기 때문이다.

☐ 돌도 파편이 되어 피해를 입힌다. (대대장)

연대 관측소와 통신가설을 마치자마자 극심한 포격을 받기 시작했다. 누군가가 민가에서 두툼한 이불 몇채를 가져왔기에 부연대장과 같이 포탄이 날아올 때마다 이불을 뒤집어 쓰곤 했다. 포탄은 간혹 부근 돌담에 명중하는 바람에 돌조각들이 날아와서 상당한 피해를 입히곤 했다. 나로서는 이것도 귀중한 경험의 하나였다. 파편에 맞아 죽으나 돌에 맞아 죽으나 죽기는 매일반이라는 것을 처음 깨달았다.

☐ 돌로 교통호를 만들고 사단장의 칭찬을 받은 잘못된 사례

본인이 대대장 시절 개인호까지 우체통호라고 불리는 콘크리트 진지를 만드는 등 사단 전체가 대대적인 진지 보강 공사에 착수하였다. 공사가 끝난 후 진지검열 우수부대로 모대대가 선정되었다. 그 이유인 즉 큰돌을 차량으로 운반하여 교통호에 쌓아 만들어 보기도 좋고 심한 강우시에도 교통호가 무너지지 않도록 잘 구축하였다는 것이다. 본인은 그 말을 듣고 과연 그 대대가 진지구축을 잘 한 것인가 의문을 갖게 되었다. 실전경험이 풍부한 한신 대장께서 군사령관을 하실 때 진지에 돌을 사용하면 엄한 질책을 하셨다는데 오히려 돌로 교통호를 만들고도 칭찬과 표창을 받았으니 납득이 되지 않았다. 결국 실전경험이 있느냐 없느냐 차이는 이런 데서 오는 것이며 진지구축을 잘못했을 때의 결과는 무익한 부하들의 희생뿐이라는 것을 잘 알아야 한다.

> 기관총호 구축 방법은 다양하게 제시되고 있으나 사격이 원활하게 이루어질 수 있는가를 우선적으로 고려하여야 한다.

□ 무개기관총호

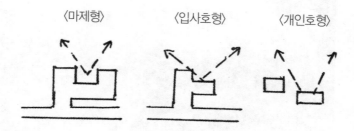

〈마제형〉　　　　〈입사호형〉　　　　〈개인호형〉

– 마제형 호 (구 교범)

구 교범에 말굽형, 즉 마제형으로 나와 있고 사대가 중앙에 있으며 사수, 부사수 등 인원의 활동이 용이하여 전방 무개진지 대부분을 차지하고 있으나 사대가 튼튼하지 못한 단점이 있다.

– 입사호형 호

사대가 한곳에 치우쳐져 있는 호로 별로 사용하지 않고 있으나 사대가 연결되어 있어 단단하고 구축시간이 단축되는 장점이 있다.

– 개인호형 호

사수와 부사수용 개인호를 구축하여 사용하는 형태로 기도비닉이 필요한 매복시나 시간이 없을 때 사용한다.

□ 유개 기관총호

콘크리트, 또는 나무나 목재로 지붕을 유개화한 진지로 마제형 호를 유개화한 형태로 만든다.

□ 기관총 사대

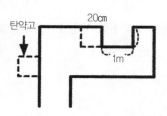

기관총 사대는 교범에 1m×1m로 제시되고 있으나 삼각대를 올려놓고 좌측에 탄통을 올려놔서 사격해야 하고 무너지면 계속 보수해야 하므로 20cm 정도 더 넓히는 것이 좋다.

□ 탄약 저장장소 구축

교범상에 부사수가 위치한 장소의 폭은 60cm밖에 안되므로 탄약을 저장할 장소가 없다. 따라서 최소한 1기수의 기관총 탄약이라도 저장할 수 있는 저장소를 부사수가 위치한 지역에 만드는 것이 유리하다.

기관총 진지의 생명은 사계이다.

☐ 사계를 고려하지 않고 구축된 기관총 진지

우리는 60년대 초반이후 수많은 진지를 구축하여 현재에 이르고 있다. 이중 유개화된 상당수 기관총 진지는 사계를 고려하지 않고 구축하였기 때문에 기관총을 거치하고 보면 사계가 막혀 사격할 수 없다. 결국 이러한 기관총 진지는 그 안에서 사격할 수 없고 대피호로만 사용할 수 있으므로 기관총 진지로는 가치가 없게 되었다. 이와 같은 사실을 확인한 지휘관들이 총안구를 넓힌다던가, 삼각대 기관총의 굴대집을 부착하는 등 다각도의 노력을 하였으나 여전히 해결을 못하고 지금까지 내려오고 있다.

☐ 사계의 관념이 없는 초급 지휘관 및 병사들

1984년초, 본인이 부사단장 재직중의 일이었다. GOP지역을 순시중 철책선 출입문 근처에 세워진 관망대가 있어 올라갔더니 경계병이 있고 기관총이 거치되어 있었다. 본인은 기관총 사계에 대해서 귀가 아프게 들은 터라 거치된 기관총을 잡고 사격자세를 취해보니 하늘로 사격하는 이외는 전연 사격할 수 없었다. 그 이유는 기관총 사대가 너무 높기 때문에 도저히 출입문 근방을 사격할 수 없었던 것이다. 경계병에게도 사격자세를 취해보라고 하니 경계병 역시 마찬가지였다. 본인은 중대장을 불러 이와 같은 사실을 알리고 나무판자를 놓아 키 작은 병사도 사격할 수 있도록 조치하라고 이르고 그 자리를 떠났다. 우리 초급지휘관이나 병사들은 왜 한번도 거치된 기관총에 대해 사격자세를 취해보지 않고 있는가에 대해 곰곰이 생각해 보았다. 결국 기관총 사계에 대한 이해부족과 태만 때문에 중요한 기관총이 쓸모없게 되는 것이다.

> 관측소는 지휘의 중추기관이므로 튼튼하게 구축해야 하고 관
> 측구는 적 방향에 일직선으로 내지않는 것이 좋다.

□ 적 포격에 견딜 수 있도록 튼튼한 엄체호를 만드는 것이 좋다. (철
  의 삼각지)
- 나의 정위치인 중대장 호 지붕위에도 벌써 여러발의 포탄이 떨어
  졌다. 일곱발째인가 여덟발째 꽝, 우지끈 소리가 나며 천장의 서까
  래가 부러지면서 나의 머리를 내리쳤다. 철모를 쓰지 않았더라면
  머리통이 갈라지고 말았을 것이다. 다행이 무전기도 통신병이 끌
  어 안아 무사하였다.

□ 관측구는 정면보다는 측방으로 향하는 것이 좋다.
- 1952년 3월 21일, 미 45사단 K중대의 전초 소대가 중공군의 공격
  을 받아 전투중 적의 무반동총탄 한발이 소대 지휘소 총안구에 명
  중하여 벙커안에 있던 인원은 물론 중대로 가는 모든 전화선이 절
  단되어 지휘 및 통신이 마비되어 진지가 피탈되었다.

- 관측구에 다가서려 하자 근무중인 병사가 황급히 잡아당기며 관측
  구에 접근하지 못하게 말렸다. 가만히 주위를 둘러보니 근무자들
  도 관측구 좌우측에 비스듬이 서서 가끔 전방을 경계하고 있었다.
  적은 고지 바로 뒷편에 배치되어 우리 관측구에서 물체의 움직임
  이 식별되면 영락없이 조준 사격을 한다는 것이다. (연대장)

> 시간이 충분하거나 장기간 같은 장소에서 방어시는 대피호를 구축하는 것이 좋다.

☐ 대피호는 적 포탄으로부터 보호뿐 아니라 휴식 장소로 사용한다.

- 대피호를 만드는 주목적은 적포의 직격탄으로부터 보호받는 데 있다.
  본인이 월남전에 참전하였을 때 기지를 만들면 장기간 주둔하므로
  교통호와 연결된 분대 단위 대피호를 만들어 사용하였다. 어느날
  대대장의 지시로 대피호의 강도를 시험하기 위해 지붕위로 81미리
  박격포를 사격한 결과 마대 1장 정도만 훼손된 경미한 피해를 입었
  다. 이와 같은 경험으로 볼 때 얇은 두께의 엄개도 적의 시한탄 및
  소구경 포탄의 직격도 방호할 수 있다는 결론을 얻어 엄개의 필요
  성을 실감한 일이 있다.

- 휴식 장소로 이용할 수 있어 체력보존에 유리하다.
  대피호를 만들면 동계에는 바람을 피할 수 있고 불도 피울 수 있어
  혹한을 견딜 수 있고, 하계에도 휴식 장소로 이용할 수 있을 뿐 아
  니라 부상자 발생시 대기 장소로 기타 배낭, 여분의 탄약, 식량, 식
  수 등을 저장할 수 있는 등 사용 용도가 다양하다. 특히 적 포격시
  는 심리적 안정감을 가질 수 있다.

- 6 · 25당시 민간인들도 대피호를 만들어 피해를 극소화하였다.
  전투 지역 또는 폭격이 심한 지역에서는 집집마다 땅을 파고 그 위
  에 대문짝과 흙을 덮어서 대피호를 만들었고 심지어 부락 단위로
  동굴을 팠다. 본인 가족은 1 · 4 후퇴시 피난을 하였으나 4월 후퇴
  시는 피난을 하지 않았는데 아군 방어선에서 얼마 떨어져 있지 않
  아 하루에도 수백발의 포탄이 떨어졌으나 부락에서 만든 동굴에 대
  피하여 피해를 면한 일이 있다.

□ 대피호 구축방법
- 교통호의 일부를 사용

      대피호   엄개

 * 가장 쉬운 방법으로 교통호의 폭을 넓히고 그 위에 통나무를 얹
   은 다음 마대 또는 흙으로 30cm 이상 덮는다.
- 독립적으로 구축 교통호와 연결

                대피호

 * 시간이 충분하고 자재가 가용시 사각 지점에 대피호를 따로 만들
   어 교통호와 연결한다.

- 교통호 벽에 1-2인이 대피할 동굴을 만든다.
 * 이때 통나무로 형틀을 만들어 천장을 받치면 더욱 견고한 대피호
   가 된다.
- 동굴을 파서 대피호로 이용한다.

    〈전사면〉   〈후사면〉   〈관통〉

 * 동굴을 만들면 대부분의 포격에 보호받을 수 있다.

> 사계청소란 사격에 지장이 있는 나무나 잡목을 제거하는 것이
> 나 과다하면 진지가 노출되므로 최소화하여야 한다.

□ 월남전에서 사계 청소에 대한 갈등

월남전에서 잡목이 키를 넘는 고지에 새로운 기지를 만들 때의 일
이다. 중대는 대대본부와 같이 있게 되어 일부 책임 지역을 할당받
아 개인호와 교통호를 만들면서 사계 청소 문제가 대두되었다. 본
인이 생각하기에는 개인호에서 1-2m 앞까지는 수목을 남겨놓고
그 전방은 완전히 제거한다면 아군 진지는 은폐되고 행동도 적이
볼 수 없고 반대로 적은 노출되니 그와 같은 방법이 좋다고 중대에
서 토의되었으나, 기지 전체의 잡목을 베도록 지시되어 그대로 시
행한 결과 멀리서도 아군 진지가 훤히 노출될 뿐 아니라 행동도 관
측되었다. 과연 당시 상급 지휘관의 조치가 올바른 것이었나 의문
이었다.

□ 철책선 지역의 사계 청소는 타당한가 생각해 보자.

중대장 시절 김신조 일당이 침투한 이후 적 무장 공비의 침투를 조
기에 탐지한다는 명목하에 철책선 전방에는 불모 지대를 만들고 철
책 후방에도 50m 넓이로 풀을 완전히 깎도록 강조되어 시행하였
다. 그럼으로써 아군 경계 진지도 완전히 드러나게 된 것이다. 원칙
대로 한다면 아군 진지 지역은 노출되지 않도록 오히려 최소화해야
되지 않는가? 더구나 적이 침투시 아군 철책 근방에서 30분만 관찰
하면 경계병의 위치는 물론 공간까지 확인하고 침투한다고 하였으
니 더욱 문제인 것이었다. 결국 그 당시 지휘관들은 전술 원칙보다
는 훤하게 보여야 안심이 된다고 생각했기 때문에 이와 같은 조치
를 한 것이다.

제7장
K-1, K-2 소총

소총은 군인의 상징이다. 소총을 휴대함으로써
군인이란 자부심을 갖게 되고 생명을 지켜준다.
따라서 한국군은 소총을 제2의 생명이라 불렀다.

> 소총은 군인의 상징이며 군인은 소총을 가짐으로써 자부심을 느낀다.

☐ 소총은 군인의 상징이며 생명과 같다.

군인은 소총을 가짐으로써 자부심을 느낄 뿐 아니라 자기의 생명을 지켜주는 무기이다. 그러기 때문에 대한민국 국군은 소총을 "제2의 생명"이라고 강조하고 있으며 소총에 대한 자부심과 애정을 갖도록 노력하고 있는 전통을 갖고 있다. "나는 그때 아홉군데에 중상을 입었으며 오른팔에도 두군데 부상을 입어 신경 일부가 끊어졌으므로 그후 약 반달 동안은 전혀 손가락을 움직이지 못했건만 어떻게 된 영문인지 나는 부상직후에 부상당한 오른손으로 칼빈소총을 꽉 잡았던 것이다. 자기의 총은 자기 생명과 똑같이 생각하여야 한다는 김용배 교관이 사관 후보생 교육대에서 행한 정신교육이 내 머릿속 깊이 새겨져 어떠한 일이 있더라도 내 총을 적군에게 뺏기지 않으려는 정신력이 이러한 동작을 반사적으로 일어나게 했던 것이다." (국경선에 밤이 오다).

이와 같이 우리군은 창군시부터 소총에 대한 자부심과 소중히 여기는 훌륭한 전통을 갖고 있으므로 계속 계승해야 할 것이다.

☐ 소총을 지급시는 엄숙한 의식을 거행하자.

소총이 중요하다는 것을 말로만 할 것이 아니라 소총을 지급받는 병사들이 소총의 중요함을 강하게 느낄 수 있도록 엄숙한 의식을 통하여 지급해야 한다. 소총은 담당 하사관에 의해 지급되어서는 안 되며 중대장이 직접 규정된 "병기수여식" 절차에 따라 엄숙하게 수여해야만 소총에 대한 자부심과 중요성을 병사들에게 느낄 수 있도록 할 수 있다.

> 평소 훌륭한 사수가 전투시 훌륭한 사수가 된다. 훌륭한 사수
> 가 되도록 지도하자.

☐ 명사수가 되도록 하자. (전투)

날이 밝으면서 적은 중대규모의 병력으로 우리 중대를 공격해
왔다. 이때 "중대장님"하고 강상병이 연거푸 찾기에 무슨일이
생겼나하고 달려갔다. 강상병은 "중대장님 저놈 보십시오"하면
서 한발 쏘면 한놈이 쓰러졌다. "중대장님 또" 하고 소리쳐서
보면 또 한놈이 고꾸라졌다. 나는 그의 어깨를 두드리며 "백발
백중이다. 계속 쏴라"고 격려하고 중대 관측소로 돌아와 중대를
지휘하면서 병사들에게 "아무리 바빠도 조준사격하라"고 격려
하였다. 성격이 온순한 그에게 그런 용맹성이 어디서 나오는지
모를 일이었다. 강상병은 6·25전 의정부에서 열린 연대사격
대회에도 참가한 명사수였다.

☐ 훈련이 안된 신병 (국경선에 밤이 오다)

1950년 11월 25일, 7연대 1중대는 제대로 훈련도 못 시킨 채 보
내준 신병 100여명을 보충받았다. 3일간의 행군후 1중대는 상
원 북방에 배치되었다. 나는 각 소대를 순시하였다. 어떤 신병에
게 M1 소총 유효사거리를 물어봤더니 터무니없는 대답을 하는
자도 있었고 M1 소총의 가늠자 조정법을 물어보아도 잘 모르고
있었다. 산밑에 있는 바위를 목표로 사격을 시켜 보았더니 소총
에 실탄도 제대로 못재고는 "분대장님 이 총은 고장인가 봅니다."
하는 따위의 말을 하는 신병도 있었다. 사격을 실시해보니 총알
은 목표와 동떨어진 데로 날아가 버렸다. 상부의 정보에 의하면
적이 상원까지 오려면 48시간이 걸릴 것이라고 하므로 이 기간
각 소대별로 M1 소총의 가늠자 조정법, 사격자세, 격발요령, 그
리고 사격을 하도록 지시하였다. 이런 신병을 가지고는 중공군과
1대 1로 싸워도 당할 수 없는 일이므로 저절로 한숨이 나왔다.

> 소총 사격에 자신을 갖기 위해서는 사격술 예비훈련을 철저히
> 함에 있다.

□ 기계 훈련에 숙달되어야 한다.
 - 기계 훈련 부족으로 사격 못하는 미군사병 (실록 한국전쟁)
   "사격개시, 사격개시" 콜린스는 외쳤다. 2차대전에 참가했던 고
   참병 두사람이 콜린스의 명령을 받아 외쳤다. 이제 전진해오는
   북한군의 모습을 똑똑히 볼 수 있었지만 사격하는 병사는 거의
   한 사람도 없었다. 콜린스는 자기와 함께 개인호에 있는 두 사
   병에게 "빨리 사격해! M1이 있지 않나"라고 말했다. 그러나 대
   다수의 사병들은 입을 딱 벌린 채 멍하니 바라보고만 있었다.
   사격을 한 것은 분대장과 소대장들 정도였고 한발도 발사하지
   못한 사병의 수는 반이상이었다. 이윽고 후퇴해서 중대는 재편
   성을 했다. 부하 가운데서 적에게 사격하지 않은 자들이 그토록
   많았다는 일에 화가난 콜린스는 생존자들에게 왜 사격하지 않
   았냐고 따졌다. 소총이 말을 듣지 않더라는 것이 대부분의 대답
   이었다. 조사해 본 결과 소총에 진흙이 끼여 있거나 아니면 분
   해 결합 후에 결합이 잘못되었다는 것을 알았다. 소총의 분해
   결합도 모르는 병사들이 많았다.
 - 철저한 기계 훈련을 통하여 소총의 구조를 완전히 이해하고 고
   장배제에 능숙하도록 숙달시켜야 한다.
   과거에는 눈감고 분해 결합을 하는 훈련을 강조하였다. 이는 전
   투시 야간이나 엄폐된 호 내에서도 고장 배제와 손질을 할 수
   있는 능력을 키울 뿐 아니라 능숙한 분해 결합을 위해서였다.
   다만 너무 속도만을 강조하다보니 부품이 파손될 우려가 있어
   속도보다는 정확성을 더욱 강조한 바 있다. 오늘날에는 어떠한
   가. 눈감고 분해 결합하는 훈련도 해 볼만한 것이다.

☐ 조준, 자세, 격발요령이 명중여부를 결정한다.

생도시절 기갑학교 교육시 교관이 좀 과장된 말이었지만 "전차
포는 1,000m에서 참새도 명중시킬 수 있다"라고 자랑하는 말
을 들었다. 그러나 우리 병사들은 상당히 숙달되지 않고는
250m의 목표물도 명중시키지 못하고 있다. 그 이유를 살펴보
면 조준문제에 있어 전차포는 우수한 조준장치로 정확하게 조
준할 뿐 아니라 풍향, 이동하는 속도까지 자동적으로 계산되어
조준하기 때문에 원거리에서도 명중률이 높으나 병사들은 개인
에 따라 조준하는 방법이 다르므로 숙달이 필요하고, 자세면에
서는 전차는 육중한 무게로 전연 흐트러짐이 없이 전차포를 고
정시킬 수 있으나 소총은 움직이기 쉬운 육체에 의존하기 때문
에 병사들이 아무리 조준을 잘하였다 하더라도 자세가 나쁘면
명중하기 어렵고, 격발면에서는 전차는 몸체에 고정된 전차포
를 전기적으로 격발하므로 전연 영향을 받지 않으나 병사들은
손가락으로 격발하므로 조준, 자세가 정확하더라도 격발을 잘
못하면 명중시킬 수 없는 것이다. 따라서 사격술 예비 훈련을
통하여 충분한 훈련을 실시하여야 한다.

☐ 조준 요령을 확실하게 훈련시키기 위해서는 조준선 정렬부터
명확하게 교육시켜야 한다.

조준선 정렬이란 가늠구멍에 마음속으로 +자를 긋고 가늠쇠를 올
려놓으면 조준선 정렬이 되는 것이다. 조준선 정렬이 되면 가늠쇠
위에 목표를 올려놓으면 정조준이 되며 이때 사격을 하면 목표에
명중이 되는 것이다. 비록 가늠쇠 위에 목표을 올려놓은 것이 약간
빗나가도 조준선 정렬이 되어 있으면 명중이 되나 조준선 정렬이
흐트러지면 가늠쇠 위에 목표를 정확히 올려놓아도 거리가 멀수록
오차가 커지기 때문에 명중시킬 수 없는 것이다. 따라서 병사들이
조준선 정렬의 중요성을 알도록 이론적으로 교육하고 실습해야 된다.
이론적으로 모르는 병사가 사격만 한다고 명중되는 것은 아니다.

□ 자세에 대하여

- 사격은 자세가 기초다. 언뜻보면 기묘한 자세라도 적합하면 탄환은 명중한다. 예를 들면 무릎쏴 자세  시 오른발의 위치를 생각해 보자. 오른발을 안쪽으로 구부리고 여기에 엉덩이를 걸터앉는 동작은 발목이 유연하지 않으면 되지 않는 동작이다. 무리하게 이와 같은 자세를 고집하면 발목만 아프고 명중하지 않는다. 따라서 개인의 신체구조에 맞는 자세를 취하도록 해야 한다.

- 소총의 개머리판을 어깨에 견착하는 방법이 매우 중요하다.

6·25 참전자의 경험에 의하면 정확하게 어깨에 개머리판을 견착시키지 않으면 반동이 큰 M1소총을 수백발씩 사격하면 어깨가 붓기 때문에 정확하게 개머리판을 어깨에 견착시켜야 된다고 말하고 있다. 이와 같이 개머리판을 어깨에 정확하게 견착시키는 것이 중요하나 과도히 강하게 밀착시키면 다른 동작에 지장을 가져오며 너무 약하게 밀착시키면 사격시 어깨가 앞으로 나오므로 보통 정도 밀착시키는 것이 중요하며 결국 훈련을 통하여 개인이 숙달해야 한다.

- 좌측손의 위치가 중요하다.

좌측손은 상박부가 수직이 되도록 함으로써 총을 확실히 받쳐주고 총대 밑바닥과 손바닥 사이에 틈이 없도록 가볍게 쥐어야 한다. 상박부가 수직이 되지 않으면 총이 상하로 움직이며 총을 너무 강하게 잡아도 다른 동작에 지장을 가져온다.

- 각종 자세는 개인에 맞는 편한 자세가 되어야 한다.

처음에는 교범에 있는 대로 자세를 취하도록 훈련되어야 하나 차츰 숙달되면 개인에 맞는 자세를 취할 수 있도록 하여야 할 것이다. 무분별하게 교범에 있는 자세만 고집할 필요는 없다.

□ 호흡과 격발에 대하여

– 조준, 자세가 정확하더라도 방아쇠를 급격하게 당기면 조준이

흐트러지게 되며 또한 호흡을 계속하고 있으면 호흡에 따라 신체가 움직이므로 명중되지 않는다. 거총과 동시에 호흡을 중지하고 침착하게 방아쇠를 당겨야 한다. 방아쇠를 당기는 요령을 "치약을 짜듯이"

하는 것은 서서히 방아쇠를 당기라는 뜻이다. 보병학교 구대장시 논산훈련소를 방문하니 훈련소 조교가 훈련병의 사격성적을 올리기 위하여 M1소총의 방아틀뭉치를 분해한 후 취침후에 모포속에서 "방아쇠 1단, 2단" 하면서 격발연습을 시키는 것을 보았다. 그만큼 격발이 명중률에 영향을 미치는 바가 크다.

결국 사격은 거총과 동시에 조준선 정렬을 하면서 호흡을 멈춘 다음 조준하여 방아쇠를 당기는 동작에 의해서 이루어지는 것이다. 따라서 이 모든 동작이 완벽하게 이루어지도록 꾸준한 훈련이 필요하다. 본인이 보병학교 구대장 시절 학생 연대장의 지시에 의거 전장교가 주 1회 칼빈소총을 휴대하고 "서서쏴" 자세연습을 실시하였다. 먼저 오른손으로 총목을 잡은 다음 숨을 들이 마시면서 오른손으로 총을 올려 거총자세를 취하고 그 후에 왼손으로 총을 받쳐주는 동작을 반복하여 실시한 바 있다. 이와 같은 훈련을 통하여 서서쏴 자세시 오른팔꿈치를 올려야만 총을 오래 지탱할 수 있고 총을 왼손으로 받치는 이유와 자연적으로 숨을 멈추는 방법을 알게 되어 사격술 예비훈련의 중요성을 알게 되었다. 따라서 이와 같은 훈련방법도 시도해 볼 만하다.

□ 응급처치에 대한 훈련

- 응급처치란 사격중 갑자기 불발이 되었을 시 조치하는 요령을 말한다. 소총실탄은 엄격한 심사를 거쳐 생산하고 있으나 어떤 때는 탄약의 결함으로 불발이 되는 경우도 있고 실탄 안에 있는 화약이 습기에 젖어 불발이 되거나 약실이 오염이 되어 탄피가 빠지지 않는 등 여러 가지 요인으로 불발이 될 때가 있는 것이다.

이때에는 즉각 노리쇠를 후퇴시켜서 탄환을 뺀 다음 다시 전진시켜서 새로운 탄환을 넣어 사격하면 되는 것이나 통상 이와 같은 경우를 당한 훈련되지 않은 병사는 당황하여 제대로 응급처치를 못하고 쩔쩔매는 것이다. 따라서 영점사격시나 전투사격시는 필히 훈련탄이나 공포탄 또는 빈탄피를 섞어서 탄창에 넣어 사격시킴으로써 사격시 불발 또는 탄피가 빠지지 않을 시 즉각 응급처치를 하는 훈련을 실시하여야 한다. 이렇게 함으로써 응급처치 능력을 숙달시킬 수 있는 것이다.

- 연대장 시절 사격장에 나가 관찰하니 사수가 불발이 되었을 경

우 당황하여 제대로 응급처치를 못하자 옆에 있던 조교가 노리쇠를 후퇴하여 불발된 탄알을 뺀 다음 재장전을 하여 사수에게 돌려주는 것을 보았다. 사선에 있는 조교는 안전에 관한 사항을 책임지는 것이지 사수가 사격하는 데 관여하여서는 안 되는 것이다. 이런 경우 사수가 고장배제, 또는 응급처치를 하여 사격해야 훈련된 병사라 할 수 있는 것이다.

> 소총의 기능을 유지하기 위해 항상 손질하고 부수기재를 휴대 하는 습관을 들여야 한다.

☐ 항상 소총을 손질하도록 하라.

– 월남전에 참전시 미군과 진지 교대를 하기 위하여 진지에 도착 하니 대기하고 있는 미군병사가 누가 시키지 않았는데도 휴식 하면서 소총을 손질하는 것을 보고 감탄하였다.

연대장 시절 대대 훈련장을 방문하니 우리 병사들은 새벽 이슬 로 소총 총열에 녹이 발생하였는 데도 손질하는 병사가 없었을 뿐 아니라 휴식중인 데도 불구하고 간부조차 병기손질을 지시 하지 않는 것을 보고 실망하였다.

현대의 화기는 정교하므로 잘 손질되어야 제 기능을 발휘할 수 있는 것이다. 잘 손질된 병기는 제 기능을 발휘할 뿐 아니라 결 국 자기 생명을 지키고 부대가 승리하는 원동력이 된다는 것을 알아야 한다.

– 화기 손질은 때와 장소에 따라 완전분해하여 손질할 것인가 부 분만을 손질할 것인가 결정해야 한다. 우리 병사들은 병기손질 을 하라고 하면 때와 장소를 가리지 않고 완전분해하여 손질을 하고 있다. 이는 잘못된 것이다. 손질중 만에 하나 적이 공격해 온다면 어떻게 할 것인가.

- 예비대 지역에서 시간이 충분할 때 완전히 분해하여 손질한다.
- 작전중 잠시 휴식시에는 약실, 총 등을 손질한다.
- 작전중 어느 정도 시간이 있을 때 는 노리쇠 부분을 빼어 손질한다.

□ 부수기재를 확보해야 한다.

- 소총의 부수기재라 하면 주로 손질도구 즉 꼬질대, 유통, 수입포, 수입솔 등을 말한다. 이는 전투시 반드시 필요하며 평시에도 항상 휴대하도록 하여야 한다.

  • 본인이 초급장교시 상급지휘관들이 항상 부수기재를 휴대하도록 강조하였고 자주 이를 검사하였다. 그러므로 지금까지 부수기재는 항상 휴대하는 것으로 알고 있고 심지어 유통에는 총기름이 항상 충만해야 되는 것으로 습관화되었다.

  • 본인이 사단장 시절 부수기재를 확인하였더니 개인당 1개씩 꼬질대를 휴대하여야 함에도 불구하고 휴대기준도 모르는 형편이었을 뿐만 아니라 유통에 총기름을 넣고 다니는 병사는 극히 드물었다. 따라서 부수기재 휴대를 강조하였으나 꼬질대 획득에는 상당한 시일이 소요되었다.

- 꼬질대가 부러지는 이유는 사용 요령이 나쁘기 때문이다.

  * 본인의 경험에 의하면 꼬질대가 부러지는 이유는 첫째 꼬질대를 사용하여 총을 손질하면 강선으로 인하여 연결부분이 풀어지고 이를 모르고 계속 사용하다가 무리한 힘을 주면 약한 연결부분이 부러지게 된다. 따라서 사용중에도 수시로 풀어진 연결부분을 꽉 조여주면 부러지는 일이 없다. 둘째 총열을 손질하는 수입포를 지급된 것을 쓰지 않고 다른 것을 쓸 때 너무 넓은 것을 사용하면 총열과 맞지 않아 무리한 힘을 주게되어 부러지지는 경우가 많다.

  * 따라서 꼬질대 사용 요령도 훈련시켜야 하며 수입포는 규정된 것은 보급이 잘 안되므로 규정된 수입포는 휴대하고 평시에는 다른 것으로 사용할 정도의 세심한 주의를 기울여야 한다.

소총을 지급받으면 먼저 0점사격을 하여 전투가늠자를 선정, 고정시켜야 한다.

□ 자기에게 맞는 전투가늠자를 설치하자.

　소총을 지급받으면 반드시 0점 사격을 하여 전투가늠자를 설치하고 고정시켜 변동시키지 말아야 한다. 과거 내무검열시는 시끄러울 정도로 병사들에게 전투가늠자 위치를 질문하고 암기하고 있는 위치에 가늠자가 설치되어 있는가 확인하는 절차가 있었다. 이는 전투 경험이 많은 장교들이 전투가늠자에 대한 중요성을 잘 알고 있었기 때문에 평소에도 강조한 것이다. 지금은 어떠한가? 과연 모든 간부와 병의 소총이 항상 전투가늠자에 가늠자가 고정되어 있는가? 작은 것부터 실시하는 것이 전투준비에 만전을 기하는 것이다.

□ 월남전을 분석한 결과 250m 이내에서 사격이 이루어졌다는 것이 확인되었다.

월남전 소총사격 비율

거리(m)	100이하	100–200	200–300	300이상
교전빈도%	31	49	15	5

□ 0점사격이란 조준선과 탄착점을 일치시키기 위한 사격을 말하며 조준선과 탄착점이 일치될 때 0점을 잡았다고 말한다. 처음부터 기계적으로 0점을 맞추어 지급할 수 있으나 총강의 마모도가 다르고 사람에 따라 조준요령이 조금씩 다르기 때문에 소총을 지급받으면 자기에 맞는 0점을 찾아야 한다. 2차대전까지는 사거리에 따라 0점을 잡고 가늠자를 조정하여 사격을 하였으나 전투간 가늠자를 조정하며 사격하기 어렵기 때문에 현재에는 250m에 0점을 잡고 가늠자를 고정시켜 전투가늠자라 하고 거리에 따라 조준점을 변경하여 사격하고 있다.

> 어떠한 상황하에서도 탄창 교환을 자유자재로 하고 탄알을 탄
> 창에 삽입할 수 있도록 하여야 한다.

□ 탄창을 자유자재로 교환하는 훈련을 하자.

- 과거 M1소총을 사용하던 시절 8발의 클립을 소총에 장전하는
방법이 까다로와 6 · 25 당시 신병이 실탄을 소총에 장전하지
못하고 분대장이 대신 장전해 주는 등 어려움을 겪었다. 그러
나 지금은 탄창을 사용하고 있으므로 사격을 하면 빈 탄창은
빼어서 탄입대에 넣고 새로운 탄창으로 교환해야 하는 것이다.
얼핏 생각하면 쉬운 일 같으나 전투중의 공포, 급격한 행동, 야
간에 탄창 교환을 한다는 것은 쉬운 일이 아니다. 따라서 각종
자세에서 탄창 교환하는 훈련을 반복하여야만 전투에서 마음
대로 탄창을 교환할 수 있을 것이다.

- 과거 AR자동소총 사수는 탄입대에 탄창을 넣을 시 왼쪽, 오른쪽
탄입대 위치를 고려하여 탄창을 잡아 빼서 바로 자동소총에 탄창
을 삽입할 수 있도록 탄창을 탄입대에 넣어주고 교환하는 훈련을
예비훈련과목에 넣어 실시한 바 있다. 이제 탄창을 쓰는 소총을
갖고 있으므로 이와 같이 세심한 주의를 갖고 훈련시켜야 한다.

- 따라서 다음과 같은 훈련을 반드시 실시하여 숙달되도록 하여
야 한다.

  • 빈 탄창은 차기에 사용하여야 하므로 버리지 말고 갖고 있어
  야 한다. 그렇다면 어떠한 방법으로 실탄이 들어 있는 탄창과
  구분하여 탄입대에 넣어야 할 것인가. 잘못하면 급한 상황하
  에서 빈 탄창을 실탄이 들어있는 탄창으로 알고 소총에 끼웠
  을 때의 결과를 생각해 보자. 결국 오른쪽 탄입대의 탄창을 먼
  저 사용하되 밖으로부터 하나씩 사용하는 훈련이 되어야 한다.

  • 포복을 하며 사격중 어떤 방법으로 탄창을 교환하는가.

  • 돌격시에 움직이면서 어떻게 교환하는가.

  • 야간에는 어떻게 교환해야 하는가.

□ 탄알을 빈 탄창에 삽입하는 훈련을 하자.

- 개인이 휴대하고 있는 탄창은 30발 들이로서 7개 210발을 휴대할 수 있으나 그외 휴대하는 탄약은 탄포에 있는 낱발로 휴대하게 된다. 따라서 시간이 있을 때마다 빈 탄창에 탄알을 넣어야 되며 그러기 때문에 빈 탄창에 탄알을 넣는 훈련을 해야 하는 것이다. 그 방법은 낱발로 넣는 방법과 어댑터를 이용하여 10발씩 동시에 넣는 방법이 있다.

- 탄포에는 한마디마다 10발씩 두 개가 들어가 있으며 과거 CAR 소총을 사용시에는 어댑터가 매 클립마다 붙어 있었으나 현재에는 탄포에 두 개 정도 있으므로 이를 사용하여 탄창에 탄알을 넣어야 한다. 따라서 빈 탄창에 10발을 한번에 넣기 위해서는 어댑터가 필요하고 이에 대한 훈련을 실시하여야 한다.

- 본인이 사단장 시절 사격장에 나가 관찰해 보니 안전을 고려한다고 선발된 인원이 탄창에 탄알을 넣고 이것을 병사들에게 지급하는 것을 보았다. 이에 의심이 나서 병사들에게 탄알을 탄창에 넣는 훈련을 해본 일이 있는가 문의하니 전연 해보지 못했다고 답변하였다. 그렇다면 한번도 그와 같은 훈련을 하지 못하고 어떻게 전투에 임한다는 것인가. 나는 중대장에게 사선에 올라가기 전 예비훈련시 탄창에 실탄을 삽입하는 훈련을 각개 병사에게 실시한 후 본인이 직접 실탄을 받아 탄창에 넣은 다음 사격토록 지시하고 다른 병사들도 탄피를 이용하여 삽탄하는 훈련을 실시토록 한 바 있다.

□ 탄창은 항상 손질하고 충격에 의한 굴곡이 있으면 교체하여야 하며 용수철이 약화되지 않도록 하여야 한다.

소총의 고장중 많은 부분이 탄창의 결함에 의한 것이었다. 그렇기 때문에 항상 관심을 갖고 검사해야 하며 이상이 있을 시는 교체하여야 한다. 용수철 약화를 방지하기 위하여 장기간 탄알을 삽탄하였을 시는 30발 용량이면 25발만 넣도록 강조하곤 했다. 이와 같이 다각도로 탄창에 관한 관심을 가져야 한다.

> 조정간 조정훈련을 실시하라. 이는 전투시 단발, 연발사격을
> 자유자재로 실시하며 안전사고를 예방하는 기본적 요소이다.

□ 안전장치를 하는 습성이 중요하다.
 - 월남전 참전시 합동근무하던 미군들은 소총에 안전장치를 하
   였다가 사격시에는 안전장치를 풀고 사격하고 사격중지시는
   반드시 안전장치를 하는 것을 보고 우리 병사들과 비교하게 되
   었다. 일부 우리 병사들은 안전장치를 제대로 하지 않아 사고
   를 내는 경우가 종종 있었다.
 - 월남군 작전견학차 소대장 수명이 참가하였는데 공격개시선에
   서 잠시 대기중 한국군 소대장 1명이 오발하는 것을 보았을 때
   부끄러움을 금치 못했다.
 - 연대장 시절 사격장에 나가보니 어떤 병사가 안전장치를 하고 사
   선에 올라선 다음 사격이 시작되었는 데도 안전장치를 푸는 훈련
   이 되지 않아 총을 이리저리 굴리고서야 겨우 안전장치를 푸는 것
   을 보았다. 위험하기도 하고 훈련이 제대로 되지 않았음을 느꼈다.
 - 육군참모총장을 하시던 분이 작고하시어 국군묘지에 안장하게 되
   었다. 안장식이 시작되고 조총을 발사하기 전 조총병이 실수로 오
   발을 하는 것이 아닌가. 이는 안전장치를 하지 않아 무의식중에 방
   아쇠를 당긴 결과 오발을 한 것이다. 참모책임을 진 나는 의장대장
   에게 조총병을 나무라기보다 조정간 조작을 제대로 시키지 못한
   간부자체가 문제가 있으므로 반성해야 된다고 주의를 주었다.
□ 조정간 훈련을 강화하여 마음먹은 대로 사용할 수 있도록 하자.
   조정간은 합리적으로 만들어져 있으므로 훈련을 통하여 쉽게
   조작할 수 있다. 조정간을 안전위치에 놓고 오른손으로 손잡이
   를 잡으면 엄지손가락으로 조정간을 조정할 수 있게 된다. 구태
   여 왼손을 쓸 필요없이 엄지손가락으로 조정간을 밑으로 누르
   면 단발사격위치에 오는 것이다. 간부부터 실제로 실습하여 익
   숙해지면 병사들에게 훈련시키도록 하자.

> 단발, 2-3발, 연발사격을 자유자재로 할 수 있는 경지에 이르
> 도록 훈련시키자.

☐ 각국의 소총은 단발 및 연발사격을 하도록 설계되어 있다. 과거
의 소총은 단발로 사격토록 설계되어 있어 원거리 사격은 유리하
였으나 돌격단계의 근접전투시는 조준사격보다는 지향사격으로
연발로 사격하는 것이 유리하였으므로 연발로 사격할 수 있는 기
관단총을 사용하게 되었다. 그후 단발소총 및 기관단총은 구경과
부품이 다르므로 두 소총을 결합하는 소총이 필요하여 연발 및
단발로 사격할 수 있는 소총이 개발되어 현재에 이르고 있다.

☐ 단발사격은 원거리, 연발사격은 근거리에서 실시하도록 되어
있으나 우리는 단발사격만 훈련하고 있다.
현재 우리가 채택하고 있는 소총은 원거리에서는 단발로, 근거
리에서는 조준 또는 지향사격으로 연발로 사격하여 대량의 화
력을 집중하는 개념을 갖고 있다. 그러나 우리의 훈련실태를 보
면 단발로만 사격토록 되어 있어 소총의 기능을 충분히 살릴 수
없을 뿐만 아니라 소총에 대한 자신감도 감소되는 실정에 있다.

☐ 2-3발 또는 연발사격을 자유자재로 할 수 있도록 훈련하자.
  - 본인이 OAC에 입교시 월남전의 교훈을 고려하여 근접 전투사격
    훈련을 실시하는 과목이 있었다. 피교육생과 조교가 한조가 되어
    피교육생은 칼빈M2를 갖고 전진하다가 조교가 끈으로 연결된 표
    적을 잡아당기면 10-20m이내의 표적이 나타나게 되며 피교육생
    은 표적을 식별하고 칼빈M2를 연발로 지향사격을 하여 제압하는
    훈련이었다. 이 훈련을 실시하고 나니 근접전투에 자신감을 가질
    수 있었을 뿐 아니라 소총사격에도 자신을 가질 수 있었다.
  - 본인이 연대장 시절 신병이 전입해오면 사격장에 나가 연발로
    사격훈련을 하도록 계획하여 신병들이 소총사격에 대한 자신
    감을 갖도록 한 바 있었다.
  - 단발로 사격성적을 올리는 것도 중요하나 소총의 기능을 살린
    연발사격도 실시하여야만 소총사격에 자신감을 가질 수 있다
    는 것을 알아야 한다.

우리군의 개인 및 부대 소총 명중률 목표는 자동화 사격장에서 70%의 명중률을 달성하는 것이다. 이것만 가지고 훌륭한 사수, 훌륭한 전투력을 갖는 부대가 될 수 없다. 그러나 기초 훈련으로는 적절하므로 잘 활용해야 한다.

□ 자동화 사격장 구조의 이해

자동화 사격장은 공격 및 방어사격 훈련을 위해 미군에 의해 발전된 것을 우리군이 적용한 것이다.

– 초기의 사격장

초기에는 현지 지형을 그대로 이용하여 표적은 은폐된 곳에 설치하여 잘 발견되지 않아 적이 은폐된 것과 같은 효과를 나타내도록 하였으며, 사선도 만들지 않고 공격 사격시는 이동하면서 각개병사가 목표를 확인하고 거리를 측정하여 사격하였으며 방어 사격시는 입사호에서 사격을 실시하였다. 따라서 표적을 발견하고 사거리 측정을 하는 것이 어려워서 표적탐지 훈련과 사거리 측정훈련을 병행하여 실시하였다. 또한 공격사격시 원거리에서는 엎드려쏴, 무릎쏴, 앉아쏴 자세를 취하였고 100m 이내에서는 서서쏴 자세로 사격하는 등 실전에 가까운 사격을 실시하였다.

– 변질된 사격장

그후 어느 때인가 안전을 고려하여 사선을 만들었고 표적도 자동표적으로 만들었을 뿐 아니라 상급부대 측정이 계속되고 사격 성적이 부각됨에 따라, 각 부대마다 사격장을 평탄하게 만들었고 표적을 잘보이는 곳에 규칙적으로 설치하였으며, 사격 자세도 엎드려쏴 자세만으로 사격하는 등 변칙적인 방법이 동원됨에 따라 초기의 실전감 있는 사격장과는 달리 사격성적을 향상하기 위한 사격장으로 변질된 것이다. 본인이 사단 작전처 보좌관 시절 사단 자동화 사격장은 초기 단계의 사격장과 비슷하였으므로 사격성적이 오르지 않았다. 군 검열시 타 부대보다도 사격성적이 떨어지자 사단장의 지시로 불도우저를 동원하여 사격장을 평탄하게 만들었을 뿐 아니라 표적도 쉽게 볼 수 있도록 조정한 바 있다. 결국 전투시 전투력 발휘보다는 검열시 사격성적에 우선을 두는 결과가 된 것이다.

□ 자동화 사격장의 활용

- 사격전 세밀한 계획을 세워 질서정연한 사격훈련을 해야 한다.
  사격장에 나가보면 사격을 끝낸 병사들이나 대기중인 병사들이
  무질서하게 움직이는 것을 볼 수 있다. 이는 사격전 계획이 부
  실한 데 원인이 있는 것이다. 사전계획을 철저히 하여 전 인원
  이 사격이 끝날 때까지 부족한 부분을 숙달시키도록 면밀한 계
  획을 수립토록 하여야 한다.
  사격 대기 병력에 대해서는 사격요령에 중점을 두어 전진무의
  탁 자세, 입사호 자세를 훈련시키면서 0점에 의심이 있는 병사
  는 0점 사격을 실시하고 조정간 조정훈련, 탄창 삽입요령, 탄창
  에 실탄을 삽탄하는 요령 등을 훈련시킨다. 사격이 끝난 병사중
  불합격자는 영점사격, 전진무의탁, 입사호 자세에 대한 훈련을
  실시하여 재 사격에 대비한다. 합격된 병사는 병기손질, 눈감고
  분해결합, 탄창교환 등 부족한 훈련을 보충하도록 계획하여 질
  서있는 훈련이 되도록 하여야 한다.
- 사선에 올라갈 때는 분대 단위로 분대장 지휘하에 사격하고 경
  쟁하는 습관을 들이도록 하자.
  사격장에 가보면 분대 건제는 무시하고 일괄적으로 사선에 맞추
  어 몇 명 단위로 올라가서 통제관 구령에 의해 사격하고 있다. 신
  병 훈련이라면 몰라도 건제 유지가 필요한 부대에서 건제를 무시
  하는 행동을 한다는 것은 잘못된 것이다. 시간이 더 소요되더라
  도 분대 건제를 유지하고 분대장 지휘하에 사격한다면 분대 지휘
  에도 도움이 되고 사격목표도 달성할 수 있을 것이다. 건제 유지
  가 곤란한 때에도 반드시 지휘자를 임명하여 사격에 임하는 것이
  좋으며 분대단위 성적 경쟁을 하여 포상한다면 더욱 효과적이다.
- 사선의 조교는 안전사고를 방지하기 위한 통제만을 담당하여
  야 한다. 사격시 통상 사선조교가 불필요한 간섭을 하고 있다.
  심할 경우 사수의 고장 배제도 사선조교가 하는 경우를 종종 볼
  수 있다. 이는 잘못된 것이다. 모든 문제는 사수가 해결하도록
  하여야 하며 고장으로 사격을 못해도 사수의 책임으로 본인에
  게 큰 교훈이 되는 것이다. 쓸데없는 간섭을 하여서는 안 된다.

- 전진 무의탁과 입사호 사격의 구분을 정확히 교육시키고 사격
  자세를 다양화해야 한다. 사격장에서 전진무의탁 자세로 사격
  하는 것은 공격하는 요령을 가상하여 이동하면서 사격하는 자
  세이고 입사호 사격은 방어사격을 고려한 사격이다. 그러나 대
  부분 설명없이 통제관 구령에 따라 전진무의탁 또는 입사호 사
  격을 함으로써 병사들은 어떤 의미가 있는지도 모르고 따르는
  것이다. 그러므로 그 이유를 설명하여야만 목적의식을 갖고 사
  격함으로써 성과를 거두는 것이다.
- 전진무의탁 사격이란 공격을 가상하여 이동하다가 표적을 발
  견하면 사격자세를 취하고 사격하는 요령이다. 따라서 사격전
  5보 이상을 이동하게 되어 있으면 이동하다가 사격을 해야 되
  며 100m에서는 서서쏴, 200m에서는 앉아쏴, 또는 무릎쏴,
  250m에서는 엎드려쏴 등 다양한 자세로 사격토록 하여야 한
  다. 사격 점수를 높이기 위하여 그 자리에서 사격한다던가 엎드
  려쏴 자세만을 실시하는 것은 잘못된 훈련을 반복하는 것이다.
- 입사호사격은 방어시 개인호에서 사격하는 동작이다. 사격자세를
  취할시 오른손잡이는 오른쪽, 왼손잡이는 왼쪽 모서리를 이용하
  며 사격자세를 취할시 양팔굽이 지면에 놓이도록 하는 것이 좋다.
- 사격후에는 반드시 안전검사를 실시해야 한다. 사격후 안전을
  위하여 안전검사를 실시하나 대부분 "노리쇠 후퇴전진, 격발"
  이라는 구령으로 그치고 만다. 반드시 약실을 들여다보고 이상
  유무를 확인토록 하자.
- 사격술 예비훈련은 사선에서와 같은 요령으로 훈련하자.
  대부분의 사격장에 원형훈련장이 있어 신병처럼 지루한 자세연
  습을 하고 있는 실정이다. 어떤 의미가 있는 것인가. 오히려 지
  루한 느낌만 병사들에게 주는 것이다. 사선에서와 같이 이동하
  면서 각종 자세를 연습하는 훈련을 하자.

> 전투시 소총이 잘 안맞는 이유는 평소 전장환경을 고려하지 않는 훈련 때문이다.

☐ 연구에 의하면 적 1명을 살상하는 데 5만여발의 실탄이 소모되었다. 과거의 소총은 단발 또는 반자동으로 사격하는 데 비하여 현대의 소총은 자동으로 사격할 수 있기 때문에 실탄의 소모율은 더욱 증가될 것이다. 이와 같이 소총의 명중률이 저하되는 이유는

– 첫째, 전장에서의 공포 때문이다. "6 · 25 당시 훈련되지 않은 신병들이 처음 전투에 임하면 공포로 산병호에 몸을 감추고 공중에다 사격하는가 하면 전연 사격을 하지 못하는 병사도 많았다. 그래도 공중에라도 사격하면 많은 도움이 되었다"라고 참전한 어느 장교가 말한 바 있다. 이와 같이 전투시는 적의 각종 화기에 의한 사격, 포격 등으로 생명의 위협을 느껴 정확한 사격을 하지 못하게 된다.

– 둘째, 피로로 인하여 명중률이 저하된다.
사격장에는 제자리에서 사격하므로 피로를 느끼지 못하나 계속되는 행군, 수면부족, 급격한 활동 등으로 피로가 극에 달해 정확한 조준이 어렵기 때문이다.

– 셋째, 표적발견이 어렵기 때문이다. 불량한 시도조건, 험한 지형, 무성한 수목, 위장 등으로 표적발견이 어려울 뿐 아니라 표적의 거리 측정이 정확하지 않아 정확한 사격이 곤란하다.

– 넷째, 지형요철로 인하여 정확한 자세를 취하기 어렵기 때문이다. 한국의 지형은 산악지형으로 공격시는 표적을 올려다보며 사격을 해야하고 방어시는 밑으로 사격을 해야 하므로 정확한 자세를 취할 수 없어 명중률이 저하된다.

☐ 이와 같이 명중률이 저하되는 원인을 고려하지 않는 훈련을 시켜서는 전투력 향상을 기대할 수 없다. 우리가 평소 자동화 사격장에서 70%의 명중률을 갖게 되면 우수한 전투력을 가진 부대로 평가되고 있으나 그것만 가지고는 우수한 전투력을 가진 부대라 할 수 없고 전장환경을 고려한 사격훈련을 시켜야 전투력 향상을 기대할 수 있을 것이다.

> 정신력을 강조하기보다 최초부터 개인의 특성을 고려하여 잘
> 지도해야 훌륭한 사수가 될 수 있다.

□ 대대장 시절 자동화 사격장에 나가보니 중대장이 몽둥이를 들고 불합격하면 몇대씩 궁둥이를 때리고 있었다. 이유인즉 정신상태가 나쁘면 명중시킬 수 없기 때문에 꼭 명중시키겠다는 의지를 심어주기 위하여 그와 같은 행동을 한다는 것이었다. 어이없는 일이었다. 기본적으로 어떻게 사격하는지 모르는 병사에게 몽둥이로 다스린다고 사격성적이 오르는 것이 아니다.

□ 신병이 전입하면 제일 먼저 사격훈련을 실시하여 사격에 자신감을 갖도록 하자.

대대장 시절 신병이 전입하면 중대별로 병기를 지급한 후 사격지도 하사관을 임명하여 집체훈련을 실시, 신병들이 사격에 자신감을 갖도록 하여 중대 사격명중률 향상에 크게 기여한 바 있다.

□ 분대장급 이상 간부에 대한 집체훈련도 실시해 보자.

과거에는 부대 대항 사격대회가 있어 선발된 선수들은 상당기간 집체훈련을 실시하고 사격대회에서 돌아오면 일류 선수가 되어 사격지도가 가능하였다. 이와 같은 맥락에서 간부들에 대한 집체교육은 간부 자신들의 사격 능력 향상뿐 아니라 부하를 지도할 수 있는 요령을 터득하는 계기가 될 것이다.

□ 사격 저조자에 대해서는 1대 1로 지도하자.

사격을 잘못하는 병사도 적절한 지도를 한다면 훌륭한 사수가 될 것이다. 통상 사격장에 나와서야 요란스럽고 귀대하면 사격을 잊어버리게 된다. 이와 같은 훈련으로 사격 성과를 기대할 수 없다. 사격은 꾸준한 훈련을 통해서만 성과가 생김으로 사격이 저조한 자에 대해서는 과외 시간에 분대장이 책임을 지고 사격훈련을 실시하여 합격토록 계속적인 관심과 지도를 하는 것도 좋은 방법이다.

> 비무장지대 매복, 수색정찰, 철책선경계 등을 수행하는 부대는 주기적인 사격훈련을 하여야 사격감각을 유지할 뿐 아니라 적을 보면 즉각 사격하는 적극적인 정신자세가 생기고 소총의 고장유무를 확인할 수 있다.

□ 월남전에 참전시 소총의 고장을 모르고 작전에 참가

1967년초 어느날 소대가 지시된 장소에서 야간 매복중 이동명령을 받고 지형의 확인, 병사들의 두려움을 감소시키기 위하여 본인이 직접 선두에 서서 언제든지 적이 나타나면 사격할 수 있도록 칼빈소총을 움켜잡고 무사히 이동을 완료하였다. 작전이 끝난 후 사격연습을 한 결과 연발이 되지 않는 것을 확인하고 만일 그때 야간이동중 적과 조우했다면 어떻게 되었을까 생각하니 아찔하였다. 이후 작전 출동 직전 반드시 사격을 하는 습관을 들이도록 하였다.

□ GOP중대장 근무시 주1회 이상 야간경계에 투입전 사격훈련을 실시하였다.

1968년 월남에서 귀국하자마자 25사단에서 GOP중대장으로 근무하게 되었다. 그 당시는 지금처럼 철책이 아니라 나무로 된 울타리, 즉 목책으로써 중대는 목책을 연하여 1일 절반의 병력이 박모에 배치되면 그 이튿날 여명에 철수하는 매복형태의 경계근무였다. 또한 수시로 무장공비가 침투하기 때문에 사격술은 물론 적을 보면 즉각 사격하는 의지가 절대적이므로 중대본부 근처에 경계근무 지역과 유사하게 목책을 만들어 E표적을 세우고 경계호에서 야간사격 요령으로 8발씩 사격하였다. 이와 같이 사격훈련을 통하여 사격술 향상은 물론 야간목책선 전방에서 움직이는 물체는 적극적으로 사격하는 마음을 갖게 되어 2회에 걸쳐 침투하는 무장공비를 사살한 바 있다.

> 첨병, 수색 활동 등 적과 불의에 교전하거나 돌격시는 즉각 다량의 사격으로 기선을 제압하여야 하며 이를 위하여 지향사격 훈련이 강화되어야 한다.

□ 불의에 적과 조우시는 지향사격으로 기선을 제압하여야 한다.
월남전에서 전투란 대부분 수색작전 중 불의에 적을 발견하거나 적으로부터 사격을 받으면서 전투가 벌어지는 형태였다. 따라서 사격훈련은 조준사격 훈련보다는 사격할 수 있는 자세로 전진하다가 적과 조우하거나 적의 사격을 받을 때를 상정하여 즉각 지향사격으로 제압하는 훈련에 중점을 둔 바 있었다.
이는 수색정찰중 적의 사격을 받았을 때 한번 기가 꺾이면 납작 엎드려 한발도 사격하지 못하므로 먼저 적이 있는 방향에다 일제사격을 하여 적의 기세를 제압하고 아군의 사기를 높이는 역할을 하기 때문이다.

□ GOP에서 중대장 근무시 중대원에게 DMZ 수색중 적 발견시는 즉각 지향사격으로 화력을 집중하도록 강조한 바, 그후 GP에서 부근을 수색중 첨병이 매복중인 적을 발견하고 즉각 MI소총으로 지향사격을 하여 1명을 사살하였다. 중대장을 끝내고 OAC에서 실습한 연발지향 사격훈련은 지향사격의 중요성과 더불어 진작부터 이와 같은 사격술이 군에 전파되었다면 월남전이나 전방에서 더 큰 효과를 볼 수 있었을 것이라는 아쉬움을 갖게 하였다. 학교기관에서 지금도 그와 같은 사격 훈련이 계속되고 있는지 궁금하며 야전 부대에서 적용하면 큰 성과를 얻을 수 있다고 확신한다.

전투에서 즉각 적용할 수 있는 사격술을 연마하기 위해서는 어떻게 할 것인가. 자동화 사격장에 만족할 것인가, 한단계 높은 실전적 전투사격 훈련을 위하여 더 연구하고 발전시킬 것인가는 여러분의 몫이다.

1. 본인이 연대장시 채택한 전투사격 훈련

☐ 실전적 전투사격의 필요성

본인이 전방에서 지휘관, 월남전 참전 등을 통한 경험으로 볼 때 현재 적용하고 있는 각종 소총 사격 훈련은 전투시와 비교할 때 연관성이 부족하여 즉각 활용할 수 없다고 생각했다. 그 이유는 한국은 대부분이 산악지형으로 공,방을 막론하고 고지에서 이루어지므로 공격시는 상향사격, 방어시는 하향사격이 되나 우리는 평지에서만 훈련하므로 지형에 맞는 훈련을 하지 못하고 있고 공격, 방어 사격훈련이 구분되지 않아 실전요령을 체득할 수 없으며 사격 성적 때문에 실전적 전투사격을 하지 않는다는 것이다. 따라서 본인은 사격 성적보다는 실전적 훈련이 중요하다고 생각하고 우선 공격 전투사격을 실시한 결과 큰 성과를 거두었다고 생각하기에 여기에 소개한다.

☐ 소대 공격 사격장 선정 및 사격 훈련 요령

– 사격장 선정

* 사단 공용화기 사격장이 요도와 같이 되어 있어 공격 사격을 할 수 있고 지역 후방은 높은 산으로 피탄지가 되어 안전에 유리하였다.

* A지점을 LD로 하고 B지점을 목표로 하여 B지점에는 적 방어를 묘사하여 교통호를 만들고 적병의 노출을 고려하여 F표적을 1개 분대 규모로 설치하고 쌍표적으로 적 기관총을 묘사하였다.

- 공격 전투사격 요령

* 훈련 부대는 소대 단위로 하고 A지점에 기관총을 거치하고 기관총 초과 사격하에 LD를 통과하여 전진하다가 표적이 유효 사정내에 들어오면 사격과 기동으로 접근하고 돌격선에서는 돌격 사격을 하면서 목표를 점령하도록 하였다.

□ 공격 전투사격 결과

- 풀이 무성하여 엎드려쏴 자세를 취하면 표적이 보이지 않음으로 다양한 자세 훈련이 필요하였음으로 자동화 사격시에도 다양한 사격 자세로 사격해야 한다.

- 공격대형을 적절히 맞추지 않거나 표적을 정확히 보고 사격하지 않으면 아군에게 피해를 줄 우려가 있어 전진하는 것을 주저하였다.

- 돌격시 사격은 한번도 해본 일이 없어 매우 어려웠으며 역시 아군이 피해를 보지 않도록 주의가 요망되었다.

- 사격 성적은 돌격시 가까운 거리에서 시작하였어도 명중률이 10% 미만으로 자동화 사격장의 70% 명중률의 의미를 되새기게 되었다.

- 사고를 방지하고 훈련 성과를 거두기 위해서는 충분히 예행연습을 해야만 했다.

- 이와 같은 최초 사격훈련 결과를 보고 받고 훈련 목적을 충분히 달성했으므로 연대 전 소총소대도 훈련을 실시하였고, 이후 본인이 사단장시는 사격장에서 분대도 공격 전투 사격을 실시하여 나름대로 성과를 거두었다고 자부하고 있다.

2. 전투부대 사격장은 실지형을 고려하여 공격, 방어 사격장을 구분하여 만드는 것이 바람직하다.

□ 전투부대 사격장은 고지에 설치하여야 한다.
현재 대부분의 사격장이 평탄한 곳에 설치되어 있으나 이는 기초 훈련에 사용하는 사격장이지 전투부대에 적용할 수 있는 사격장이 아니다. 한국은 대부분이 산악으로 고지 전투가 주가 되므로 공격시는 밑에서 위로 상향사격이 되고 방어시는 반대로 하향사격이 된다. 따라서 이와 같은 상황을 고려하여 고지를 이용한 사격장을 만드는 것이 바람직하다.

□ 공격사격 훈련장
- 사격장 설치
상향사격이 가능한 고지를 선택하는 것이 좋으나 구하기 어려우면 각종 사격장의 피탄지 지역의 고지를 목표로 하면 인위적인 공사없이 표적을 세우면 사격장이 될 수 있다.
- 표적의 설치
목표 지점에 교통호를 만들고 적의 방어전술을 고려하여 수개의 F표적을 교통호 위에 세운다. F표적을 사용하는 이유는 적이 방어시 호에서 사격 자세를 취하면 머리 정도만 보이기 때문이다.

- 주간 공격사격 요령

  주간 공격사격 훈련은 전진하면서 사수 자신이 거리를 측정하고 표적을 발견하여 사격한다.

- 주간 공격사격 훈련
  - 통제가 용이하도록 1개분대 (9명) 이하로 편성한다.
  - 사수 1명당 조수 1명을 배치한다.
  - 최초 비사격 훈련으로 숙달시킨다.

```
ᒫᒣᒫᒣᒫᒣᒫᒣ   표적
—  —  —  —  —   100m

—  —  —  —  —   150m

—  —  —  —  —   200m
—  —  —  —  —   250m
————————————   출발선
```

사수는 앞에총 자세에서 전진하다가 사전에 설정해둔 지점에 도착하면 조수의 "사격" 구령이 내리면 사수는 즉각 사격 자세를 취하고 표적을 확인하고 거리를 측정한 다음 조준하여 사격한다. 사격이 끝나면 사수는 일어서서 전진하고 다음 사격은 위와 같은 방법을 반복한다. 표적과 100m선 근처에 이르면 조교의 "돌격" 구령하에 돌격하면서 서서쏴 또는 지향사격으로 사격한다. 30m 이내에 이르면 사격을 중단한다.

- 실탄 사격은 비사격 훈련과 마찬가지로 실시하되 사고 방지를 위하여 지정된 사격선 근처에서 사격하도록 하고 통제를 철저히 한다.

□ 방어사격 훈련장
– 사격장 설치
 방어사격 훈련장도 가능하면 방어진지를 이용하고 장소가 부적
 합하면 유사 장소를 선정하여 하향 사격이 가능하도록 만든다.
 표적은 300-100m 사이에 적의 공격전술을 고려하여 E, F표적
 을 설치한다.

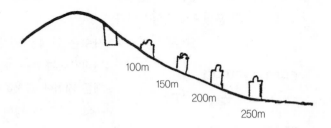

– 표적 설치
 표적은 자동 표적기를 사용하는 것이 좋으나 없을 때는 호를 파
 서 감적호를 만들고 감적수가 들어가서 호마다 설치된 전화기
 를 이용하여 통제관 통제에 따라 표적을 올리고 내린다. 그것도
 곤란하면 표적을 꽂아놓고 통제에 의해 사격한다.

– 주간 방어사격 훈련
 주간 방어사격 훈련은 자동화 사격장에서 입사호 사격과 같은
 요령으로 하되 자동 표적기를 사용할 때는 불규칙적으로 올려
 사수 자신이 거리를 판단하고 사격한다. 표적을 꽂아놓고 사격
 시는 표적의 번호를 통제관이 지시하여 사격한다.

> 6·25 당시 중공군과 북한군의 야간 위주의 작전으로 한국군은 고전하였으며 미래에도 야간 작전의 중요성은 계속될 것이다. 이와 같은 교훈에도 불구하고 야간사격 교리는 발전되지 않고 있고 사격도 부실하니 문제이다. 지속적인 발전과 연구가 이루어져야 한다.

1. 야간사격에 대한 회고

□ 야간사격은 1/4 월광이하에서 35m-75m 거리에 표적을 세워 사격하는 교리는 본인이 1962년 OBC에서 교육 받을시도 적용된 교리이며 약간 상경사 평탄한 지형에서 엎드려쏴 자세로 사격한 것이 지금도 기억에 남아 있다.

□ 그후 월남전, 전방에서 중대장 시절에는 각부대에서 필요에 따라 훈련하였다.

□ 대대장시는 교육 훈련이 구체화되어 야간사격이 강조되었으나 전투부대의 사격장은 본인의 OBC때와 마찬가지로 평탄한 지형을 택하여 만들어 훈련하였으니 전투력 향상에 크게 기여하지는 못했다. 그후 약간 진일보하여 방어진지 또는 유사한 지형을 택하여 하향사격을 하도록 강조되었으나 사격성적을 앞세우는 상급부대 측정 때문에 실제로 그와 같은 훈련을 하는 부대는 드물었다.

□ 또한 야간사격하면 방어사격 위주의 훈련을 실시하였고 야간 공격사격에 대해서는 교범에도 없고 사고의 위험성 때문에 관심을 두지도 않았다. 결국 우리군의 야간 사격훈련은 중요성에 비해 등한히 하고 있으나 전투력을 향상시키는 중요 요소라는 것을 명심하여 사격훈련을 강화해야 한다.

2. 야간 방어사격 훈련은 방어진지 또는 유사한 지형을 택하여 실시하여
   야 하며 사격 명중률에 얽매이지 말아야 한다.

□ 하향사격이 가능한 지역을 선택하여 만들어야 한다.
   교범에 제시된 평탄한 곳에 설치된 야간 사격장은 신병들을 위
   한 기초 사격 훈련장이다. 한국은 대부분 산악으로 경사가 급하
   며 차이는 있으나 급경사에서 하향으로 사격하게 되므로 야간
   에 명중시키는 것은 더욱 어렵다. 그러므로 전투부대는 현 방어
   지역을 선정하여 야간 사격장으로 이용하거나 불가능하면 유사
   지형에 사격장을 만들고 35-75m에 표적을 세워놓고 호에서
   지향사격 훈련을 실시하여 야간 목표식별과 사격 요령을 체득
   시켜야 한다. 이와 같은 훈련을 하면 사격 성적은 떨어지나 진
   정한 전투 훈련이 된다.

□ 야간사격은 왜 단발로만 사격하는가? 2-3발 연발사격도 필요
   하다.
   과거에 M1소총을 사용할 때는 적의 행동과 거리에 관계없이 단
   발사격을 하였으나 연발 및 단발 사격이 가능한 K-2소총으로
   장비하고 있으므로 K-2 소총의 특성을 살려 적이 돌격시는 2-
   3발로 사격을 해야 한다고 생각한다. 즉 적이 야간에 50m이내
   에 들어오면 돌격하는 것으로 볼 수 있으므로 연발사격으로 제
   압하여야 하며, 야간사격훈련도 50m이내 표적에 대해서는 2-
   3발로 사격하는 훈련을 해야 K-2소총의 특성을 살리는 길이라
   생각되므로 발전적 연구가 필요하다.

□ 지가에 의한 야간사격 훈련도 병행하자

- 월광도 없고 안개가 끼거나 비가 오는 야간에는 한치 앞을 내
  다볼 수 없을 때가 있다. 이와 같을 때는 어떻게 사격을 할 것인
  가. 볼 수는 없으나 들을 수는 있으므로 지향사격을 하거나 지
  가에 의하여 사격할 수밖에 없다.

- 전방 방어진지 개인호를 보면 지가라고 설치한 것이 가느다란
  나뭇가지로 만들어 손만 대도 흔들리거나 튼튼하게 만들어도
  엉뚱한 방향으로 향하고 있고 지가를 이용하여 사격을 해본 일
  도 없으니 그 중요성을 알지도 못하고 만들라고 하니까 형식적
  으로 만든 것이 대부분이다. 그러기에 어느 최고위 지휘관이
  진지 순시시 지가가 무엇에 필요하냐 없애라 지시를 하였다는
  말을 듣고 그 지시가 틀렸다고 말할 분위기도 아닌 현실에 쓴
  웃음을 지은 일도 있다.

- 지가에 의해 사격하는 훈련 방법은 주간에 수개의 목표를 선정
  하여 조준하면서 자기 사격자세에 맞게 지가로 표시를 한 다음
  야간에 지가를 이용하여 사격하고 확인하는 훈련 방법인 것이
  다. 이와 같이 훈련하면 지가의 중요성을 알고 실효성 있는 지
  가를 만들어 사용하게 될 것이다.

□ 야간이라 할지라도 조준사격을 하는 것이 좋다. 그러나 만월 상
　태하에서도 조준선 정렬이 어려우므로 훈련이 필요한 것이다.
－ 1950년 12월 27일, 미해병 F중대가 덕동 고개의 전면 방어진
　지를 점령했을시는 하늘은 맑고 달빛은 밝게 비쳤다. 02시경
　중공군이 공격해 왔을 때 호속에서 대기하던 카페라타 일등병
　은 호에서 우뚝 서서 소총으로 침착하게 조준 사격을 하였고
　카페라타는 그날 20명을 죽인 공적으로 명예훈장을 받았다.
－ 훈련이 잘되면 미해병 병사와 같이 야간이라도 조준사격을 할
　수 있다. 그러나 우리는 반월 이상인 상태에서 훈련한 일이 없
　다. 반월 이상의 상태하에서도 야간사격 훈련을 실시하여 말보
　다 행동으로 느끼도록 훈련해야 할 것이다.

□ 야간 조명하에 사격하는 훈련도 시도해 보자.
－ 우리 포병이 쏘아올린 조명탄이 281고지 전면을 대낮처럼 밝혀
　놓았다. 전방을 보니 3, 4백명쯤 되는 중공군이 정면으로 달려
　드는 모습이 드러났다. 적을 저지하기 위한 탄막 사격과 동시
　에 우리 보병들의 소총과 기관총 사격도 적의 공격대형에 집중
　되었다. (철의 삼각지)
－ 월남전에 참전해 보니 야간에 조명을 이용한 야간사격이 매우
　중요함을 깨달았다. 귀국하여 GOP에서 중대장으로 근무할 때
　조명탄 활용에 관심을 기울여 상황 발생시 즉각 조명하도록 한
　결과 무장 공비와 접적시 큰 도움을 받았다.
－ 그후 본인은 박격포 조명하에 야간사격을 실시하려 했으나 적
　극성이 부족하여 실시하지 못하고 말았다 지금도 아쉬움이 있
　으며 간부들이라도 훈련을 실시하는 노력이 필요하다고 생각
　한다.

3. 공격시 사격은 어떠한 요령으로 하며 어떻게 훈련시킬 것인가를 연구해 보자.

가. 본인의 야간사격 훈련 경험

본인이 OBC에서 교육받을 시 소대 야간공격 훈련과 병행하여 실탄사격을 실시하였다. 피교육자는 야간 행동으로 공격 개시선을 통과하여 예상 전개선에서 횡으로 전개한 다음 일제히 8발의 예광탄을 가상 적진에 사격하고 돌격하는 훈련이었다. 물론 안전에 유의하여 예상 전개선에 도달했을 때 횡으로 전개하는 것을 일일이 확인하고 8발의 예광탄을 지급한 다음 장전하고 교관의 구령에 의하여 사격을 실시한 후 비사격으로 돌격을 실시하였다. 또한 야간 공격시는 전부 예광탄을 사용해야 적을 압도할 수 있다는 6 · 25 경험담도 들은 바 있다.

나. 야간 공격사격 훈련도 발전시키자.
- 본인은 그후 야간 공격사격 훈련을 시킨 일도 없으며 훈련 과목에 들어있는 것도 본일이 없다. 결국 6 · 25 전투 경험자들이 살아짐에 따라 귀중한 훈련도 안전사고라는 측면 때문에 사장되고 훈련은 형식에 흐르고 만 것이다. 정말 어떠한 훈련이 전투력을 극대화하는 데 필요한 것인가를 다시 한번 생각하자.
- 야간 공격사격 훈련도 과감하게 실시하자.
처음에는 기지거리 사격장을 이용하여 충분하게 예행연습을 실시한 다음 사격하고 숙달되면 고지를 선택하여 야간 공격사격 훈련을 하는 방법을 택하면 된다.

제8장
수 류 탄

수류탄은 개인이 휴대하고 있는 곡사 화기이다.
특히 한국과 같은 산악에서는 수류탄의 위력이
극대화된다.

수류탄은 사용 용도에 따라 공격용, 살상용, 연막용, 신호용, 조명용 등으로 구분할 수 있다.

□ 공격용 수류탄

〈MK3A2〉

– 공격시 벙커, 동굴과 같이 밀폐된 곳에서는 파편보다는 폭풍의 효과가 더욱 크기 때문에 폭약을 많이 넣은 수류탄을 만들었으나 전투시 구분하여 사용하기 어렵고 개방된 곳에서는 거의 효과가 없어 사용하지 않는다.

□ 살상용(세열) 수류탄

노출된 적에게는 파편효과가 크기 때문에 파편이 많이 발생하는 수류탄을 만들었으며 살상용 수류탄의 대부분을 차지하고 있다.

〈M2계열〉 〈M26〉 〈M75〉 〈봉형〉

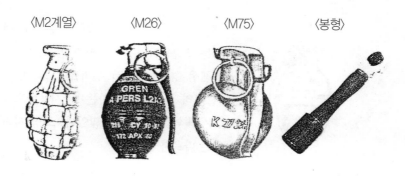

□ 백린 연막 수류탄

- 백린이 공기에 노출되면 타기 시작하고 완전히 타야 꺼지게 된다. 이와 같은 성질을 이용하여 소이, 동굴에 사용하여 화상, 연기 등에 의한 질식 효과, 연막용으로 사용한다.
- 본인도 한국에서는 보지 못했고 월남전에서 사용해본 일이 있다. 이 수류탄은 살상용이므로 백색 신호용과 혼동하지 않도록 해야 한다.

□ 신호용 수류탄

- 백, 청, 자, 적, 녹색 등 다양한 연막을 만들어 신호용으로 사용하며 폭발하지 않으므로 바로 옆에 터뜨려도 피해가 없다.
- 월남전에서 주로 헬기 유도시 아군위치를 표시하는 데 사용하였으며 한국에서도 사용하고 있다.

□ 조명용 수류탄

- 야간에 적을 확인하기 위하여 손으로 던지는 조명용이며 35-50초간 연소한다.
- 철책선 경계, 매복시 부비트랩으로 만들어 적의 접근을 경고하는 데 사용했으나 습기에 약하여 불발이 많았다. 조명 지뢰와는 다르다.

> 파편형 수류탄은 개인이 휴대하고 있는 곡사포로 1,000개 이상의 파편이 생기며 유효 살상범위는 10-20m이다.

☐ 1,000개 이상의 파편이 생긴다.

– 격자무늬가 새겨진 수류탄

이 수류탄은 2차대전까지 사용하였으며 격자무늬대로 파편이 생기도록 만들었으나 생각대로 갈라지지 않고 불규칙하게 생기며 200m 이상 날아가 던지는 자도 피해를 입을 수 있었다.

– 코일 또는 쇠 구슬을 넣은 수류탄

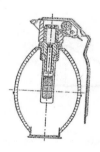

※ 연구결과 파편의 가장 이상적인 무게는 1.13g으로 이 무게라면 적을 살상할 수 있는 크기이고 너무 멀리 날아가지 않아 던지는 자도 안전하게 되었다. 파편을 1.13g으로 만드는 방법은 폭약 주위에 일정한 홈을 낸 코일을 감고 얇은 철판을 씌운 것으로 1,000여개의 파편을 만들며 현재 한국군이 사용하는 M26, M75 계열의 수류탄이 그것이다.

※ 쇠구슬을 넣은 수류탄

최근에는 코일대신 쇠구슬을 넣어 만든 수류탄도 있으며 북한제 수류탄 일부, 독일제 DM 수류탄 등이 그것이다. 독일제 수류탄은 6,000여개의 쇠구슬이 들어 있다.

□ 유효 살상범위는 10-20m로 위력이 강하다.
  – 적 공격시 개인간격 5m로 가정할 때 1발로 최대 2-4명을 살
    상할 수 있다.

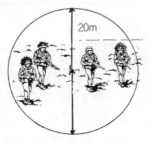

  – 파편은 1,000개 이상을 낼 수 있으나 상방향으로 날으는 것은
    절반인 최대 500개이며 파편으로 화망이 구성된다.

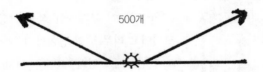

□ 집단으로 투척시 탄막을 형성한다.
  – 3발을 동시에 20m 간격으로 투척하면 이론상 가로 60m 세로
    20m의 탄막을 구성할 수 있다.

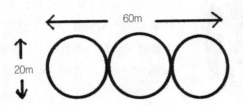

공,방전을 막론하고 근접전투에서 수류탄처럼 유효한 것은 없다. 그러나 수류탄이 유효하다지만 그 효과를 제대로 발휘하자면 투척 기술이 좋아야 멀리 던지고 명중시킬 수 있다. 그러나 흔히 사격술은 강조하지만 수류탄투척 기술을 중시하는 지휘관은 드물다.

□ 6 · 25 당시 아군은 수류탄전에서 완패하였다.

6 · 25 전쟁시 아군의 신병들은 훈련과정에서 투척방법만 잠시 교육을 받았지 수류탄을 던져본 일이 없기 때문에 안전핀을 뽑고 전후를 살피다가 부근에 떨어뜨려 아군에게 사상자를 내게 하고 심지어 수류탄의 안전핀을 뽑지도 않고 던지는 병사들도 있었다. 또한 신병들은 갑자기 수류탄을 던지느라고 팔을 너무 사용하여 전투가 끝나면 오른팔을 제대로 사용하지 못하였다. 이에 반하여 중공군은 중 · 일 전쟁시 일본군과 전투를 하면서 부족한 화력을 수류탄으로 대신하였기 때문에 수류탄 사용에 숙달되었으므로 한 손에 방망이 수류탄 3발을 쥐고 안전고리를 손가락으로 끼워 다발로 아군에게 던지곤 했는데 그 기술은 놀랄만한 것이었다. 그렇기 때문에 아군은 돌격선까지는 쉽게 도달하여도 막상 돌격시는 중공군의 수류탄 탄막으로 피해만 입고 돌격에 실패하는 것이 다반사였다. 6 · 25 당시 아군은 수류탄전에서 중공군에게 완패한 것이다.

□ 현재에도 한국군은 수류탄 투척훈련을 등한시하고 있다.

수류탄 투척 개인 합격수준은 평지에서 30m거리의 5m원에 명중시키면 합격토록 되어 있다. 그러나 전투가 이루어지는 곳이 평지가 아니라 산악지형이므로 전투 부대에서 이와 같은 훈련을 해보았자 수류탄 투척기술이 향상되는 것이 아니다. 그나마 이와 같은 훈련도 측정시나 훈련하고 평소에 훈련시키는 부대가 드물다. 따라서 지형과 작전형태에 따른 수류탄 투척훈련장을 만들어 훈련시킬 필요가 있다. 수류탄 투척 훈련을 소총 사격의 10분의 1만이라도 관심을 갖고 훈련시키자.

> 방어시 수류탄 투척은 굴리기만 하여도 효과를 발휘하나 정확한 투척시 살상효과가 크며 집단으로 투척시 효과적이다.

□ 수류탄 투척은 방자쪽이 훨씬 유리하다. (철의 삼각지에서)

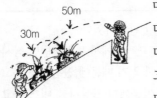

마침내 적의 보병이 공격을 개시하였다. 전면 상공에 몇발의 조명탄이 터졌다. 몇백명도 넘을 듯싶은 적군이 281 고지를 둘러싸듯 달려오는 것이 보였다. 다음 순간 우리 포병의 탄막사격이 집중되고 소총, 기관총 등 모든 직사화기가 적의 공격대형으로 집중되었다. 그러나 어느새 탄막을 뚫고 고지를 올라오는 적병들이 나타났다. "수류탄, 수류탄을 던져라." 나는 무아중에 고함을 쳤다. 우왕좌왕하는 적병들을 향해 날아갔다. 수류탄은 한꺼번에 5-6발씩 지면에 터졌다. 적병들도 우리를 향해 수류탄을 던졌다. 그러나 적의 수류탄은 거의 교통호 안으로 떨어지는 것은 없어서 우리는 피해를 입지 않았다. 이때 나는 수류탄 투척전은 방자쪽이 훨씬 유리하다는 것을 다시 한번 절감하였다.

□ 방어시 수류탄은 굴리는 것만으로도 효과는 만점이다. (채명신 회고록)

우리는 숨을 죽이고 적의 접근을 풀잎 사이로 바라보기만 할뿐이었다. 드디어 앞장선 6-7명의 적은 바로 코앞이라 할 수 있는 30m까지 접근하였다. 내 입에서 "수류탄 한발"이라는 명령과 동시에 안전핀을 뽑고 내 명령을 기다리던 병사들의 손에선 수류탄이 산 아래로 굴러 내려갔다. 우리가 있던 곳이 적보다 워낙 높았고 경사가 심해서 수류탄을 그저 굴리는 것만으로 효과는 만점이었다. 적은 요란한 비명을 남기고 전멸하였다.

☐ 집단으로 투척시 효과적이다. (소부대 전례)

적의 공격 선두가 30m근처에 도달하였다. 고대하고 있었던 기회였다. 소대장 윤소위는 수류탄을 들고 힘껏 소리쳤다. "왔다. 공격개시" 30여개의 수류탄이 거의 동시에 날아갔다.

연속하여 숨돌릴 틈도 없이 수십개의 수류탄이 진전 30m거리에서 폭발하였다. 투척거리의 차이는 있어도 단 한발의 불발탄도 없이 무수한 파편은 적의 공격제대를 덮치고 말았다. 투척거리가 짧은 수류탄은 굴러 내려가다 작렬하였고 멀리 던진 수류탄은 VT 신관의 포탄처럼 공중에서 폭발하였기 때문에 어디에 숨어도 소용이 없었다. 이렇게 해서 공격 1파인 약 2개 소대는 진전 30m를 더 진출하지 못한 채 격멸되었다.

☐ 정확한 투척기술이 요망된다.

6 · 25 당시 피아를 막론하고 방어시는 대량의 수류탄을 확보하여 사용하였다. 그러나 대량의 수류탄을 확보하였어도 적의 공격이 수차례 계속되므로 결국 수류탄이 부족하게 되는 것이다. 따라서 맹목적으로 던지는 것보다 적의 위치를 정확히 판단하여 수류탄을 던지게 되면 더욱 효과를 발휘할 수 있게 될 것이다.

☐ 방어시는 공중폭발이 효과적이다.

6 · 25 당시 아군이 공격시 적이 수류탄을 던지면 이를 다시 주워 던졌다는 기록이 있다. 수류탄이 폭발하려면 3-4초가 걸리므로 30m정도의 가까운 곳에 수류탄이 떨어지면 1-2초 후에야 폭발하게 되므로 손으로 집어서 던질 수 있는 것이다. 또한 지면에서 폭발하는 것보다 공중에서 폭발하면 더 효과가 크기 때문에 공중에서 폭발하도록 던진다면 더욱 효과가 크다.

> 공격시는 적에게 최대한 접근하여 수류탄을 투척해야 한다. 훈련시 돌격선에서 수류탄을 던지고 돌격하는 것은 잘못된 훈련이다.

☐ 돌격선에서 수류탄을 던져봐야 효과가 없다.

사단장 시절 예하부대 분대 공격훈련을 참관하여 관찰해보니 돌격선에 도달한 분대장의 "수류탄 준비, 수류탄 투척"이라는 구령하에 분대원들은 돌맹이를 주워서 맹목적으로 던지고 돌격하는 것을 보았다. 본인은 분대장에게 돌격선에서 목표까지 거리가 얼마인가. 어떤 목표에 대해 수류탄을 던지는가 질문하였더니 전혀 대답을 못하는 것이었다. 이와 같은 맹목적인 훈련을 우리는 다반사로 하고 있는 것이다. 과연 이와 같은 훈련으로 무엇을 얻을 것인가. 오히려 병사들이 나쁜 타성에만 젖게 하는 결과가 되는 것이다.

☐ 돌격선에서 수류탄을 투척하는 것이 잘못된 이유

돌격선은 목표, 즉 적 배치선으로부터 50-100m 떨어진 곳에 선정한다. 수류탄을 30m까지 던질 수 있다 해도 목표에 도달하지 않아 효과가 없다.

– 경사가 급한 산악에서는 오히려 수류탄이 굴러내려 아군이 피해를 입는다.

☐ 공격시는 수류탄 투척거리인 20m 이내로 적에게 접근하여 투척해야 한다.

공격시 수류탄은 적 기관총, 진지상의 적, 의심되는 엄체호, 동굴 등에 사용한다. 따라서 공격시는 적에게 최대한 자신의 투척거리 안으로 접근하여 정확하게 투척하여야 한다. 그러므로 일제히 수류탄을 던지고 돌격하는 경우는 극히 적고 개별적으로 사용하게 된다.

> 돌격중에는 어떻게 수류탄을 던지고 사격할 것인가 연구가 필요하다.

☐ 돌격중 수류탄 투척 (한국에서 전투행동)

브레넨 상병은 가지고 있는 수류탄의 안전핀을 약간 펴서 쉽게 뽑을 수 있게 하고 둑을 뛰어넘어 목표를 향해 달리기 시작했다. 선두인 브레넨 상병이 능선 끝에 도착하여 너머를 보니 20야드 떨어져 북한군 기관총이 보여 수류탄을 던졌다. 그러나 더 가까운 곳에 경기관총이 그를 사격하는 것과 동시에 그도 소총으로 사격하여 사살했다.

☐ 돌격중 이동하면서 수류탄을 던지고 사격도 하게 된다. 어떻게 던질 것인가?

- 앞에 총, 또는 돌격 사격자세로 이동중 목표가 나타나면 왼손으로 소총을 쥐고 오른손으로 수류탄을 뺀 다음 소총을 쥔 왼손으로 안전핀을 뽑아 오른손으로 수류탄을 던진 다음 다시 사격 자세로 돌아간다.

- 애초부터 멜빵을 대각선으로 맨 상태로 돌격하다가 양손을 이용하여 던진다.

- 그 자리에 총을 놓고 수류탄을 던진 다음 다시 총을 잡고 전진한다.

> 공격시는 목표를 정확히 보고 투척하여야 한다. 잘못 투척하면 아군만 희생된다.

☐ 공격시 수류탄 투척은 높은 곳의 목표를 향하여 상향으로 투척하게 된다.

한국지형은 고지가 많고 급경사이므로 고지를 향해 공격하게 된다. 따라서 수류탄을 던지려면 낮은 곳에서 높은 곳으로 던지게 되므로 투척거리도 짧고 잘못되면 굴러 내려오기 때문에 신중한 투척이 요망된다. 연병장에서 30m를 던지는 병사들도 경사진 상향으로 던지면 20m도 던지기 어렵기 때문에 수류탄이 굴러 내려와 아군의 희생이 생길 가능성이 많으므로 반드시 필요한 경우 이외에는 사용하기 어렵다.

☐ 수류탄이 굴러 내려와 희생자 발생

목책

굴름

GOP에서 중대장으로 근무시 어느날 새벽 2시경 철책선에서 수류탄 폭음이 들려와 확인하던 중 얼마 후 수류탄으로 인한 부상자가 발생하였다는 보고를 받고 그 위치로 가서 확인하니 철책근처에 어른거리는 물체가 있어 수류탄을 던졌는데 그 이후는 모르겠다는 답변을 들었다. 그 당시 철책은 남방한계선을 연하여 설치하였기 때문에 반사면 진지가 많이 있었으며 사고가 난 지역도 반사면 진지였다. 확인하니 3명 1개조인 경계조 중 1명이 전방에 움직이는 물체가 있는 것으로 착각하고 수류탄을 던졌으나 겁에 질려 10m도 던지지 못하자 경사를 따라 굴러 내려와 경계조 근처에서 폭발한 것이다.

□돌격선에서 적 기관총을 제압하기 위해 수류탄을 던지는 요령
 - 먼저 지형을 판단하여 적 기관총까지 어떻게 접근할 것인가를
   결정한다. 우회할 수 있는가를 먼저 판단하고 우회할 수 없을
   시는 정면으로 접근하는 방법을 택한다.
 - 어떤 자세로 접근하는가를 결정한다.
   목표와의 거리가 100m이내이므로 포복으로 접근하되 노출된
   부분이 있으면 우회하거나 낮은 포복으로 통과하도록 한다.
 - 소총을 어떻게 처리할 것인가 결정한다.
   소총을 놓거나 병사에게 맡기고 수류탄만 휴대하거나 소총을
   등에 메거나 손에 쥐고 접근하다가 수류탄 투척거리에 도달하
   면 수류탄을 뽑아 투척한다.
 - 이와 같은 종합적인 계획을 세운 다음 실제로 행동한다.

□정면의 사각이용, 포복으로 접근, 수류탄으로 제압

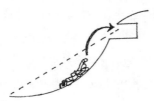

　　　　　* 엄체호에 있는 기관총은 지근거리
　　　　　　에서는 사각이 있으므로 사각을 이
　　　　　　용 포복으로 접근(10m이내) 수류탄
　　　　　　을 총안구에 투척 제압.

□우회하여 접근, 총안구에 수류탄을 넣어 제압

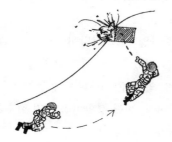

　　　　　* 적 기관총을 발견하면 2-3명의 특
　　　　　　공조를 편성, 지형지물을 이용하여
　　　　　　포복으로 접근, 측방에서 수류탄을
　　　　　　투척하여 제압.

□ 수류탄 안전장치는 두 개가 있다.
  – 월남전 초기까지만 해도 수류탄의 안전장치는 안전고리 하나
    밖에 없었다.

〈월남전시〉

〈최근〉

월남전에 참전시 어떤 중대에서 작전을 하고
돌아와 중대가 집합한 상태에서 배낭을 벗다
가 배낭끈에 달아놓은 수류탄 안전핀이 빠져
서 수명의 사상자가 발생한 바 있다. 그후 연
대 회의석상에서 연대장은 베트콩은 수류탄
손잡이를 고무줄로 묶어서 가지고 다니다가
필요할 땐 고무줄을 풀고 안전핀을 뽑아 던질
정도로 안전을 중요시하므로 우리도 필요하
면 고무줄이라도 손잡이를 묶어서 안전을 기
하라는 지시가 있었다. 그때는 반신반의하였
으나 그후 이중 안전장치를 한 수류탄이 나오
게 된 것을 보면 비단 그 부대뿐 아니라 많은
부대에서 사고가 발생하여 이중 안전장치를
한 것으로 생각된다.

□ 안전장치 해제훈련은 필수적이다.
  수류탄의 안전장치가 안전핀 하나일 때도 상당히 숙달되지 않
  으면 안전핀을 빼는 데 어려움을 겪었으며 심지어 급한 김에 안
  전핀을 빼지 않고 던지는 병사도 있었다. 더구나 안전장치가 두
  개일 때는 더욱 문제가 되는 것이다. 어떤 상황이라도 자유자재
  로 안전장치를 해제하는 훈련을 하여야 한다.

> 수류탄을 한손에 쥐고 다른 손으로 먼저 안전크립을 제거한 다음 안전핀을 빼서 던지도록 훈련하고 있다. 그러나 상황에 따라 응용할 필요가 있다.

☐ 방어시는 안전클립을 사전에 제거하는 방법도 있다.

공격시는 뚜렷한 목표가 있을 시 투척하게 되므로 현재와 같은 요령을 그대로 적용하여도 별 문제가 없으나 방어시는 대량의 수류탄을 투척하는 경우가 많으므로 이때에는 사전에 안전크립을 제거하고 안전핀만 남겨두었다가 필요시 던지는 방법을 택한다면 더욱 효과적이다. 우리는 고정관념에 사로잡혀서는 안 되며 필요에 따라 안전장치 해제방법을 택해야 한다.

☐ 안전핀의 끝은 약간 굴곡이 있어 당기면 쉽게 빠지도록 고안되어 있으나 안전사고 방지를 위하여 통상 끝을 구부려 놓는다. 구부려 놓은 정도가 심하면 안전핀을 세게 잡아당겨도 빠지지 않으며 너무 힘을 쓰다가 잘못하여 수류탄을 떨어뜨리는 경우가 생긴다. 따라서 사용전에 구부린 것을 펴야 쉽게 안전핀이 빠질 수 있다.

〈원안전핀〉　　　　　〈직각으로 구부린 안전핀〉

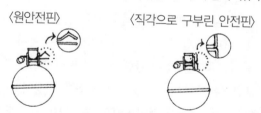

☐ 본인이 월남전에 참전하여 병사들에게 수류탄 투척훈련을 실시할 때의 일이다. 한 병사가 안전핀을 빼지 못하고 쩔쩔매기만 하기에 본인은 그 병사가 훈련이 안 되어 그런줄만 알고 그 병사의 수류탄을 받아서 안전핀을 잡아당기었으나 빠지지 않아 확인해보니 안전핀 끝을 직각으로 구부려 놓은 것을 발견하고 다시 원상태로 구부린 다음 빼니 쉽게 빠질 수 있었다. 이와 같은 경험을 하고나니 작은 문제도 정확히 교육하고 훈련해야 된다는 것을 느꼈다.

실 수류탄 투척중 사고의 대부분은 수류탄에 대한 공포심이나
투척장 선정이 잘못된 데서 일어난다.

☐ 수류탄은 안전하다는 것을 먼저 인식시키자.

수류탄은 안전손잡이만 잡고 있으면 절대로 폭발하지 않으며
10m이상만 던지면 피해를 거의 입지 않는 안전한 폭발물이다.
우리는 훈련시 병사들에게 안전을 강조한 나머지 너무 겁을 주
는 교육을 하고 있으므로 실 수류탄이라 하면 겁을 내고 위축되
어 제대로 투척하지 못하는 경우도 있으나 몇 발만 투척하고 나
면 자신있게 투척하는 것을 볼 때 결국 병사들에게 자신을 갖도
록 교육함이 매우 중요하다.

☐ 훈련장 선정에 주의하여야 한다.

하사관학교 대대장 시절 실 수류탄 투척훈련을 순시한 일이 있
었다. 마침 뒤에 관람장소가 있어 관람하고 있던 차에 한 명의
후보생이 불과 2-3m밖에 던지지 못하고 거기에서 수류탄이 폭
발하였다. 다행히 앞에 둑을 만들어 방벽을 쌓았으므로 피해는
없었으나 관람석이 너무 가까이 있어 잘못하면 관람자가 피해
를 입을 우려가 있어 관람석을 더 멀리 만들도록 한 바 있다.

☐ 훈련장은 골짜기 등 급경사 장소를 선정하여야 한다. 그렇게
함으로써 가까이 떨어뜨려도 수류탄이 구르도록 하면 피해가
없다.

– 각 병사가 분리되도록 설치하여야 수류탄을 실수로 떨어뜨려
도 다른 병사는 피해가 없다.

– 관람석은 50m이상 이격시켜야 한다. 수류탄 살상거리가 20m
이나 때로는 상당한 거리까지 파편이 날아오므로 충분히 이격
시키는 것이 좋다.

> 교보재를 최대한 활용하라. 교보재중 훈련용 신관뭉치는 버리지 말고 회수하여 사용하라.

□ 훈련용 신관을 활용하지 못하고 있다.

　훈련용 수류탄은 몸통과 신관뭉치, 화약으로 구분된다. 몸통은 중대별로 규정된 수를 보관하고 있고 파손될 때까지 사용하며 신관뭉치와 흑색화약은 일정한 수를 매년 지급하고 있다. 훈련시는 훈련용 수류탄 몸통안에 흑색화약 1개를 넣고 신관뭉치를 결합하면 훈련용 수류탄이 되며 이를 던지면 약간의 소리와 연기가 발생하며 이를 잘 활용하면 수류탄 투척훈련과 같은 효과를 발휘할 수 있다. 이와 같이 수류탄의 훈련용 교보재는 훈련용으로 중요한 데도 불구하고 사용을 등한히 하거나 계획성 없는 사용으로 낭비되고 개인 전기 향상에 기여치 못하고 있다.

□ 사용한 훈련용 신관도 재결합하여 활용하자.

　훈련용 신관은 한번 사용하면 버리도록 되어 있으나 이를 회수하여 다시 사용한다면 그 효과는 매우 크다. 즉 안전핀, 안전손잡이, 안전크립만 회수한다면 다시 결합하여 사용할 수 있으며 다시 결합하는 과정에서 수류탄의 기능을 알 수 있게 되고 수류탄에 대한 자신감을 가질 수 있다. 비록 소리가 나지 않더라도 모든 기능은 실 수류탄과 동일하므로 훈련에 큰 성과를 걷을 수 있는 것이다. 몸통만 던진다면 돌맹이를 던지는 것과 다름없다는 것을 생각할 때 응용만 하면 기대 이상의 효과를 가져온다.

〈몸통〉　　〈신관뭉치〉　　〈흑색화약〉

> 수류탄 투척훈련을 충실히 하여 자신감을 가져야 실전의 두려
> 움속에서도 능숙하게 원하는 목표에 던질 수 있다.

□ 공포감이 앞서면 5m도 던지지 못한다.
- 본인이 월남에서 작전중 소대가 사주방어 상태에서 숙영하게
  되었다. 새벽쯤 수류탄 폭음과 수발의 사격 소리가 나므로 급
  히 그 지역으로 가서 병사에게 확인하니 이상한 물체가 움직
  이는 것 같아 수류탄을 던지고 사격을 했다는 것이다. 분대장
  과 본인이 잠시 관측한 결과 조용하므로 전방을 수색하니
  5m 정도에서 수류탄이 폭발했고 적정은 없었다. 신참인 그
  병사는 두려움에 착각을 하고 겨우 5m 밖에 수류탄을 던지
  지 못한 것으로 전장 적응과 수류탄 투척훈련의 부족을 실감
  하였다.

□ 상당한 훈련 없이는 철책선 너머로 수류탄을 던지지 못한다.
  월남에서 돌아와 GOP에서 중대장직을 수행시 나무로 만든 울
  타리, 즉 목책을 치고 10여m 이상 떨어진 곳에 호를 파고 경계
  시는 적이 나타나면 먼저 수류탄을 던지고 사격을 하도록 하였
  다. 그후 철책으로 바꾸고 호도 철책 5m정도 이격하여 호를 만
  들고, 적을 발견하면 철책 너머로 수류탄을 던지고 사격하도록
  하고 훈련도 하였으나 막상 적으로 오인하고 수류탄을 던지면
  철책선 너머로 던지지 못하고 안에 떨어져 철책만 파괴되므로
  먼저 사격하고 필요시 수류탄을 사용하도록 변경한 바 있다.
  그만큼 전투 상황하에서 수류탄 투척이 어렵다는 것을 알 수
  있었다.

> 수류탄 기본훈련은 연병장에서, 응용훈련은 공격 및 방어훈련장에서 실시하자.

☐ 기본훈련은 연병장에서 실시한다.

- 합격수준에 도달하도록 하자.

현재 개인 합격수준은 30m거리에 직경 5m원에 명중시키는 것이다. 30m를 던지는 것도 상당한 훈련이 필요하며 주로 서서 던졌을 때 그만한 거리를 던질 수 있다. 따라서 세밀한 계획을 세워 주기적으로 투척훈련을 실시해야만 목표를 달성할 수 있다.

- 각종 자세에서 투척연습을 하자.

서서던져, 무릎던져, 구부려던져 등 기본자세시 몇미터나 던지는가 확인하고 엎드렸다가 서서 던진후 다시 엎드리는 동작, 엎드렸다가 무릎던져후 엎드리는 동작, 수류탄 투척준비후 뛰다가 서서 던지는 동작 등 다양한 동작에서 투척훈련을 실시하자.

- 훈련용 신관을 결합한 수류탄을 이용하여 훈련하자.

수류탄 투척연습을 할 때 대부분 훈련용 수류탄 몸통만 갖고 실시하므로 훈련의 효과가 감소된다. 훈련의 성과를 거두기 위해서는 반드시 훈련용 신관을 결합하여 완전한 수류탄을 만든 다음 투척하고 다시 신관을 회수하여 결합하고 수류탄 몸통에 끼워 다시 투척하는 훈련을 한다면 일석삼조의 효과를 거둘 수 있다.

- 전, 후반기 1년에 2회는 연병장에서라도 측정을 한다면 더욱 효과적이다.

> 훈련용으로 지급되는 전투용 수류탄은 간부부터 투척 훈련을 실시하여 자신감을 갖도록 해야 한다. 전투용 수류탄 투척훈련 시 사고가 나는 것은 간부의 지도능력 부족에 있다.

□ 6·25 당시 본인은 초등학교 6학년이었다. 주변에 널린 것이 수류탄이라 이것을 가지고 웅덩이에 던져 고기를 잡곤했다. 그 당시 어려서 그런지 수류탄에 대한 두려움이란 없었고 매우 안전하다고 생각했다.

□ OBC에서 수류탄 교육시 어떤 동기생 한명이 진열대에 있던 연습용 수류탄의 안전핀을 뽑고 당황하여 그 자리에 놓는 것을 보고 깜짝 놀랐으나 다행이 실 수류탄이 아니었다. 만일 실 수류탄이었다면 큰 피해가 있었을 것이다. 그만큼 수류탄 훈련이 부족했던 것이다.

□ 전방 현지에 부임하여서도 수류탄을 던져본 일이 없고 비무장지대에서 근무시 수류탄의 여유가 있어 몇발 던져 보았다. 결국 본인은 6·25 경험을 가지고 전방 근무에 임했던 것이다.

□ 월남전에 참전하기 위해 수도사단 요원으로 홍천에서 훈련을 하였다. 그 당시 수류탄 투척 훈련중 강재구 대위가 전사하고 본인이 속했던 중대장도 부상하는 등 사고가 있었으며 월남에 도착한 후 상당기간이 흐른 후에야 전장병이 수류탄에 자신감을 갖게 되었다.

□ 연대장 시절 훈련용으로 지급된 실 수류탄이 많이 남아 있는 것을 보고 간부부터 투척하여 자신감을 갖도록 하고 병사들도 투척 훈련을 실시하니 사고 없이 훈련이 끝났을 뿐 아니라 수류탄에 자신감을 갖는 것을 보았다.

> 전투 양상에 부합된 지형을 선정하여 공격 및 방어 수류탄 훈련장을 만들어 훈련해야 실전에 적합한 훈련이 된다.

☐ 교범에 제시된 훈련장은 평지 위주로 기초 훈련에 적합하다.

교범에 기본 투척 훈련장, 돌격 과정 훈련장을 제시하고 있으나 평지 위주로 전투 지역이 산악인 한국에서는 기초 훈련으로서는 가치가 있으나 전투에 적용할 수 없다. 따라서 신병 교육기관이나 훈련 미숙자에 적용하여 요령을 이해시키는 데 활용하고 전투 부대에서는 전투 상황에 맞는 지형과 상황을 고려하여 훈련장을 만들어 훈련시켜야 전투에서 활용할 수 있다.

☐ 전투 상황과 지형을 고려한 응용 투척 훈련장을 만들어 훈련하자.

- 바람직한 투척 훈련장 설치 방안
  * 전방 지역은 아군 진지를 활용하고 필요하면 상향 및 하향 투척이 되도록 고지를 이용하여 설치한다.
  * 연속된 상황을 만들어 공격 및 방어시 투척 체험을 하도록 한다.
  * 공격시는 진지상 총안구, 교통호에, 방어시는 적돌격을 고려하여 E표적 또는 원을 만들어 이용한다.
  * 필히 연습용 수류탄을 이용하여 훈련한다.

□ 공격시 투척훈련

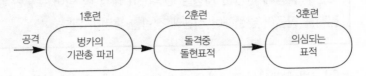

- 공격 훈련장
  * 1 훈련장 : 적 기관총 벙커를 수류탄으로 파괴

훈련 요령 : 정면 또는 측면으로 포복 접근, 총안구에 명중시키고 엎드린다.

  * 2 훈련장 : 돌격중 노출된 적 기관총, 교통호의 2-3명을 수류탄으로 격멸

훈련 요령 : 속보, 구보로 돌격중 적발견, 서서 던진후 계속 돌격하면서 소총사격

  * 3 훈련장 : 의심되는 적 벙커, 수류탄 투척으로 내부 소탕

훈련 요령 : 돌격중 적이 있을 것으로 추정되는 총안구, 동굴, 대피호 등에 굽혀 던져를 이용 수류탄을 넣어 파괴

□ 방어시 투척훈련

1훈련	2훈련	3훈련
교통호에서 던져	호 이용 무릎 던져	공중폭발

- 방어 투척 훈련장
  * 1훈련장 : 교통호에서 서서던져

훈련 요령 : 교통호에서 공격해오는 적을 서서 던져서 목표에 명중

  * 2훈련장 : 얕은 호, 낮은 뚝 이용, 무릎던져

훈련 요령 : 얕은 호를 이용 무릎던져 또는 낮은 둑 이용, 엎드렸다 무릎던져 훈련

  * 3 훈련장 : 공중 폭발 훈련

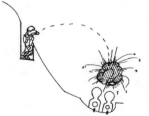

훈련 요령 : 훈련용 수류탄을 이용, 안전 손잡이를 놓은 후 2초 있다가 표적 위로 던져 공중 폭발이 되도록 훈련

제 9 장
K201 유탄 발사기

K201 유탄 발사기는 분대의 곡사포이다.

> 6·25 당시 M7 유탄 발사기는 분대의 곡사화기로 잘 활용하였을 시 근접전투에 크게 기여하였다.

☐ 6·25 당시 총류탄 활용 경험 (소장 백윤기)

6·25 당시 한국군은 공격시는 돌격선에서, 방어시는 최후 저지 사격선에서 화력의 부족이 가장 큰 문제였으며 이와 같은 근접전투에서 소총, 경기관총 등 직사화기보다 위력이 강한 지역을 제압할 수 있는 화기로서 손으로 던지는 수류탄보다는 사거리가 긴 화기가 요망되었다. 따라서 이러한 요구를 충족시킬 수 있는 화기로서 M7 발사기가 가장 적절한 화기였고, 이를 이용하여 공격시는 돌격지원사격의 사정연신 후 수류탄 투척거리 밖에서 적 벙커의 총안이나 적병을 제압한 후 계속 접근하여 수류탄 투척과 동시에 돌격한 결과 예상 이상의 효과를 거두었다.

방어시에는 최후저지 사격선상 즉 포, 박격포 탄막보다 더 주진지에 근접한 지역에(주 진지에서 50~70m) 총류탄 탄막 지역을 운용한 결과 방어전투에서 한 번도 적에게 돌파된 일이 없었으며 우리 사병들은 근접전에서 화력의 우위를 획득함과 동시에 총류탄을 분대 박격포라 하면서 자신감을 갖게 되었다.

☐ 총류탄은 수류탄 투척거리 밖의 적을 살상하기 위해 개발되었다. 1차 세계대전시 참호전이 계속되자 손으로 던지는 수류탄이 널리 사용되었다. 또한 수류탄 투척거리 밖의 표적에 대해 사용할 목적으로 총류탄을 개발하기에 이르렀고, 그 구조는 소총 총구에 총류탄 발사 장치를 부착하고 총류탄을 여기에 끼고 공포탄을 발사하여 그 압력으로 총류탄이 날아가는 방식이었다. 그후 총류탄은 은폐된 적, 또는 기관총들을 파괴하기 위해 소총 분대에 장비되어 널리 사용하게 되었고 미군도 소총에 M7 발사기를 소총분대에 장비하였다.

> 6 · 25 당시 경험에 의하면 공격시 돌격선에서 가장 위협이
> 되는 화기는 적 기관총으로, 100~150m 거리에서 적 기관총 총
> 안구를 명중시킬 수 있는 화기가 필요하였다.

□ 적의 기관총을 제압하지 못하면 공격이 돈좌되었다. (철의 삼각
지에서)

"나는 잠깐씩 고개를 들어 고지 정상을 바라보았다. 약 100m
전방의 몇 개의 토치카에서 적병이 잽싸게 뛰어나와 수류탄을
던지고 다시 토치카 안으로 사라지는 모습이 보였다. 뿐만 아니
라 토치카 한곳에서는 계속해서 기관총 사격이 가해져 왔다. 우
리는 그 기관총 때문에 고개를 들 수가 없었다. 무엇보다도 먼
저 그 기관총 사격을 침묵시켜버려야 했다. 그러기 위해서는 수
류탄 공격이 최상이라고 여겨졌다. 그러나 그 토치카는 수류탄
투척거리 밖이었다. 또 수류탄 투척거리 이내라도 수류탄을 던
지기 위해 몸을 세울 수도 없었다. 만약 그랬다가는 기관총탄에
벌집이 되기 십상이었다. 공격이 돈좌된 것이다."

□ 돌격시 가장 위협이 되는 적 기관총을 제압할 화기가 필요했다.
6 · 25 전쟁 당시 북한군은 방어시 견고하게 구축된 엄체호 속에
기관총을 설치하여 사격을 함으로써 포병, 박격포로 파괴시키기
곤란하였고 총류탄, 3.5 로켓포, 57mm 무반동총도 활용하기 어려
운 지형이 많아 아군 공격시 돌격선 가까이 접근하는 것은 쉬웠으
나 적 기관총 사격으로 적진 100m근처에서 돈좌되는 경우가 허다
하였다. 이러한 경우 적의 특화점에 접근하여 수류탄을 총안구에
직접 투척하여 파괴하고서야 공격을 성공시킬 수 있었으나 많은
희생이 뒤따랐다. 따라서 미군은 6 · 25 전쟁의 경험을 토대로 수
류탄 투척거리보다는 멀고 포병, 박격포 화력으로 제압하기 곤란
한 200m 이내의 표적을 제압하기 위한 화기가 필요했던 것이다.

M79 (M203, K201)는 6 · 25의 경험에 의해 M7유탄발사기를 대치한 것으로 분대의 중요한 곡사화기이다. 그러므로 가장 신뢰할 수 있는 병사에게 휴대시키는 것이 바람직하다.

☐ M79는 총류탄으로부터 발전된 화기이다.

소총을 이용하여 사격하는 총류탄은 엄폐된 표적을 제압하는 데 유효한 화기이나 명중률이 나빴다. 이에 미군은 한국전 경험을 통하여 명중률을 대폭 개선할 필요가 있어 M79가 개발되어 40미리 유탄을 정확하게 사격할 수 있게 되어 분대화기로 장비하게 되었다.

☐ K201은 분대의 곡사포이다.

분대에 직사화기로는 개인이 휴대한 소총, 분대 경기관총, 곡사화기로는 K201이 있다.

최초에 병사는 M79 유탄발사기와 소총을 휴대하고, M79 유탄발사기를 사용할 목표를 발견하면 유탄발사기로 사격하고 적과 30m 이내로 근접하여 유탄발사기를 사용할 수 없을 때는 소총을 사용하도록 하였다. 그러나 월남전에서 사용한 결과 한 병사가 두 개의 화기를 휴대하고 전투하기가 불편하였기 때문에 M16 소총과 유탄발사기가 결합된 M203이 개발되었고 한국군도 M203을 거쳐 K201을 장비하게 되었다. 따라서 분대의 박격포 역할을 하는 K201은 가장 신뢰할 수 있는 병사에게 휴대시켜야 할 것이다.

> K201 고폭탄은 수류탄과 같은 위력을 가지고 있으며 30m이상 날아간 후 안전장치가 풀려 폭발한다.

☐ K201 고폭탄의 위력

고폭탄은 5m 반경을 제압할 수 있는 위력을 가지고 있으므로 수류탄과 같은 위력을 가지고 있다. 월남전에 참전하여 사용해 본 결과 포, 박격포 사용이 곤란한 200m 이내의 지역표적을 제압하는 데 탁월한 효과를 발휘하였으며 명중률이 우수하고 굉장한 폭음은 적의 사기를 꺾는 데도 크게 기여하였다. 살상 반경이 5m라 하나 작전중 100여m 떨어진 곳에 있던 아군병사가 그 파편에 맞아 부상하는 것도 보았다.

☐ 고폭탄은 30m 이내에서는 폭발하지 않고 30m 이상에서는 나뭇가지에 부딪쳐도 폭발한다.

– 월남전시 적이 가옥 내에서 사격하자 M79유탄발사기 사수가 창문 유리창을 조준하여 사격하였으나 창문 유리창에 부딪쳐 폭발하여 부상당하는 것을 보았다. 그 사수는 유탄이 유리를 뚫고 들어가 안에서 폭발할 수 있다고 생각했으나 나뭇가지에 부딪쳐도 폭발한다는 것을 몰랐기 때문에 실수를 한 것이다. 이와 같이 유탄은 신관이 민감하므로 나무가 많은 지역은 사용에 신중하여야 하며 불발탄은 발로 차도 폭발하므로 불발탄은 건드리지 말아야 한다.

– GOP 중대장 임무수행시 M79 사수가 잘못하여 내무반에서 오발하였으나 폭발하지 않았다. 이는 사수를 보호하기 위하여 30m 이상 날아가야 폭발하도록 신관을 만들었기 때문이다. 따라서 30m이내 표적은 소총 또는 수류탄을 사용하여 표적을 제압하여야 한다.

> K201 사수는 소총실탄보다 유탄 탄약을 더 많이 휴대하여야 한다.

□ 월남전에서 M79유탄발사기 사수는 고폭탄을 최대로 휴대하였다.
월남전에 참전하여 한국에서와 같이 M79유탄발사기 사수는 M79유탄발사기와 함께 칼빈소총을 휴대하고 작전하였으나 한 병사가 두 개의 화기를 휴대하고 사용하기가 곤란하여 주화기인 M79만 휴대하고 탄약을 20발 이상 휴대하는 대신 사수가 30m이내의 적과 대치할 시 사용하기 위하여 2개의 수류탄을 휴대시키고 작전을 했으나 아무런 지장이 없었다.

□ K201 사수는 유탄 탄약을 최대로 휴대하여야 한다.
대대장 시절 소총은 이미 M16으로 바뀌었고 M79도 M203으로 바뀌어 소총과 유탄발사기가 결합되었다. 이 당시 탄약휴대 기준을 확인한 결과 전투병은 M16소총탄 560발과 수류탄 2발을 휴대하도록 되어 있고 유탄 사수는 별도로 유탄 12발을 휴대하도록 규정되어 있었다. 따라서 M203 사수는 소총탄 560발, 수류탄 2발, 유탄 12발을 휴대하지 않으면 안 되었고 비상식량 등 기타를 합치면 그 무게가 엄청나 일어서는 데도 지장이 있으니 전투행동은 더욱 어려운 실정이었다. 따라서 본인은 M203의 휴대량을 조정하여 소총탄은 7개 탄창 140발(이 당시는 20발 탄창 7개 휴대), 수류탄 2발, 유탄 20발로 조정한 바 있었다. 결국 탄약 휴대량이란 일반적인 개념으로 임무에 따라 중대장 또는 소대장이 조정할 수 있는 것이다.
유탄을 20발 휴대하였다면 수류탄으로 20발 휴대한 것과 같은 효과를 가져오게 됨으로써 M203사수는 유탄을 더 많이 휴대하여야 한다고 생각한다.

> K201 사수는 소총사격보다는 유탄 발사 사격술 훈련에 중점을 두어야 한다.

□ 소총사격 명중률 70%를 일괄적으로 적용하는 것은 잘못된 것이다.

소총 사격 명중률을 소총병은 70%, 행정병은 60% 등으로 표시하여 기관총사수, K201 사수 등에 일률적으로 적용한다는 것은 화기의 특성으로 보아 잘못된 것이다. 기관총 사수는 기관총을, K201 사수는 유탄을 잘 사격해야 화기의 특성을 최대로 활용할 수 있는 것이지 소총사격에 중점을 둔다면 잘못된 훈련이며 작전에 기여할 수 없다. K201 사수가 소총을 사용할 경우는 적과 30m이내의 근접전투나 유탄이 없을 때이며 그 외에는 유탄을 사용하여 적을 격멸한다. 그러므로 K201 사수는 소총병과 같이 소총사격술 연마에 중점을 둘 필요가 없으며 오히려 유탄 사격훈련에 중점을 두어야 한다.

□ 실탄사격을 하지 못하더라도 유탄 탄피를 이용하여 훈련할 수 있다. 훈련시 탄피를 휴대하였다가 장전하고 사격 훈련을 하면 탄약의 휴대방법, 장전방법은 충분히 훈련시킬 수 있으므로 아무것도 없는 것보다는 훈련성과를 올릴 수 있다.

□ 소총탄을 이용하여 훈련하자.

사격 훈련시 표적을 발견하면 소총에 실탄을 1발 장전하고 사다리 및 호형 가늠자를 이용하여 사격하면 사격자세, 가늠자를 이용한 조준훈련을 할 수 있다. 이에 더하여 유탄 빈 탄피를 장전하고 소총 실탄 1발을 장전하였다가 목표가 보이면 소총사격을 하고 다시 유탄 탄피를 뺀 후 재차 탄피를 장전하고 소총탄 1발을 장전하는 훈련을 한다면 비록 정확치는 않으나 탄약의 장전요령, 자세, 조준요령을 훈련할 수 있을 것이다.

□ 결국 훈련용 탄약이 없다하여 빈총으로 연습할 것이 아니라 다양한 방법으로 훈련시킨다면 최대의 훈련성과를 달성할 수 있을 것이다.

> K201은 공격시 100m 이내의 적 특화점 총안구를 명중시켜 제압하는 데 중점을 둔 훈련을 실시해야 한다.

☐ 공격시는 100m이내의 적 기관총 총안구를 사격하거나 공격에 영향을 주는 적병에 대하여 사격훈련을 실시해야 한다.
- 현재 5m원을 그려 놓고 사거리에 따라 명중시키는 훈련은 공격시에는 아무런 도움이 되지 않는다. 따라서 공격시 적의 화기 배치를 고려하여 훈련장을 설치하고 유탄을 사격하는 훈련을 실시해야 한다.

☐ 훈련장 설치

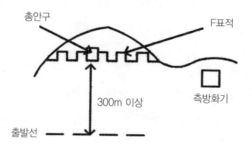

※ 고지를 선정하고 적의 방어배치를 고려하여 교통호를 파고 교통호상에 가로 40cm 세로 30cm의 총안구를 만들어 적 기관총 엄체호를 묘사하고 F표적 3-4개를 꽂아 적 보병을 묘사한다. 측방화기를 묘사하기 위하여 전진로 좌측 또는 우측 150m 이격된 지점에 측방화기 총안구를 만든다.

－ 훈련요령

□측방 적 기관총 제압

　K201 사수는 조교와 함께 출발하다가 조교가 측방화기 출현 신호를 하면 사수는 지형지물을 이용, 은폐한 후 정확한 총안구 위치를 확인하고 포복으로 유효사거리까지 이동하여 유탄을 사격하여 명중시킨다.

□정면의 적 기관총 제압

　측방화기를 제압하면 조교의 공격계속 구령에 따라 약진 또는 포복으로 전진하며, 조교가 엄체호의 적 기관총 출현 사항을 부여하면 사수는 엎드린 상태에서 목표를 확인하고 포복으로 유효사거리까지 전진한 다음 유탄을 사격하여 총안구를 명중시킨다.

□교통호상의 적 제압

　조교는 교통호상의 적 출현사항을 부여하면 사수는 적을 가상한 F표적을 확인한 후 사격한다.

□소총에 의한 돌격사격

　조교는 적 기관총과 교통호상의 적을 제압한 후 바로 돌격을 명한다. 사수는 거총 또는 돌격사격 자세로 돌격사격을 실시하고 목표까지 올라가 후사면에 방어진지를 구축한다.

　※ 유탄사격을 하지 않더라도 이와 같은 비사격 훈련을 하거나 소총탄을 이용한다면 전투시 행동에 익숙하게 되니 훈련 요령을 참고하고 연구하여 사수를 숙달시켜야 한다.

□ 공격시 야간 사격훈련

– 야간 공격 상황

야간 공격시 가장 문제가 되는 것은 표적이 보이지 않는 것이다. 야간공격은 예상 전개선에서 돌격대형으로 지향사격으로 돌격사격을 실시하면서 적의 벙커 또는 적병 등 수류탄을 투척할 목표가 발견되면 수류탄으로 제압하고 신속히 목표를 점령하는 과정이 일반적인 야간 공격 형태이다. 그렇다면 K201 유탄은 어떻게 사용해야 할 것인가. K201은 야간 사격 장치가 없으므로 적의 기관총의 불빛 또는 적의 소총사격 불빛으로 위치를 판단하고 30m 이상 거리에서 지향사격으로 목표에 사격을 해야 된다. 비록 목표에 정확히 명중시키지 못한다 하더라도 살상범위가 5m 원이므로 적의 사기를 꺾고 적의 사격을 둔화시키는 역할을 하게 되므로 그 효과는 매우 크다. 또한 K201에 대한 야간 공격 사격에 대한 뚜렷한 개념이 없으므로 많은 연구가 필요하다.

– K201의 야간 사격훈련

• 훈련장 설치 (주간훈련장 사용)

※ 교통호에 F표적, 기관총 총안구, 하단에 붉은 등을 달아 적의 섬광을 묘사한다.

• 훈련요령

사수는 조교의 야간공격 신호에 따라 전진하다가 붉은 등을 발견하면 서서쏴 또는 돌격사격 자세로 지향사격을 실시한다. 실탄이 없을 때는 유탄탄피를 이용하여 탄피를 장전하고 지향사격 훈련을 실시하고 탄피를 제거하고 다시 탄피를 장전하면 맹목적인 지향사격을 하는 것보다 훨씬 훈련효과가 높다.

> 방어시 K201은 50-200m 이내의 적 자동화기 및 은폐된 적
> 집단에 대하여 사격하도록 훈련되어야 한다.

□ 방어시 화력운용과 K201

방어시는 원거리의 적을 발견하면 포, 박격포 등으로 사격하고 적 일부가 200m이내에 접근하면 부대의 소총, 분대 경기관총, K201 등은 조준사격으로 이를 격멸하고 수류탄 투척거리인 50m 이내에 적이 도달하면 K201 사수는 소총 또는 수류탄으로 적을 격멸하게 된다. 결국 K201은 탄막이 위치한 200m로부터 수류탄 투척거리인 50m 이상 이격한 50-200m 사이의 표적을 제압하는 역할을 하게 되는 것이다.

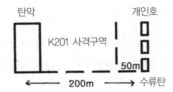

□ 주간훈련장 설치 및 훈련

※ 고지를 이용하여 방어지역을 선정하고 교통호를 준비하며 50-200m 사이에 수 개의 E표적을 세운다.

– 훈련요령

조교와 사수는 교통호상의 전투호에 위치하여 조교가 목표를 지시하면 사수는 사거리를 측정하고 목표에 조준사격을 실시한다. 실탄이 가용하면 실탄을 사용하고 실탄이 없으면 유탄탄피를 이용하여 실탄을 사용하는 요령으로 비사격 훈련을 실시한다.

□ 야간 사격훈련

– 주간 방어사격 훈련장을 이용하여 표적을 주간과 같이 설치하고 붉은 등 또는 플래시를 사용하여 적의 사격을 묘사하고 붉은 빛을 확인하면 지향사격으로 사격을 실시한다.

> 야간 조명지원을 받을 수 없거나 안개, 연막 등으로 시계가 극히 불량할 때 지가를 사용한다면 더욱 효과적인 사격을 할 수 있다. 따라서 지가사용 훈련도 숙달되어야 한다.

☐ 지가사용 훈련
- 주간에 사거리표에 의하여 사격자세를 취하고 개머리판 위치를 확인할 수 있는 곳에 나무를 박아 표시하고 거리에 따라 높이를 확인할 수 있는 막대기를 꽂는다. 이와 같은 요령으로 2-3개의 지가를 설치한 후 지가가 설치된 목표 근방에 적이 나타나면 지가를 이용 지향사격을 실시하면 훨씬 명중률을 높일 수 있다.
- 지가는 튼튼하게 설치하여야 효과가 있으며 손으로 건드려도 움직이는 지가를 설치하면 설치 안하는 것보다 못하다.

☐ 지가 설치

사거리말뚝

- 전투호에 사격자세를 취하고 개머리판 끝을 지지할 수 있는 홈 또는 표지말뚝을 박는다.
- 사거리 조준말뚝
  • 개머리판 지지말뚝에 개머리판을 대고 사격자세를 취한 다음 왼손으로 확인이 가능한 지점에 사거리 조준말뚝을 박는다.
  • 사격 자세를 취한 다음 50m, 75m, 100m, 150m 지점에 각각 조준하고 왼손이 닿는 지점에 칼로 표시를 한다.
  • 사거리 조준말뚝은 3개 정도 설치한다.

제 10 장
기 관 총

보병 전투에서 기관총은 화력의 주역이다.

기관총이 전장의 주역에 오른 것은 1차 세계대전이었다. 기관총으로 인하여 전장이 고착되었고 전술의 변화가 이루어졌으며 오늘날에도 대량의 화력을 발휘하는 중요 화기의 일부분이 되었다.

노·일전쟁시 소련군은 기관총을 사용하여 일본군에게 극심한 피해를 입혀 기관총의 가치를 증명하였으나 기관총이 전장의 주역으로 등장한 것은 1차 세계대전이었다. 당시 연발로 사격할 수 있는 기관총은 가히 혁명적 병기라고 할 수 있었다. 1916년 7월 1일, 영국군의 솜무 공격에서 독일 맥심 중기관총은 엄청난 위력을 발휘하여 영국군에게 약 57,000명의 사상자를 내게 했으며 이러한 기관총의 위력으로 예전과 같은 집단 돌격은 엄두도 내지 못하게 되었고 지루한 참호전이 계속되는 원인이 되었다. 즉 영국군의 빅커스 중기관총은 때때로 총신을 교환하는 시간을 제외하고 무려 12시간 동안 쉬지 않고 발사한 기록도 있었으나 기관총 사거리 안에 노출된 병력은 피해를 피할 수가 없었던 것이다. 그러나 당시 기관총은 무게가 40kg이상으로 운영하는데 5-6명이 필요하고 방어시 사용에는 유리하였으나 공격작전에서는 사용하기가 어려워 세계 각 군은 경기관총을 개발하게 되었고 영국의 빅커스 경기관총, 브렌 경기관총, 미국의 BAR등이 개발되게 된 것이다.

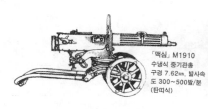

「맥심」 M1910
수냉식 중기관총
구경 7.62㎜, 발사속
도 300~500발/분
(탄띠식)

〈맥심 중기관총〉

〈브렌 경기관총〉

> 삼각대 기관총과 양각대 기관총의 차이점은 무엇인가. 현재 편성은 명확한 구분없이 편제가 되어있으므로 혼란을 가져오고 있다. 편제에 대한 신중한 연구가 필요하다.

☐ M1919A4, A6 기관총 장비시 편제 (M60 장비 이전)

– A4 삼각대 기관총

A4 기관총은 총열을 두껍게하여 장시간 사격이 가능하고 삼각대를 사용하여 사격시 반동을 줄여 정확한 사격은 물론 장거리 사격에 유리하도록 설계되어 있다. 대대 중화기중대 기관총소대에 장비되고 1개분대 6명으로 구성되어 있어 분대당, 사수를 제외하고 1인당 2개의 탄통 즉 500발씩 휴대할 수 있어 공격, 방어를 막론하고 정확한 사격으로 대량의 화력을 집중할 수 있게 분대 편성이 이루어졌다.

– A6 양각대 기관총

A4 삼각대 기관총보다 가벼우며 총열이 비교적 가늘어 장시간 사격보다는 단시간에 화력을 집중하도록 되어 있으며 소총소대 화기분대에 장비되어 사수 1인이 조작 가능하고 기관총 조는 4명으로 구성되어 약 1,500발의 탄약을 휴대하고 소총소대를 밀접하게 화력지원하도록 편성되었다.

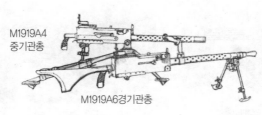

M1919A4
중기관총

M1919A6경기관총

M1919는 기본적으로 3각대에 거치해 놓고 쏘는 중기관총이었으나 양각대와 개머리판을 장착해 경기관총 (LMG)로도 사용, 구경 7.62mm, 발사속도 400~550발/분

□ 현재의 M60 기관총

- 2차대전시 M1919 A4, A6 기관총을 사용하던 미군은 독일군이 3각대에 얹으면 중기관총으로 사용할 수 있고 양각대만 사용하면 경기관총으로 사용할 수 있는 MG43 기관총을 장비하여 탁월한 성능을 발휘하자 새로운 기관총을 개발하여 M60으로 단일화하였다. 한국군도 월남전까지 A4, A6 기관총을 사용하였으나 M60으로 대치되어 오늘에 이르고 있다.

- 과거의 편제는 교리에 따라 중화기중대 기관총은 삼각대 A4로 장비하여 2,000m까지 장거리 사격, 정확한 조준 사격이 가능하고 탄약을 많이 휴대할 수 있어 다량의 화력을 집중할 수 있도록 편성되고, 소총소대 양각대 기관총은 비교적 근거리에서 단시간에 화력을 집중할 수 있게 편성되어 구분이 명확하였다. 그러나 현재는 소총소대 화기분대에 2정의 M60이 장비되어 있어 기관총 1정당 4명으로 양각대로 운영하도록 편성되었으나 3각대를 버릴 수 없어 이것까지 추가되었으므로 탄약 휴대량도 적어지고 삼각대, 양각대 사용할 시기가 불명확하여 삼각대는 창고에 보관하는 실정이다. 결국 우리의 편제는 기관총의 특성을 완전히 살리지 못한 것이다.

〈양각대〉　　　　　　〈삼각대〉

> 기관총이 고장나면 무거운 쇳덩어리에 불과하다. 분해결합, 응급처치, 고장배제에 능숙하도록 훈련되어야 한다.

☐ 침착한 기관총 고장배제로 중공군의 공격저지 (철의 삼각지)

이번에는 1소대가 위기에 빠지고 있었다. 나의 2소대 병사들이 지원사격을 했지만 별무 효과인 듯 싶었다. 바로 그때 내가 위치한 교통호에서 맹렬한 기관총 사격이 시작되었다. 나는 그 기관총 진지를 향해 올라가 사수인 김상병의 등을 두드리면서 큰 소리로 격려하면서 물었다. "헌데 왜 지금까지 가만있었나." "글쎄 연발이 안되지 않습니까. 한참 애를 먹었습니다." 김상병은 사격을 하면서 대답하였다. 김상병의 기관총 사격은 금방 효과가 나타났다. 기관총탄을 맞고 나무토막처럼 구르는 적병들의 모습이 조명탄 불빛아래 드러나 보였다. 마침내 적군의 공격대형은 흩어져서 되돌아 도망치기 시작했다. 결국 아군의 경기관총 한정이 중공군의 공격을 저지한 것이다. 만약 경기관총 고장이 끝내 수리되지 않았더라면 281고지도 중공군의 차지가 되었을 것이다.

☐ 기관총은 의외의 고장이 발생할 수 있다. 훈련을 통하여 고장배제 능력을 향상시켜야 한다.

1965년 9월, 본인이 중화기 중대 부중대장 직책에 있었다. 사단 전체가 월남전에 참전하기 위해 사격훈련이 강화되었고 중화기 중대 기관총 소대도 사수뿐 아니라 탄약수까지도 사격훈련을 시키기 위해 매일 기관총 사격을 실시한 결과 부품이 파손되거나 기관총을 함부로 다룰시는 고장이 번번이 발생하였다. 따라서 기관총 사수는 항상 예비부품을 휴대함은 물론 고장배제에 능숙하게 훈련되어야 한다.

> **훈련시마다 예비총열 교환 훈련을 습관화 시켜야 한다.**

□ 실탄 사격 훈련시 총열을 교환하지 않으면 주 총열만 마모된다.
본인이 소대장, 교관 재직시 기관총 사격 훈련을 하다보면 표적
지에 탄알이 똑바로 맞는 것이 아니라 옆으로 맞는 것을 자주
보았다. 이는 한 개 총열만 계속 사격했기 때문에 강선이 마모
되어 생긴 현상으로 이 총열은 사용할 수 없다. 따라서 평소에
도 총열을 교환하여 사격하는 습관을 들여야 전투시에도 활용
할 수 있으며 마모된 총열은 즉시 반납하여 교환해야 한다.

□ 전투시에도 총열을 자주 교환하여야 원활한 사격이 가능하다.

〈총열교환〉

총열 교환시기를 "최대 발사속도
로 1분간 550발 사격시, 1분마다
총열 교환, 1분간 100발 보통사
격시 10분마다 교환, 1분간 200
발 급사시 2분마다 교환"으로 발
사 속도와 시간으로 교범에 표시
되어 있으나 전투시 구분이 곤란
하므로 개략적으로 400~500발
이나 탄통 2개를 연속 사격시
예비 총열로 교환해 주도록 훈련하는 것이 좋다고 생각된다.

□ 따라서 평시 연병장에서 훈련시에도 총열 교환훈련을 하여 습
성화 시켜야 하며 특히 엎드려쏴 자세에서 실시하여야 한다.

> 주총열이나 예비총열을 막론하고 항상 0점을 잡아 고정시켜야 한다.

– 기관총도 소총과 마찬가지로 0점을 잡아야 표적을 명중시킬 수 있다. 그렇기 때문에 과거에는 기관총 멜빵에 사수의 명찰을 붙이고 0점 위치를 기록하여 부착했으며 상급부대 검열시는 사수에게 0점위치와 현재 그 위치에 가늠자가 설치되었는가를 확인하는 등 귀찮을 정도로 강조하여도 이를 습관화시키지 못하는 경우가 허다하였다. 이와 같이 0점에 대하여 등한히 하는 이유는 사수가 0점의 중요성을 모르고 있을 뿐만 아니라 전투시가 아닌 평상시에는 사격은 계획된 사격 이외에는 하지 않아 그때 다시 0점을 잡으면 된다는 안이한 생각과 사수의 빈번한 교체 때문이기도 하다. 또한 그런대로 주로 사용하는 총열은 0점이 잡혀 있으나 별로 사용하지 않는 예비총열에 대하여는 무관심하기 때문에 거의 0점을 잡아놓지 않고 있다. 따라서 지휘관은 기관총 분대원에게 0점의 중요성을 납득시키고 사수가 교체될 때마다 주총열은 물론 예비총열도 0점 사격을 필히 실시하여 기록하도록 하고 계획된 사격이라 하더라도 사격장에서 0점을 다시 잡아 사격할 것이 아니라 이미 잡혀진 0점으로 사격하고 평소부터 0점을 정확하게 잡고 이를 계속 유지하는 사수는 칭찬 또는 상을 주고 0점이 흐트러진 사수는 따끔한 벌을 가한 다음 0점을 다시 잡는 방법을 사용하는 등 다각도의 관심을 기울여야 하겠다.

〈총기명찰〉

	가 로	세 로	비 고
주총열			
예 비			

> 조준을 하지않은 사격은 적에게 위협을 줄 수 있으나 적을 살상
> 할 수 없다. 표적이 많아도 하나하나 조준사격을 실시해야 한다.

☐ 조준사격을 하지않으면 실탄만 낭비된다. (탈주 400리)

　나는 기관총 위치로 갔다. 기관총탄은 5발마다 1발씩 예광탄이
있어서 실탄나가는 방향을 알수 있기 때문에 사격방향을 보니
실탄만 낭비하고 있지 않은가. "기관총 사수, 어디다 사격을 하
고 있나. 저리 비켜, 내가 쏜다." 나는 기어오르고 있는 적을 향
해 총구를 돌려 조준하여 쏘아댔다. 적은 더 접근을 못한 채 차
폐하고 움직이지 않는다. 바로 그때 산밑에서 나팔소리가 들려
왔으며 적은 도망치기 시작하였다. 나는 사수에게 기관총을 내
주고 "정확하게 잘쏴, 실탄낭비하지 말고"라고 지시하였다. 적
이 후퇴하자 중대장은 "사격중지" 라고 고함을 쳤으나 사격은
좀처럼 멈춰지지 않고 산발적으로 쏘아대더니 중단되었다. 기
관총의 남은 실탄을 확인한 결과 1정당 1상자씩 실탄이 남아 있
었다. 소대원들에 대한 훈련의 필요성을 첫전투를 통하여 절감
하게 되었고 훈련 부족에서 오는 실탄 낭비를 없애야 되겠다고
생각했다.

□ 어떻게 조준사격을 할 것인가 연구를 하여야 한다.

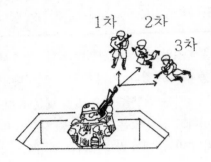

- 표적이 보이면 표적을 하나 하나 제압하여야 한다. 적 1개소대가 공격해 온다고 가정했을 때 표적은 30개가 넘는다. 30개의 표적은 등간격으로 대형을 갖춘 것이 아니라 불규칙적인 대형으로 공격해 오기 때문에 표적을 하나 하나 제압하는 방법밖에 없다. 따라서 가장 위협을 주거나 가까이 다가오는 적병 1명에 대해서 조준하여 6발을 쏘고 다음 1명을 조준하여 6발을 쏘는 방법으로 하나 하나 제압하면 30명이라 하더라도 180발이면 1개소대를 제압할 수 있는 것이다. 이와 같이 사격하지않고 막 휘두르는 식으로 사격한다면 적에게 위협을 줄 수는 있으나 살상을 가할 수는 없음으로 실탄 낭비만 가져온다.

- 표적이 안보이면 의심나는 곳을 하나 하나 제압하여야 한다. 전투시 표적이 모두 보이는 것은 아니다. 그럼으로 의심나는 곳도 정확히 조준하여 사격하여야 한다. 의심나는 지역이라 하여 무턱대고 난사한다면 위협사격은 될지라도 제압은 어려움으로 실탄만 낭비하게 된다.

기관총은 연발사격 화기로 보통사, 급사, 최대발사 속도로 사격할 수 있다. 따라서 기관총 요원들은 그 의미를 알고 사격훈련을 해야한다.

□보통사, 급사등 연발사격을 능숙하게 할 수 있도록 훈련해야 한다.

대대장 시절 기관총 사격훈련을 참관해보니 사수가 표적에 1발 또는 2-3발씩 사격함으로 의아하여 왜 규정대로 6발씩 사격하지 않느냐고 질문하니, 6발씩 사격하면 총의 반동으로 명중시키기 어려워 그와 같이 사격한다는 답변이었다. 결국 우리는 전투력 향상이라는 측면보다는 사격 성적을 올리는데 급급한 결과 그와 같은 편법을 쓰게 된 것이다. 결국 표적당 6발씩 사격하여 1발만 명중해도 표적을 제압한 것으로 판정하는 것은 대량의 사격으로 표적을 제압하는 화기의 특성 때문으로 기관총 요원은 연발사격에 능숙하도록 훈련되어야 한다.

□특별한 경우에는 단발사격을 하는 경우도 있다.(소부대전투)

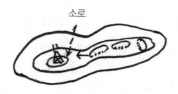

소로

1951년 4월 25일, 07:00시경 중공군이 A 중대 남쪽에 있는 3대대 관측소를 공격, 장악하게 되자 즉시 1소대가 사격으로 고착시키고 있었다. 중공군은 고지 북사면의 소로를 이용하여 관측소 지역으로 올라감으로 소대 기관총 사수는 거리 300야드 지점인 소로에 조준하고 1명이와도 1발, 수명이 지나가도 1발씩 조심스럽게 오전 내내 사격한 결과 1발의 적응사도 받지 않고 60여명을 쓰러뜨렸다.

□ 보통사는 4-5초 간격으로 6-7발씩 점사를 하여 매분당 100발을 사격하는 것이다. 이는 사거리내에 있는 적을 조준하여 사격할 때 사용한다.

 - 4-5초 간격으로 사격하는 이유는 조준사격을 하기 위해서이다.

□ 자동화 사격장에서 소총 사격시 5초안에 조준하고 사격하여 표적을 제압해야한다. 이는 통계상 적이 5초정도 이동함으로 표적이 보이고 다음 엄폐할 때는 표적이 보이지 않음으로 표적이 보일 때 사격하기 위해 표적 노출 시간을 정한 것이다. 이와 같은 소총 사격 원리로 볼 때 4-5초 간격으로 사격하는 것은 조준사격을 하기 위한 것이다.

 - 1회에 6-7발씩 매분당 100발을 사격하는 것은 화력의 우세와 표적을 확실히 제압하기 위한 것이다.

기관총의 역할은 대량의 사격으로 화력의 우세를 유지하는 것이다. 따라서 단발사격을 하는 경우는 드물며 6발이상 사격하는 것이다. 여기에 더하여 600m까지도 조준 사격이 가능함으로 6발을 발사하여 표적을 완전히 제압하는 목적도 있다. 이와 같이 1회 5초간 6발씩 사격하면 1분간 12회를 사격할 수 있어 매분 92발을 발사하게 되나 기계와 같이 사격할 수 없음으로 4-5초 간격으로 매분당 100발을 사격한다는 의미인 것이다.

□ 급사는 최후 방어사격시와 같이 화망을 구성할 때 사용한다.
- 급사는 2-3초 간격으로 1회 6-9발, 분당 200발을 사격하는 것으로 화망을 구성하는데 사용한다. 이와 같은 사격속도는 수냉식 기관총이 아니고 공냉식 기관총이면 2분당 한번씩 총열을 교환해야 하고 10분에 2,000발이 소모됨으로 급박한 경우가 아니면 급사를 하는 것은 제한된다.

- 미군 기관총의 최후 방어사격으로 돌격 실패 (일본군 전투전사)

1942년 10월 23일 야간, 일본군 29연대 11중대는 가달카날에서 미군 비행장을 공격하기 위해 전진중, 정글에서 빠져 나와 사방이 터진 초원으로 나섰으나 철조망에 조우하여 미군의 기관총사격을 받았다. 총성과 동시에 뻘건 불덩어리가 간격없이 이어져 기관총 화점에서 뿜어나오는 예광탄 모양이 마치 소방호스에서 물이 분출되는 것과 같았다. 그것은 실탄 전부가 예광탄인 것 같았으며 염주처럼 이어진 그 불덩어리는 높게 낮게 종횡무진으로 날아오기 때문에 견딜 수 없어서 중대장은 후방의 정글 속으로 물러났다. 초원에는 일본병이 하나도 없었는데 총탄은 미친 듯이 쏟아졌으며 1회의 사격시간이 30초에서 1분간이나 쏘다가 몇 초 쉬고는 또 쏘아댔다. 중대장은 다른 방법이 없음으로 과감하게 돌격하였으나 기관총 화력으로 치명적인 타격을 입고 공격에 실패하였다.

> 기관총을 평시 훈련에는 메고 다니는데 바빳지 탄약에 대한 생각은 하지 않으나 전투시에는 탄약의 소모가 극심함으로, 탄약 휴대 및 추가 보충에 항상 관심을 두어야 하며 휴대 훈련도 하여야 한다.

☐ 전투가 벌어지면 대량의 탄약을 소모한다. (소부대 전투)
 - 1951년 4월 25일, 미 7연대 A중대는 엄호부대 임무수행중 2정의 수냉식 기관총이 1시간의 전투에서 26상자의 탄약을 사격하였으며
 - 1951년 8월, 미 179연대 K중대가 전초 진지 방어중 2소대 경기관총은 21:00~01:00 사이에 12상자, 즉 3,000발을 사격했다.
☐ 과거 기관총 1정당 기본 휴대량은 3,250발이었다. 그 의미를 생각해보자.

 CAL 30 기관총 탄약 3,250발은 13상자(1상자 250발)로 탄약수 1인이 2상자(500발)를 운반할 수 있음으로 인원 7명이 소요된다. 중화기중대 기관총 분대는 6명으로 사수를 제외하면 9상자(탄약수 2상자, 부사수 1상자) 2,250발을 휴대하고 소대 기관총은 4명으로 3명이 1,500발을 휴대할 수 있어 나머지는 차량으로 운반하는 개념으로 결국 재보급 결과에 따라 화력지원에 영향을 주었다.

☐ 한국과 같은 산악에서는 인원으로 운반하고 보충해야 한다.
 - 6 · 25 당시 한국군은 병력이 최대로 휴대하고 노무자로 보충하는 방법을 주로 하였다. 따라서 미래에도 병력이 휴대한 탄약으로 전투하고 필요량은 보충한다는 개념하에 평소 휴대 방법과 탄약수에 의한 보충 훈련도 실시하여야 한다.

□교범에 각자 300발씩 휴대하도록 되어있으나 휴대 병기, 부수 기재등을 고려하는 않은 것으로 재검토되어야 한다.

- 교범
  - 사수 : 기관총 (10.4kg)+300발(3.1 3 = 9.3kg)=약 20kg
  - 기타 : 소총 (3.8kg) + 300발 (3.1kg (100발) 3 = 9.3kg) = 약 14kg

- 조정 · 휴대 방법 (탄약을 최대로 휴대해야 한다)
  - 양각대로 사용할 때
    사수 : 기관총 + 탄약 200발 (6.2kg) = 약 17kg
    기타 : 소총 + 400발 (약 13kg) = 약 17kg
  - 삼각대로 사용할 때
    사수 : 기관총 + 200발 = 약 17kg
    부사수 : 소총 +전륜기 (3kg) + 300발 = 약 17kg
    탄약수 : 소총 + 삼각대 (6kg) + 300발 = 약 17kg
    탄약수 : 소총 + 400발 (12.4kg) = 약 17kg

- 탄약을 탄포에서 꺼내어 메는 방법은 위장면에서 취약하고 오물이 묻을가능성이 있음으로100발들이 탄포를그대로휴대함이 바람직하다.

> 전투부대에서는 기관총 사격훈련장에서 사격시에도 전투시를 고려한 각개동작, 분대 또는 조단위 협동, 사격지휘를 포함한 전투위주의 훈련을 실시해야 한다.

□ 전투부대에서 학교에서 실시하는 대로 기관총사격을 하는 것은 성과가 없다.

본인이 사단장 시절 기관총사격장을 방문하여 사격하는 것을 관찰하였더니 사수들이 사선에서 기관총 삼각대 발톱 홈을 파서 삼각대를 고정시키거나 사선위에서 발로 삼각대 발톱을 힘껏 밟아 고정시킨 다음 교대로 사격하는 것을 보았다. 이와 같이 사선에 기관총 삼각대를 고정시킨 다음 사격하는 것은 주로 학교기관에서 사수훈련을 위하여 실시하는 방법으로 전투부대에서 그대로 모방한 결과였다. 본인은 이와 같은 사격을 관찰하고 과연 저와 같은 동작이 전투시에도 적용시킬 수 있는가 생각해 보았다. 전투부대에서는 기관총 사수 뿐만 아니라 분대장, 사수, 부사수, 탄약수가 일체가 되어 분대장은 사격 지휘를 하고, 사수는 사격을 하며, 부사수는 사수가 연속사격을 할 수 있도록 탄약을 보급하고, 탄약수는 사주를 경계하는 등 분대단위 또는 기관총 조단위가 협동심을 발휘하도록 훈련되어야지, 학교교육처럼 사수 개인만 훈련을 해서는 전투력 향상이란 기대할 수 없는 것이다. 본인이 이와 같은 생각을 하고 교관에게 사격 지휘는 누가 하는가. 전투시를 생각한다면 어떻게 훈련하는 것이 좋은가 질문하였으나 명확한 답변을 얻지 못했다. 결국 기관총 합격수준이란 표적에 몇 발이나 명중시켰는가를 중요시하기 때문에 학교교육에서와 같이 다른 동작은 생략하고 오직 명중률만 추구하는 지휘자의 생각때문에 이와 같은 맹목적인 훈련만 실시하고 있는 것이다.

□ 전투부대에서는 기관총 사격훈련장에서 사격시에도 전투시를 고려한 훈련이 실시되어야 한다.

- 기관총조는 사선후방에서 대기하며

- 분대장은 포복으로 사선으로 올라가 기관총위치를 확인한 다음 "총위치 여기, 또는 총위치 분대장 좌측 10m"라고 총위치를 결정하고 "차려 총" 구령을 내린다.

- 기관총조는 분대장 구령에 의하여 전술행동을 취하여 사선으로 이동하며 기관총의 사격준비를 하고 사수, 부사수, 탄약수는 정위치하고 "준비 끝"이라 보고한다.

- 분대장은 "전방, 공격중인 적부대, 거리 600 횡사, 보통사, 사격개시" 라고 명령을 하달하면 사수는 사격을 실시한다.

- 분대장은 거리에 따라 사격명령을 내리고 사격중 최소 1회 예비총열 교환을 한다. 사격이 끝나면 "사격 그만"이라는 구령하에 사수도 사격을 중지하고 남은 탄약을 제거한다.

- 분대장의 지휘하에 안전 검사를 실시하고 전술적 행동으로 사선에서 내려온다.

  ※ 이와 같은 전투시를 고려한 훈련을 실시하면 비록 명중 발수는 적을 수 있으나 전투력은 극대화 할 수 있다.

> 기관총 사격은 10m사격, 실거리 및 야외 표준사격으로 구분하고 있으나 전투부대에서는 야외실거리 사격에 중점을 두어야 하며 한국 지형에 맞도록 사격장을 설치하여야 한다.

☐ 전투 부대에서는 야외 실거리 사격에 중점을 두어야 한다.
 – 훈련소, 신병교육 기관처럼 기초 훈련시 기관총 사격은 주로 10m 사격을 실시하여 사격 경험을 부여하는데 중점을 두고 있으며 실거리 사격은 등한히 하고 있다. 그러나 전투 부대에서는 다양한 거리에 나타나는 표적을 명중시켜야 함으로 실거리 야외사격에 중점을 두어야 한다.
 – 본인도 임관전이나 OBC 교육을 받을 때 주로 10m사격을 하였

〈10m 사격훈련〉

음으로화기소대장시 기관총 사격훈련은 학교 기관에서 경험한 대로 10m사격을 실시한 바 있다. 그러나 그 후 월남전에 참전해보니 전투부대 사격훈련은 야외 실거리 사격 훈련을 하여야 전투에 써먹을 수 있다는 것을 실감하였다.

☐ 사격장은 한국 지형에 맞게 설치하고 적의 전술을 고려하여 표적을 설치해야 한다.
 – 교범에 의하면 실거리 및 야외사격 훈련장을 평지에 설치하고 있으나 한국의 지형은 산악으로 공격시는 상향사격 방어시는 하향사격이 통상임으로 실전과 같은 사격훈련을 할 수 없다. 따라서 전투 지형과 유사한 지형을 선택하여 훈련장을 설치해야 한다.
 – 표적도 적 공격시는 불규칙한 대형을 취하며 방어시는 교통호, 벙커에 은신해 있음으로 적의 전술을 고려하여 표적을 설치해야 사격 효과가 극대화된다.

> 방어사격 훈련장은 벙어지역과 유사한 지형을 선택하여 하향
> 사격이 되도록 하고 표적은 가용 탄약을 고려하여 단일표적 또
> 는 집체표적을 설치한다.

□ 훈련장 설치

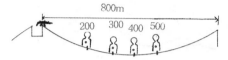

- 방어지형과 같이 하향사격이 가능하고 표적지역 후사면은 높
  은 고지로 자연스럽게 방탄벽이 될 수 있으며 가능한대로
  800m까지 사격할 수 있는 곳이 좋다.

□ 표적설치

- 훈련용 탄약이 충분하면 야외 사격훈련장과 같이 적의 규모와
  대형을 고려하여 표적을 설치할 수 있으나 탄약이 제한됨으로
  실거리 사격장과 같이 사거리별 단일표적을 설치하여 훈련하
  는 것이 사격훈련을 극대화시킬 수 있다.

□ 주간 방어사격 훈련 요령

- 방어시와 같이 기관총 진지를 만들고 기관총을 거치하고 사격
  준비를 한다.

- 통제관의 표적 지시에 따라 분대장의 지휘 또는 사수의 판단에
  의해 사격한다.

  * 예:통제관의표적제시:1번 표적,준비 되는대로사격개시

  분대장 : 거리, 표적성질, 사격방법등을 결정하여 사격 명령을
           내린다. (전방 거리 600, 적 기관총, 6발 사격개시)
           이후 사격을 관측하고 조정한다.

  사 수 : 분대장의 지시에 따라 사격하거나 자신의 판단에 의
          해 사격

- 통제관의 지시에 따라 1회 이상 예비진지로 이동하여 사격하도
  록 하고 마지막 1회는 최후방어 사격선에 표적을 설치하고 적
  은 발수라도 최후 방어사격 훈련을 실시한다.

> 공격사격 훈련장은 공격 지형과 유사한 곳을 선택하고 상향사
> 격이 되도록 하며, 1회 이상 진지를 변환하여 사격할 수 있도록
> 하고 F표적 또는 총안구를 설치한다.

□ 훈련장 설치

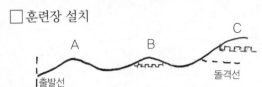

- 공격 지형과 유사한 지형을 택하되 1회이상 이동하여 사격할
  수 있도록 선정하고 피탄 지역은 높은 고지로 자연 방탄벽이
  되도록함이 좋다.
- 적의 방어 양상을 고려 F표적 또는 총안구를 설치한다.

□ 사격훈련 요령
- 최초 출발선에서 대기하다가 통제관의 지시에 따라 전술행동으로
  A지점에 기관총을 거치하고 B 지점의 표적을 확인하며 확인이 끝
  나면 다시 통제관의 지시로 B 지역의 표적을 사격하여 제압한다.
- 다시 통제관의 지시에 따라 전술 행동으로 B 지점으로 이동하
  여 같은 요령으로 표적을 확인하고 사격함으로써 연속적인 화
  력 지원 요령을 훈련시킨다.
- 통제관의 지시에 따라 B 지점에서 C 지점으로 이동, 돌격 사격
  훈련을 비사격으로 실시한다.

> 평시 기관총 사격훈련을 보면 측정에 대비하여 사수에게만 교
> 탄을 집중적으로 할당하여 사격훈련을 하는 경향이 있다. 그러
> 나 전투시 기관총은 최우선적으로 적의 화력을 받아 요원에 대
> 한 손실이 많음으로 사수는 물론 탄약수까지 사격훈련을 실시하
> 여야 전투력 향상에 기여할 수 있다.

□ 전투시는 기관총 요원의 피해가 많이 발생한다.

1950년 9월 19일, 미 해병 중대는 한강을 도하하여 행주산성
(125고지)을 공격하기 시작했을 때 치열한 적의 사격을 받았다.
중화기중대에서 지원된 기관총이 지원 사격을 시작했으나 적의
집중 사격을 받아 사수가 쓰러지고 부사수가 사격을 했으나 다
시 부상을 당하여 이번에는 탄약수가 사격을 하였다.

□ 사격 측정에 대비, 사수에게만 사격시키는 것은 잘못이다.

사격 측정은 전투시를 대비하여 사격 기술을 연마하기 위한 것
이다. 그렇다면 사수만 사격 측정을 하는 제도는 잘못된 제도이
다. 전례에서 보듯이 전투에서 기관총 요원의 손실이 급증함으
로 이에 대비하기 위해서는 탄약수까지도 사격훈련을 실시해야
화력 지원을 계속할 수 있다.

□ 탄약수까지도 교탄을 할애하여 사격훈련을 시키자.

본인도 대대장시까지 사수 위주로 사격을 하였으나 측정이 전
부가 아니라 생각되어 연대장시는 훈련 지시에 탄약수까지 교
탄을 할당하여 기관총 요원 전원이 사격체험을 할 수 있도록 조
치한 바 있다. 결국 눈앞에 이익보다는 전투력 향상이라는 차원
에서 훈련시켜야 성과가 있다.

> 기관총 훈련은 개인훈련과 전술적 운용훈련으로 나눌 수 있으나 화력 지원이 주목적임으로 전투 부대에서는 전술훈련 완성에 목표를 두고 훈련하여야 하며 개인 훈련은 미숙자 위주로 실시함이 좋다.

☐ 개인훈련은 신병시 주가 되나 부대에서는 보완훈련이 된다.

　개인훈련은 기관총 사격과 응급조치 숙달에 목표를 두며 기계훈련, 조총 및 사격술 예비훈련, 사격기술, 사격까지 해당되며 신병 훈련시 주로 실시하나 전투 부대에서는 미숙자에 대한 보완훈련으로 실시하여야 한다.

☐ 전술적 훈련은 팀훈련 완성에 목표를 두며 전투 부대에서 실시한다.

– 개인훈련이 완성되었다 하더라도 전투에서 돌격부대에 적절한 화력 지원을 제공하기 위해서는 전술적 운용에 숙달되어야 하며 모든 전술적 행동은 팀에 의해 이루어짐으로 팀단위 훈련 완성에 목표를 두고 훈련되어야 한다.

– 전술적 행동은 행군– 집결지–공격–방어–철수시 행동으로 구분할 수 있으며 최초에는 세부적인 화력 지원 방법을 구분하여 실시하고 다음에는 행군으로부터 철수시 행동을 연결해서 훈련하는 것이 효과적이다.

> 공격시 기관총 화력 지원은 돌격부대와 동일 방향에서 운용하는 방법, 즉 초과사격으로 화력을 지원하거나 상이한 방향에서 운용하는 방법, 즉 기관총은 정면으로 사격하고 돌격부대는 우회하는 방법으로 대별할 수 있다.

□ 공격시는 기관총의 사격 방향과 돌격부대가 동일 방향에서 운용시는 초과사격으로 지원하는 것이 가장 좋다.
  - 초과 사격 개념

  적진시

  * 초과사격은 공격시 아군 후방에 기관총을 거치하고 공격하는 아군 머리 위로 사격을 실시하여 적을 살상하는 사격이다.
  - 초과사격 전례 (통신불비로 효과적인 지원을 받지못함)

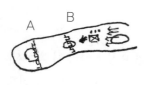

A B

1951년 8월 31일, 미 2사단 F중대 1소대는 733고지를 공격하게 되었다. 안개로 포, 박격포의 지원을 받을 수 없어 기관총 4정의 초과사격 지원을 받으며 전진하기 시작했으며, 첫째 봉우리 절반쯤에서 기관총 지원사격을 조정할 수 있는 휴대용 무전기를 점검하니 작동이 되었다. 텅빈 B 고지를 점령하고 A 고지로 전진하자 적의 사격이 시작되었고 아군의 기관총 사격은 중단되었음으로 사격 요청을 하려 했으나 무전기가 작동하지 않았다. 기관총은 공격소대가 A 고지 사격 한계선에 너무 접근하였고 안개로 관측이 곤란하여 사격을 중단한 것이다. 결국 기관총의 사격 지원없이 계속 공격하였으나 실패하였다.

□ 훈련을 통하여 초과사격 방법에 능숙하도록 하여야 한다.

 - 기관총 요원에 대해 소총병이 신뢰할 수 있어야 한다.

본인이 연대장시 기관총 초과사격 지원하에 보병소대 공격 전투사격 훈련을 실시한 바 있었다. 훈련후 대대장의 보고에 의하면 공격부대 후방에서 기관총을 머리위로 쏘니 처음에는 병사들이 겁을 먹고 두려워하였는데 몇번 훈련을 하고나니 기관총과 돌격부대가 호흡이 일치되어 자신감을 갖게 되었다는 보고를 받고 평소 훈련의 중요성을 다시 실감하였다.

 - 초과사격 훈련방법

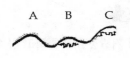

A B C

* 최초 A 지점에 기관총을 거치
B 목표 사격 준비
 • 사거리측정 및 안전한계선
   설정
 • 총구가 내려가지 않도록 받침대 설치
 • 돌격 부대와 유, 무선. 시호통신 준비
 • 사격을 통제할 지휘자 임명
* 초과사격 실시
 • 사격 통제관 지휘하에 돌격부대 요청에 따라 사격 실시
 • 아군이 안전한계선에 도달했거나 돌격부대 요청에 의해 사격중지
 • 요청에 의해 추가로 사격하거나 목표를 점령하고 재편성시 기관총 이동.
 • C 목표 공격시 B 목표 사격지원과 같은 요령으로 사격 지원
※ 공격부대와 통신유지에 특별한 관심을 가져야 함

□ 기관총의 사격 방향과 돌격 부대가 상이한 방향에서 운용
 - 상이한 방향에서 운용 방법

기관총

* 기관총은 정면에서 목표에 화력을 지원하며 돌격부대는 좌 또는 우로 우회하여 공격하는 방법이다. 이때에도 기관총과 돌격부대간 통신 방법을 강구하여야 한다.

 - 전례 (대대장)

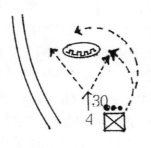

도로변 우측에 150고지 정도의 독립 고지가 있고 적은 그곳에 배치되어 있었다. 공격 중대가 목표 300m 정도 접근했을 때 적진지에서 일제 사격이 계속되었고 공격 중대는 잘 구축된 기관총으로 인해 진출이 저지되었다. 나는 중대장에게 1개 소대로 정면에서 견제하고 2개 소대를 측후방으로 우회시키도록 지시하였다.

정면의 소대와 추진된 기관총 소대가 정면에서 맹렬한 제압 사격을 하고 있는 사이 2개 소대가 측, 후방으로 우회하기 시작하였다. 측방과 후방으로 이동하는 소대는 신속하게 적 고지 측방에 도달하여 고지를 점령하였다.

> 한국과 같은 산악에서는 기관총이 돌격에 가담하는 것이 어렵다. 따라서 통상 화력 지원에 유리한 지점에 기관총을 거치하고 돌격전 적을 제압하는 사격을 실시하여 돌격의 계기를 조성하게 된다.

□ 돌격사격자세는 구부려쏴, 서서쏴 자세가 있으나 실제로 사용하는 경우는 드물다.

본인이 사단장 시절 기관총사격을 관람하기 위하여 예하 연대 기관총 사격장을 방문하였다. 본인이 계획된 시간보다 조금 일찍 능선에 설치된 사격장에 도착하니 그때서야 병사들이 올라오는 것이 보였다. 본인은 한국과 같은 산악지형에서 기관총 돌격사격이 가능한가 의문을 갖고 있다가 약 50m능선 아래로 내려가 병사들을 정지하게 하고 기관총을 메고 오는 사수에게 능선을 오르면서 돌격사격을 해보라고 지시하니 기관총 멜빵을 조정하는데도 시간이 걸렸고, 기관총이 무거워 고지를 올라가는 것도 힘겨울 뿐 아니라 구부려쏴 또는 서서쏴 사격자세도 취하기가 어려웠으며 거기에다가 수목이 발에 걸려 올라가지도 못하는 것을 보았다. 본인은 사수에게 돌격사격자세를 어떠한 장소에서 연습해보았는지 질문하니 연병장에서 몇번 해보았다는 답변이었다. 여기에 본인은 우리 전투부대의 훈련실정이 이렇구나 하는 느낌은 받고 해당 교관에게 전투는 주로 고지를 향하여 실시됨으로 실제로 그와 같은 지형에서 훈련을 시켜야 산교육이 된다는 것을 강조한 바 있다.

□ 돌격지원사격에 유리한 곳에 기관총을 거치, 돌격지원사격
 - 3분간 기관총 지원 사격후 돌격 (소부대 전투)

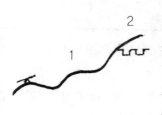

1951년 2월 5일, 미 27연대 11중대 2소대는 기관총의 엄호 사격하에 무난히 1봉우리를 탈취하고 2봉우리로 돌진하던중 사격을 받고 그 자리에 엎드려 공격이 돈좌되었다. 소대장은 무전으로 중대장에게 2봉우리에 3분간의 기관총 엄호사격을 요청하고 사격이 쉽도록 소대원을 좌측 사면으로 내려오게 한 다음 3분간의 사격이 끝나자 돌격하여 목표를 점령하였다. 이와 같이 돌격지원 사격을 기관총에 한정한 것은 험하고 착잡한 능선 공격에서 포, 박격포의 지원은 시간이 필요하나 기관총은 전기를 놓치지 않고 신속한 화력 지원이 가능하기 때문이다.

 - 돌격에 장애가 되는 적 기관총을 제압하여 돌격의 계기 조성 (철의 삼각지)

□ 약 100m 전방 토치카에서 계속 기관총 사격이 가해져 왔다. 우리 소대는 그 기관총 사격때문에 고개도 들 수 없어 무엇보다도 먼저 기관총 사격을 침묵시켜야 했다. 불을 뿜고있는 토치카의 총안이 제법 넓어 그 총안으로 기관총탄을 쏘아 넣으면 될 것 같았다. 때마침 화기소대 기관총이 우리 소대와 1소대 중간 지점으로 추진되어 정상을 사격하고 있는 것을 발견하고 그 기관총 사수에게 달려갔다. 그곳에서도 문제의 토치카 총안이 보임으로 총안으로 사격하도록 지시하자 곧 총구를 돌려 연속으로 사격하니 순식간에 수십발의 총탄이 빨려 들어가듯 정확하게 들어가 적 기관총이 조용해졌다. 나는 계속 사격토록하고 원위치로 돌아와 돌격 준비를 했다.

> 야간공격시 기관총은 LD 근처에 준비된 진지를 점령하여 화력으로 지원하거나 기동부대와 함께 이동하다가 사격 진지를 점령, 화력지원한다.

☐ 중공군은 야간공격에도 기관총을 적절히 사용하였다. (소부대 전투)

1952년 3월 21일, 미 179연대 중대는 1개소대로 전초진지를 편성하고 있던 중 23시경 중공군이 공격하자 미군도 사격을 개시하였다. 바로 그때 2정의 적 기관총이 전초진지를 휩쓸기 시작하였다. 700야드 떨어진 적 기관총은 전초진지보다 약간 높기 때문에 효과적인 제압사격이 가능하여 12명의 사상자 전원이 흉부와 두부에 부상을 입은 것으로 보아 야간 공격시에도 위치 선정이 잘된 기관총은 상당한 효과가 있다는 것을 증명한 것이다.

☐ 야간공격시 화력지원 방법

- 공격개시전 근처에 사격진지 점령, 화력지원 (목표와의 거리 600미터 이하시)

적 기관총 진지 또는 산병호에 대한 사격 제원을 설정하였다가 사격신호에 의해 사격을 실시하고 돌격부대가 예상 전개선에 도달하면 사격중지 신호에 의해 사격을 중지, 목표 탈취후 재편성에 가담.

- 돌격부대와 함께 이동하다가 적의 사격을 받으면 진지를 점령 사격, LD와 목표간 거리가 원거리일 때는 돌격부대 측방 또는 후방에서 이동하다가 사격진지를 점령하고 적의 사격불빛을 관측하면서 사격

- 이때 돌격부대는 기관총 사격선 측방으로 이동함이 좋으며 아군 기관총 사격시 피해를 받지않도록 세심한 주의가 필요하다.

> 공격시에도 기관총 사수는 적으로부터 최우선으로 사격을 받는다. 진지선정, 사격준비, 이동방법에 대해 세심한 주의와 훈련을 하여야 한다.

□ 몸을 노출시키면 저격당한다. (철의 삼각지)

다음 순간 찰칵 소리를 내며 기관총 사격이 중단되었다. 약실에 탄피가 낀 것이다. 사수는 교통호 위에 올려놓고 사격하던 기관총을 끌어내려 약실에 낀 탄피를 빼내느라 한참 애를 썼다. 탄피를 빼고 사수가 다시 총을 거치하느라고 몸이 잠시 교통호위로 노출되자 적의 사격을 받아 머리를 저격당해 절명하였다.

□ 우리는 훈련시 일어선 자세로 정상에 기관총을 거치하고 있다. 이는 잘못된 훈련으로 세밀한 지도가 필요하다.

– 사격진지는 고지 정상에 선정하지 마라.

• 부득이 정상에 선정시는 은폐된 곳을 이용하여야 한다.

– 사격을 위한 진지로의 이동, 사격. 철수, 타진지로 이동

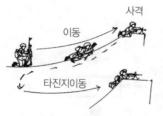

* 사격 위치에 진입전 사수는 탄약을 장전하고 안전 장치를 한다.
* 사수와 부사수는 사격 위치까지 포복으로 이동한다.
* 엎드린 자세에서 총을 거치하고 사격
* 타 진지로 이동시는 완전히 뒤로 물러난 다음 다른 방향으로 이동한다.

□ 최후 방어사격시 기관총 역할

– 최후 방어사격이란 방어시 적이 돌격거리내 도달했을 때 이를 저지하기 위하여 화력을 집중하여 화력에 의한 장벽을 만드는 것이다. 최후 방어사격시 가장 중요한 역할을 하는 화기는 기관총임으로 중대장의 화력계획 수립시 기관총의 최후 저지사격 방향을 우선적으로 설정하고 그 다음 포, 박격포 탄막위치를 결정한다.

– 이와 같이 기관총과 포, 박격포의 탄막을 위치시키면 최후방어 사격시 포, 박격포 탄막은 방어선으로부터 200m정도 떨어져 있어, 적 제1파는 이미 돌격거리인 100m이내에 들어왔음으로 포, 박격포 탄막은 돌격중인 적의 제1파 공격부대에는 큰 영향을 줄 수 없으며, 적의 증원부대 즉 적 제2파를 차단하는 역할을 하게되고 돌격중인 적 제1파를 격멸하는 화기는 기관총이 주가 될 수밖에 없다. 따라서 중대 화력계획의 기본은 기관총이 될 수밖에 없으며 기관총으로 화력의 장막을 만들어 적을 격멸하고 화력장막을 통과한 적은 소총과 수류탄에 의해 격멸하게 되는 것이다.

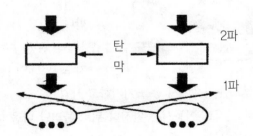

> 최후 방어사격시 기관총의 사격속도를 여하히 할 것인가 연구
> 가 필요하다.

□ 교범에서는 급사 또는 그 이하의 속도로 사격한다라고 표시되
　어 있다.
－최후 저지사격시 기관총의 사격속도를 정확하게 표시한 교범
　은 없다. 이와 같은 이유는 전투상황, 탄약준비 등 여러 가지 이
　유로 일률적으로 정할 수 없기 때문이다. 그럼으로 기관총사수
　나 지휘관들은 어느 속도로 사격을 할지 막연할 뿐이다.

□ 최후 저지사격시 기관총의 사격속도는 탄약 준비에 따라 결정
　된다.

전투는 1-2분 사이에 끝나는 것이아니고수시간에걸쳐서 이루어진다. 기관총을보통사로사격하는경우에도 매분당 100발씩 10분간 사격한다면 1,000발이 소요되며, 급사시는 매분당 200발을 15분간 사격하면 3,000발이 소모된다. 따라서 기관총 1정당 탄약휴대 기준 3,000발일 때 15-30분밖에 사격할 수 없다. 그럼으로 충분한 탄약이 준비되었을 시는 최초급사로 2-3분간 (400-600발) 사격하다가 보통사로 탄약을 고려하여 사격하는 것이 좋다고 생각한다.

> 방어시 기관총은 적의 측방 또는 후방을 사격했을 때 기습의 효과를 발휘함으로 적의 측후방을 사격할 수 있도록 배치하여야 한다.

☐ 경기관총 1정의 측방 사격으로 적을 격퇴 (철의 삼각지)

어쨌든 이번에는 1소대가 위기에 빠지게 되었다. 쇄도하는 적을 향해 1소대에서도 사격을 하였으나 마침내 중공군은 기관단총을 사격하며 돌격을 하기 시작했고 나의 소대에서도 지원사격을 했으나 성과가 없었다. 바로 그때 내가 위치한 곳에서 20m 정도 떨어진 언덕위에서 적을 향한 맹렬한 기관총 사격이 시작되었다. 적 공격대형의 옆구리를 때리는 효과적인 측방사격이었다. 기관총 사격의 효과는 금방 나타났다. 불의에 측방사격을 받은 적의 공격대형은 질서를 잃고 무너지기 시작하는 것이 조명탄 불빛에 보였고 마침내 적은 더 견디지 못하고 흩어져서 도망하였다. 결국 경기관총 1정의 측방 사격이 1소대를 구한 것이다.

☐ 방어 진지 전방에 기관총 매복조를 운영, 공격중인 적을 후방에서 사격 격퇴 (대대장)

적의 3차 역습에 대비하여 기관총 2정으로 증강된 1개 분대를 전방으로 추진하여 매복하도록 하였다. 마침 2중대 좌측 1km 정도 전방에 작은 무명고지가 있었고 소나무가 우거져 매복하기에 적당하였다. 드디어 적은 3차 역습을 하였고 매복조를 지나 2중대 정면으로 공격을 하자 매복조의 기관총이 기습적으로 적 후방에 대해 맹렬히 사격하자 적은 동요하기 시작했고 다시 정면의 2중대가 사격하자 맥없이 후퇴하였다.

> 기관총의 최후 방어사격은 다량의 사격으로 화력의 장벽을 만들어 적의 돌격을 저지 격멸하는데 목적을 두고 실시하며, 최저 표척사가 가능하고 측사 및 타 기관총과 교차 사격시 화력의 효과가 극대화된다.

□ 기관총 최후 방어사격 개념

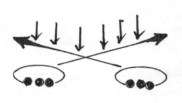

기관총은 장시간 연발 사격이 가능함으로 이론적으로 평탄한 지형에서 일정한 지점을 조준 하여 사람의 키를 넘지않도록 연속적으로 사격하면 화망이 구성되어, 일어서서 돌격하는 적이 화망을 통과할 때 비행하는 탄환에 맞아 격멸하도록 하는 사격이다. 따라서 측방으로 사격하는 측사 및 타 기관총과 교차 사격시 화력을 최대로 발휘할 수 있다.

□ 최저 표척사의 개념

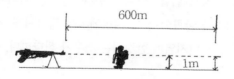

600m

1m

일어서서 돌격하는 적을 격멸하기 위해서는 집속 탄도의 중심이 사람의 키를 넘지 말아야 하며, M60기관총은 600m에 조준하고 사격하면 탄도가 1m가 넘지 않음으로 평탄한 지면에서 M60기관총은 600m까지 최저 표척사를 할 수 있다. 그러나 일률적으로 평탄한 지형은 없으며 특히 한국과 같이 굴곡이 심한 지형에서는 최저 표척사격 구역이 극히 제한됨으로 깊은 연구가 필요하다.

한국 지형은 굴곡이 극심하여 고정사로 600m까지 최저 표척
사를 할 수 없음으로 최후 방어 사격의 효과는 극히 제한된다.
따라서 기관총의 최후 방어사격 효과를 극대화하기 위해서는 깊
은 연구가 필요하며 결국 조준사격 또는 수개의 최저 표척사격
지점을 선정하여 조준점을 이동하면서 사격하여야 한다.

□ 최저 표척사격시 위험공간과 탄착 지역

탄도의 높이가 사람 키보다 낮은 지역에서 서 있으면 피해를 입
게되므로 위험 공간이 되며, 탄착지역은 당연히 피해를 입는 지
역으로 양개지역을 합쳐서 위험지역이라 한다. 평탄한 지역에
서 위험지역은 길어지나 굴곡이 심한 지형에서는 짧아지게 되
며 극단적인 경우에는 피탄지역에 한정되는 경우가 허다하다.

□조준점을 수개로 분리하여 위험지역을 넓히도록 해야 한다.

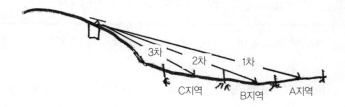

요철이 심한 한국 지형에서는 위험지역을 크게 하려면 조준점을 여러개 만드는 방법밖에 없다. 즉 한 개 조준점에 속한 위험지역을 수개 합치면 필요한 위험지역을 만들 수 있다. 즉 1차 조준점은 A 지역을, 2차 조준점은 B 지역을, 3차 조준점은 C 지역을 위험지역으로 만든다.

□최후사격 방법도 바꾸어야 한다.

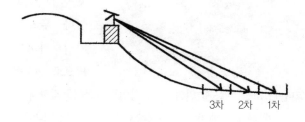

조준점을 여러개 만들었을 때는 조준점을 이동하면서 사격한다. 즉 1차 조준점에 조준하여 사격하고 계속 2차 및 3차 조준점에 조준하여 사격하는 등 이동사격을 하면 필요한 지역을 제압할 수 있어 효과적인 사격을 할 수 있다.

> 기관총 요원은 가장 위협을 받는 장소로 이동하여 화력지원을
> 하는 적극적이며 공격적인 사고를 갖도록 훈련되어야 한다.

□ 사수의 적극적인 기관총 운영으로 후퇴하는 중공군에 피해를
줌. (장진호 전투)

1950년 11월 27일 야간, 미해병 F 중대가 덕동 고개에서 사주
방어중 중공군의 공격을 받아 3소대 진지가 피탈되었다. 날이
밝자 공격을 받지 않은 1소대가 역습을 하여 고지를 탈환하였
다. 이때 사수, 부사수가 기관총과 탄약 2상자를 움켜쥐고 후퇴
하는 중공군을 따라 고지에 기관총을 거치하고 사격을 하여 후
퇴하는 중공군에게 막대한 피해를 주었다.

□ 위급한 곳으로 기관총을 이동, 중공군 저지 (소부대 전투)

1951년 4월 25일, 미7
연대 A 중대는 철수엄
호 임무를 수행하고 있
었다. 우측방의 B중대
가 철수하자 그 지역에 4
명으로 전초를 설치하
였다. 전초를 세운지 얼마후 그 지역으로적이공격하자 3소대장은
즉시 1개 분대를 배치하여 사격했고, 중화기중대 기관총 소대장은
3소대에 있던 기관총 2정을 그곳으로 보낸 후 2소대에 있던 기관
총도 전투지역에 배치하도록 조치하였다. 이와 같은 일련의 행동
이 5분도 안된 사이에 이루어졌으며 10분내에 4정의 기관총이 사
격을 하게 되었다. 이와 같은 조치로 적을 견제하게 되어 철수를
엄호한 후 무사히 철수할 수 있었다.

> 방어시 기관총진지는 소총수의 엄호를 받을 수 있고 최대한 사격구역 내 사각이 없도록 위치시키고 원거리, 근거리 사격이 가능하도록 위치시키되 고지정상이나 능선의 돌출부 등 노출되는 지점을 가급적 피해야 된다.

☐ 소총분대 후방에 사격진지를 선정하여 소총수의 보호를 받는 것이 유리.

- 장점
  - 소총수의 보호를 받음으로 적보병의 수류탄 투척을 방지할 수 있음.
  - 높은 곳에 위치함으로 원거리, 근거리 사격에 유리
  - 종심을 유지하여 소총분대가 돌파되어도 제2의 방어선이 될 수 있음.
- 단점
  - 사수가 당황하거나 잘못하면 총구가 낮아져 아군지역을 사격할 가능성이 있어 아군이 불안감을 가질 수 있음.
  ※ 사격시 총구가 아군 배치지역까지 내려가지 않도록 조치필요

☐ 소총병과 같은 선에 사격진지 선정

- 소총수 배치선 후방에 진지가 가용하지 않을 때
- 장점
  - 깊이 연구하지 않아도 쉽게 진지선정
  - 방어선단 배치로 방어병력 증가
- 단점
  적의 침투에 의한 수류탄 투척으로 조기에 파괴가능

> 기관총은 적으로부터 화력이 집중됨으로 살아남기 위해서는 진지를 옮겨가며 사격해야하며, 특히 주간에 노출된 진지는 야간에 예비진지 또는 다른 장소로 옮기는 습관을 들여야 한다.

□ 주간에 노출된 기관총 진지를 변경하지 않아 파괴됨. (소부대 전투)

1951년 2월 13일, 22시경 지평리에서 방어중인 G중대에 대해 중공군이 공격을 하였으나 격퇴되었다. 그날 가장 중요한 접근로에 있는 3소대 기관총도 사격을 하여 진지가 노출되었다. 다음날 주간 3소대는 야간 공격에 대비하여 진지를 강화하였으나 노출된 기관총은 옮기지 않았다. 날이 저물자 적군의 공격은 재개되었고 마침내 수명의 적이 사각으로 접근하여 3소대 기관총 진지에 방망이 수류탄을 던져넣었다. 결국 소대의 강력한 화기가 쉽게 격파되어 소대 방어 진지가 붕괴되었다.

□ 주, 야간을 막론하고 노출된 진지는 이동하여 사격하는 습관을 들여야 한다.

– 기관총의 주, 예비진지 이동훈련을 해야 한다.

적에게 가장 위협이 되는 기관총은 한 장소에서 장시간 사격을 하게되면 진지가 노출되어 적의 집중적인 화력을 받아 쉽게 파괴당한다. 따라서 주진지가 적에게 노출되었을 시는 예비진지로 이동하고 다시 주진지로 자리를 바꾸어 가면서 사격해야 생존성을 높일 수 있다.

– 야간에는 필히 진지이동을 습관화해야 한다.

주간에서 야간 방어로 전환시는 화기의 배치를 조정하게 된다. 즉 주간에 폭로된 진지를 예비진지로 이동시킴으로써 조기 격파를 방지하는 것이다.

기관총의 전술적 훈련 완성을 위해서는 야지에서 행군, 공격, 방어 상황이 연속되도록 훈련되어야 한다.

훈 련 중 점

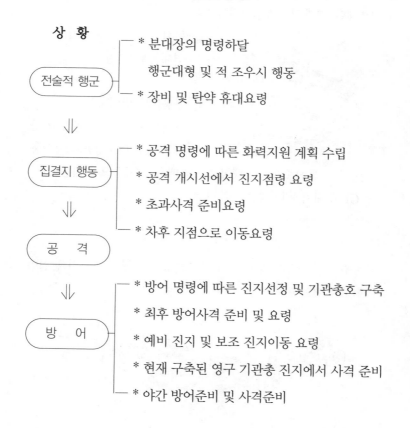

상 황

전술적 행군
- * 분대장의 명령하달
  행군대형 및 적 조우시 행동
- * 장비 및 탄약 휴대요령

⇓

집결지 행동
- * 공격 명령에 따른 화력지원 계획 수립
- * 공격 개시선에서 진지점령 요령
- * 초과사격 준비요령

⇓

공 격
- * 차후 지점으로 이동요령

⇓

방 어
- * 방어 명령에 따른 진지선정 및 기관총호 구축
- * 최후 방어사격 준비 및 요령
- * 예비 진지 및 보조 진지이동 요령
- * 현재 구축된 영구 기관총 진지에서 사격 준비
- * 야간 방어준비 및 사격준비

> 보병 부대에 편제된 구경 50 중기관총은 대공용으로 장비되
> 었으나 대지상용으로 사용하여 효과를 보는 경우도 많음으로 융
> 통성있게 활용해야 한다.

1. 보병대대, 연대 본부에 장비되어 있다.

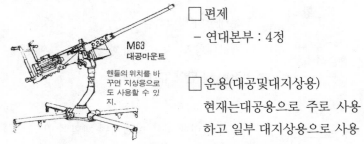

M63
대공마운트

핸들의 위치를 바
꾸면 지상용으로
도 사용할 수 있
지.

□ 편제
 - 연대본부 : 4정

□ 운용(대공및대지상용)
  현재는대공용으로 주로 사용
  하고 일부 대지상용으로 사용

 - 지휘소, 통신중계소등 대공초소에 배치, 대공용으로 사용
 - GP에 배치, 대지상용으로 사용

□ 특징
  사수가 인가되지 않아 화기의 중요성에 비해 지휘자의 관심이
  적고 훈련이 미비

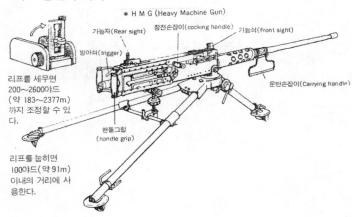

* H M G (Heavy Machine Gun)

가늠자(Rear sight) 장전손잡이(cocking handle) 가늠쇠(Front sight)

방아쇠(trigger)

운반손잡이(Carrying handle)

리프를 세우면
200~2600야드
(약 183~2377m)
까지 조정할 수 있
다.

핸들그립
(handle grip)

리프를 눕히면
100야드(약 91m)
이내의 거리에 사
용한다.

2. 공중 위험이 없을 때 대지상용으로 활용하면 큰 위력을 발휘한다.

☐ 6·25 당시 대지상용으로 사용하여 위력을 발휘하였다.
 - 1950년 8월 낙동강 방어시 미 34연대는 21연대와 3km나 벌어
   진 간격을 방어하기 위해 지뢰를 매설하고 구경 50 중기관총
   수정을 배치하였다. 6일 야간, 북한군 1개연대가 낙동강을 도
   하하였으나 지뢰지대에 봉착한데다가 중기관총의 집중사격과
   포병사격으로 격퇴하였다. 이 전투에서 특히 효과적이었던 것
   은 중기관총 사격이었다.

☐ 현재도 GP에서 적 14.5미리 중기관총에 대항하기 위해 사용하
   고 있다.
   본인이 1968년 GOP 중대장시 GP를 담당하고 있을 때 배치된
   구경 50 중기관총에 대한 사격 훈련을 실시하고 진지를 보강하
   고 있던 중 적 GP와 교전이 벌어졌을 때 적 중기관총에 대해 사
   격한 결과 기선을 제압할 수 있어 중기관총의 중요성을 실감하
   였다.

☐ 미래에도 대지상용으로 중요성 역할을 계속할 것이다.
   한신 장군이 1군 사령관시 중기관총을 대지상용으로 활용하도
   록 까다롭게 강조하고 확인한 때가 있었다. 그 분은 중기관총
   효용성을 실감했기 때문일 것이다. 그러나 이후 어느 지휘관도
   중기관총에 대해 관심을 표명했다는 말을 들은 적이 없다. 그만
   큼 등한시하고 있다는 말이다. 반면에 미해병 보병대대 중화기
   중대에 중기관총 6정이 장비되어 대지상용으로 사용하고 있는
   것을 볼 때 우리도 좀더 관심을 갖고 활용해야 하겠다.

3. 보병 간부는 직접 중기관총을 사용할 기회가 적음으로 훈련을 등한히 한다.

□ 본인이 구경 50 기관총에 대해 교육을 받은 것은 보병학교 초등군사반 시절이 처음이었다. 그것도 사격은 한번도 하지 못하고 분해결합과 두격 및 발화시기 조정 요령에 중점을 둔 훈련이었다. 당시는 대대급 이하 공용화기에 대한 조작 시험이 있었기 때문에 중기관총도 열심히 분해결합을 연습한 결과 임관이후 활용에 큰 도움이 되었다.

□ 구경50 중기관총을 직접 활용한 것은 GOP 중대장 때가 처음이었다.

GOP 중대장으로 보직하고 보니 중대 관측소에 대공 감시초소가 있고 중기관총이 설치되어 운용되고 있었다. 중기관총 사수는 관측소 경계병중 지명하여 분해 결합과 사격 요령을 훈련시켜 활용하고 있었으니 훈련정도는 빈약하였고 자주 교체하다보니 사격을 해도 소용없는 일이었다. 그래도 보병학교 초군반에서 실습한 내용을 상기하면서 중기관총 훈련을 체계적으로 훈련시키려고 노력하였다. 그후 GP를 중대에서 운용함에 따라 GP에 배치된 중기관총에 대해 관심있게 훈련시킨 결과, 후일 적 GP와 교전시 임시로 임명된 사수였으나 훌륭한 사격술을 발휘한 바 있었다.

□ 대대장, 연대장시에도 구경50 중기관총에 대해 관심을 갖고 훈련시켰다.

대대장시에도 대공 초소가 있어 중대장시 경험을 살려 훈련토록 하였으며 연대장시는 체계적인 훈련을 하도록 관심을 기울였으나 사수가 인가되지 않았기 때문에 한계가 있었다. 따라서 간부들에 중점을 둔 훈련을 실시했다.

4. 구경50 중기관총은 두격 조정과 발화시기 조정이 가장 중요하며 지급된 조정기에 의해 조정되어야 원활한 사격이 될 수 있다.

□ 주먹구구식으로 두격 및 발화시기를 조정하는 병기 하사관 중대장시 중기관총 분해결합을 하는것을 보니 결합시 총열을 완전히 감았다가 적당히 2-3회 풀고 두격 조정이 되었다고 말하는 것이었다. 본인은 보병학교에서 두격 및 발화시기 조정기를 본 터라 조정기가 있느냐고 문의하니 조정기는 없고 간이 방법으로 조정한다는 것이었다. 이에 일단 대대에 조정기 지급을 건의하였으나 흐지부지되었다. 후에 사격을 시켜보니 연발이 잘 안됨으로 사단 병기 순회 정비시 정비하도록 하였으나 병기 하사관 역시 조정기구 없이 간이방법을 사용하고 정비되었다고 함으로 본인도 사격 경험이 없고 보병학교에서도 조정기가 없을 때 간이방법을 씀으로 믿게 되었다. 후에 사고가 난 후 생각해 보니 병기 하사관도 주먹구구식이었으니 우리군의 전문 인력의 수준이 이렇게 낮다는 것을 느꼈다.

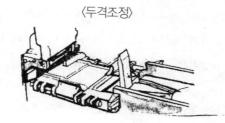

〈두격조정〉

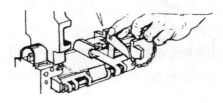

〈발화시기조정〉

□두격 및 발화시기 조정이 잘못되어 사격중 탄피가 파열 사수 부상

이와 같이 중기관총을 거치하고 지내던 중 어느날 야간, 괴팍한 연대장이 적방향으로 사격을 하라는 지시를 내려 사격중 탄피가 파열되면서 총열 덮개가 파손되고 사수 대퇴부에 파편이 박혀 후송하였다. 본인은 이와 같은 사고가 주먹구구식 두격 조정에 있음을 보고하고 조정기 지급을 요청한 결과 그 이후부터 보급되어 사격시 항상 정상적으로 작동하게 되었다.

5. 구경 50 중기관총도 교탄이 보급됨으로 사격 훈련을 시켜야 한다.

본인이 중대장, 대대장시 교탄이 얼마나 보급되는지 별로 관심도 없었고 필요하면 요청하여 활용하였다. 연대장시 교탄을 확인하다가 중기관총 교탄이 많이 쌓여 있는 것을 발견하였다. 이와 같이 된 이유는 임자가 없는 화기라 관심이 없기 때문이었다. 본인은 해당중대 간부들만이라도 사격 경험을 갖는 것이 전투력 향상에 도움이 된다고 생각하여 간부 중심으로 집체훈련을 실시한 바 있다.

제 11 장
박 격 포

박격포는 보병의 곡사포이며 포병이다.

박격포는 보병의 포이다. 따라서 60미리 박격포분대는 보병 중대 포병, 81미리 박격포소대는 보병대대의 포병으로 역할을 한다.

□ 박격포는 1차 세계대전 당시 근거리에 있는 철조망 지대를 파괴하거나 참호속에 있는 적을 살상하기 위하여는 보병이 손쉽게 조작할 수 있는 무기가 필요하여 등장하였다. 1차세계대전에 참가한 각국은 다양한 종류의 박격포를 사용하였으며 그후 연구를 거듭한 결과 오늘날과 같은 박격포가 탄생하였다. 보병을 직접 지원하기 위한 직사포는 조작병이 많이 필요하였고 공격작전시 이동이 용이하지 않아 소수의 인원으로 조작과 운반이 용이하고, 이동하는 보병을 따라 신속하게 진지변환이 가능한 박격포로 대치하고 소구경 포는 폐기되었다. 그러나 일본군은 2차 세계대전시까지 말로 운반하는 70미리 대대포, 75미리 연대포를 사용한바 있다.

□ 60미리는 중대장, 81미리는 대대장, 4.2″는 연대장이 즉각 사용할 수 있는 곡사포이다.
- 60미리는 소총중대에 편성되어 중대장이 즉각 사용할 수 있는 곡사화기이며, 3개 분대로 소총 소대를 1개 분대씩 지원 사격하는 개념으로 편성되어 있었다.
- 80미리는 대대장이 즉각 사용할 수 있는 곡사화기로 3개소대로, 1개 소총 중대를 박격포 1개소대로 지원하는 개념으로 편성되어 있다.
- 4.2″는 연대장이 즉각 사용할 수 있는 곡사화기 소총 대대를 1개 소대씩 지원하는 개념으로 편성되어 있다.

> 박격포는 관측병에 의한 간접사격이 통상이나 직접조준하여 사격하는 방법도 있다.

☐ 적 포격의 위험이 없거나 희박할시는 직접 조준사격이 더 유리하다.

직접조준 사격하면 신속한 조정 사격이 가능하며 목표를 가늠자로 직접조준하기 때문에 좌우 편차는 거의 없고 사거리만 정확하면 신속하게 명중시킬 수 있다. 그러나 적의 포병이 강력하면 대 박격포사격을 실시하기 때문에 적의 포격 위험이 거의 없을 때 사용하게 된다.

☐ 직접조준 사격의 전례

- 1950년 7월 7일, 7연대 2대대가 동락리 국민학교에 적의 대부대를 기습적으로 공격할 때 대대가 사용 가능한 81미리 박격포는 1문뿐이었는데, 8중대장 신용관 중위가 신속하게 직접 조준사격으로 1탄을 발사하자 이것이 적의 포진지에 명중하였다. 재차 2탄, 3탄으로 포진지를 파괴하고 야적한 포탄 상자에도 떨어져 요란한 폭음과 함께 연쇄폭발하여 적의 포진지가 완전히 파괴되어 작전을 성공하는데 기여하였다.
- 1965년 본인이 월남전 참전당시 중대단위 작전기지를 편성하여 작전하였다. 최초 중화기중대 81미리 박격포는 기지중앙에 위치하여 관측병에 의한 간접사격을 실시하였으나 얼마동안의 기간이 흐른 다음 적포병 위협이 없음으로 고지 정상에 박격포를 거치하고 직접 조준사격을 실시한 결과 오히려 사격명령 하달이 신속하게 되고 사격에 편리함으로 계속 직접사격으로 전환한 바 있다.

박격포를 방렬한 후에는 탄도상의 장애물 여부를 확인하여 장애물이 있을 때는 포진지를 옮겨야 하며 훈련시 이를 확인하는 습관을 들여야 한다.

□ 탄도상에 장애물이 있으면 포탄이 이곳에 맞아 폭발하여 포진지 요원이나 근방에 있는 아군에게 피해를 입힌다.

포탄을 포구에 넣은 후 포구밖으로 포탄이 나가면 포탄의 안전장치가 풀려 이후 포탄이 탄도상의 나무나 물체에 충격되면 폭발하게 된다. 따라서 포구 전방에 장애물이 있는 것을 모르고 사격하면 폭발하여 주위의 아군 병사들이 피해를 입음으로 박격포를 거치하면 반드시 탄도상의 장애물 유무를 검사하여야 한다.

□ 본인이 화기소대장시 경험

본인이 화기소대장으로 재직중 중대시험에 참가하여 방어를 위해 60미리 박격포를 방렬하였다. 얼마 후 한 검열관이 박격포 진지를 검토하고 탄도상의 장애물 여부를 확인하였는지 문의하였다. 본인은 보병학교에서 탄도상의 장애물 점검에 대해서 충분한 훈련을 하였으나 막상 훈련에 임하고 보니 이것저것 할 일이 많이 미쳐 확인하지 못하였음으로 확인하지 못하였다고 대답하고 확인을 하니 이상은 없었다. 검열관은 6 · 25 당시 상황이 급하여 박격포를 거치하고 사격하다가 수미터 전방의 나뭇가지에 포탄이 부딪쳐 피해를 입는 것을 보았으니 반드시 탄도상의 장애물 여부를 확인하라는 당부를 받고 그 이후는 박격포 진지에 가면 우선적으로 탄도상의 장애물 여부를 확인하였다.

박격포는 사거리가 가까울 수록 사탄산포가 적어져 명중률이 좋음으로 방어시는 최대사정까지, 공격시는 최대사정의 절반인 전술사정까지 사격하게 된다.

□ 탄착의 분산과 전술사정
 - 탄착의 분산
  • 60 미리 박격포   • 81미리 박격포

| 포진지 | 탄착점 | | 포진지 | 탄착점 |

탄착의 분산은 추진장약 중량의 차이, 바람, 습도, 포판의 진동 등에 의해 발생하며 탄착의 분산을 고려하지 않으면 우군에게 피해를 입히게 된다. 따라서 우군에게 피해가 없을 시는 최대사 정까지 사격하게 되나 탄착지점은 넓게 흩어져 정확한 사격이 필요할 때는 전술사정을 고려하게 된다.

 - 전술사정
  • 60미리 전술사정은 1,000m로 이때 세로 약 80m의 사탄 산포 가 생겨 공격시 절반인 50여m 까지 접근이 가능하고, 81미리 전술 사정은 2,000m로 세로 190m의 사탄산포가 생겨 공격시 100m 까지 접근 가능하여, 보병이 돌격선에 이를 때까지 화력 지원이 가능하다. 방어시는 이를 고려하여 탄막의 위치를 결정 하는 것이 좋다.

> 박격포는 공격시 목표에, 방어시는 보병 배치선에 근접하여 위치하면 사탄 산포도 적고 명중률도 좋아 화력 효과를 극대화할 수 있다.

□ 전례
- 공격시 60미리를 150m 떨어진 교통호내의 적에게 사격한 결과 계속 명중했다. (전우애)

  1951년 8월 피의능선 공격시 5사단 36연대 11중대의 전례이다. 중대장은 화기 소대의 60미리 박격포 3문을 직접 지휘하여 약 150m 떨어진 적 교통호에 집중 사격을 퍼부어 호내에 있는 적병들을 괴멸시키고 있었다. 나는 이 광경을 목격하면서 평소 쓸모없다고 무시했던 60미리 박격포 위력에 탄복하였다. 수류탄 투척 거리보다는 멀고 포병의 지원을 받기에는 많은 제한이 따르는 이런 상황에서 교통호에 배치된 적을 명중시키고 있는 60미리 박격포는 너무나 신통하였다. 그 후에 일이지만 내가 중대장이 된 이후 이때의 경험을 살려 60미리로 중공군의 인해 공격을 물리쳐 대승을 거두었다.
- 중공군은 야간 공격시 박격포를 최전방까지 갖고 와 사격한다. (국경선에 밤이 오다)

  나는 지휘도중 약 20m 전방에서 알아듣지 못할 말을 지껄이는 중공군 소리를 들었다. 그러자 그곳에서 60미리 박격포인듯한 포를 쿵쿵 발사하는 소리가 났다. 박격포같은 화기를 이렇게 최전방까지 가지고 나와 쏘는 전술도 있나하고 나는 놀랐다.

□ 이론상 최소 사거리에서 사탄 산포는 없음으로 목표 가까이 위치하는 것이 좋다.

  사탄 산포를 고려할 때 60미리 최소 사거리 50m, 81미리 최소 사거리 75m에서는 사탄 산포가 거의 없다. 즉 한 곳에 포탄이 계속 명중한다는 말이다. 그러나 사거리가 멀어 질수록 사탄 산포는 커지게 된다. 따라서 사거리가 짧을 수록 명중률이 향상되며 우군의 피해 위험도 적어짐으로 박격포를 최대로 목표에 근접시키는 것이 좋다.

우천시 장약관리를 잘못하거나 포구에 물이 들어가면 장약이 완전연소를 하지 않아 근탄이 생기게 되며 잘못하면 아군에게 피해를 입힌다.

□ 포탄에는 점화약통 1개가 날개 내부에 삽입되어 있고 수개의 추진증가 장약이 날개사이에 끼워져 있다. 점화약통은 완전히 밀폐되어 비교적 습기에 강하나 증가추진 장약은 구멍이 있어 비가 올 때나 습기가 많을 때, 장시간 노출되어 있으면 추진장약이 젖어 연소하지 않거나 불완전하게 연소하여 계획된 사거리를 날아가지 않고 근탄이 발생하게 된다. 따라서 박격포탄은 사격시를 제외하고는 포탄이 들어 있는 포탄통을 개방하지 말아야 한다. 또한 비가 올 때 사격시는 탄약수는 포탄이 비에 젖지 않도록 세심한 배려가 필요하다.

□ 우천시 포구로 물이 들어가지 않게 항상 포구마개를 덮도록 하고 사격시에도 사수가 포탄통 껍데기로 포구를 막았다가 부포수가 포탄을 집어넣을 때 제거하고, 사격이 끝나면 다시 포구를 덮는 절차를 밟아야 포구에 물이 들어가지 않아 장약이 완전 연소하게 된다.

□ 1965년 11월 월남전시 기갑연대 모중대는 적이 방어하고 있는 마을을 향해 공격하던 중 후방에서 발사한 중대 60미리 박격포탄이 공격대형 중간에 떨어져 아군수명이 부상하였다. 사고가 발생한 이유는 당시 우기라 계속 비가 내렸는데도 불구하고 포탄의 장약이 물에 젖은 줄 모르고 포탄을 사격함으로써 점화약통은 발화되었으나 추진장약은 연소되지 않아 사거리가 절반으로 감소하여 아군대형 중간에 포탄이 떨어진 것이다.

> 야간작전시 전장을 밝혀주는 수단은 박격포, 포, 항공조명탄이다. 이중 박격포 조명탄은 가장 신속하게 지원을 할 수 있음으로 보병 대대 이하에서는 가장 중요시해야 하나 훈련을 등한히 하고 있다.

□ 야간 조명은 박격포 조명탄이 가장 빠르게 지원된다.

본인이 월남전 참전시 야간에 접전이 있을 시는 중대 또는 대대에서 보유하고 있는 박격포로 우선 조명을 하고, 교전이 계속되면 포병에게 조명을 요청하고 교전이 끝나지 않으면 항공기를 요청하여 항공기에서 투하하는 조명탄으로 조명을 하였다. 그 당시 즉각 조명을 할 수 있는 것은 역시 중대 60미리, 대대 81미리 박격포였고 포병 조명은 대체로 15분 정도, 항공기 조명은 상당시간 지나서야 가능하기 때문에 보병들은 박격포에 의한 조명을 가장 우선적으로 활용하였다. 따라서 야간 전투시 우선적으로 필요한 박격포 조명탄 사격 훈련은 필수이며 강화해야 한다고 생각한다.

□ 81미리 박격포 조명사격 지연으로 상급지휘관으로부터 질책을 받음

본인이 중화기 중대장 대리로 1965년 10월 월남에 도착하여 연대본부 옆에 위치하게 되었다. 도착한지 2일후 야간에 중대 81미리 박격포 조명탄 사격을 연대장이 지명하는 지점에 사격토록 명령받았다. 이 명령을 받은 본인은 박격포소대에 사격명령을 내렸으나 20분 정도 지나서야 조명탄을 사격하여 연대장으로부터 훈련이 되지 않았다고 질책을 받았다. 이와 같이 사격이 지연된 이유는 본국에서 훈련할 때 조명탄은 거의 사격해 본 일도 없었고, 훈련도 등한히 했으며 야간조명의 중요성을 몰랐기 때문에 발생한 것이다. 그후 조명탄 사격훈련을 강화하여 사격명령을 내리면 1분 이내에 조명탄을 띄워 자신있게 작전에 기여하게 되었다.

□ 월남전에서 귀국한 후 1967년 GOP에서 중대장을 하게 되었다. 그 당시는 무장공비가 수시로 출몰하던 시기로 월남전에서 박격포 조명의 중요성을 터득한 터라 야간이면 우선적으로 60미리 조명탄을 띄울 수 있도록 훈련을 강화하였고 철저한 점검도 실시하였다. 1968년 봄, 무장공비가 중대의 철책선을 뚫으려 하자 매복중이던 사병이 이를 발견하여 사격을 실시하였고 사격소리를 청취한 중대 박격포는 즉각 해당지역에 조명탄을 띄워 무장공비 1명을 사살하는 전과를 획득하였다.

□ 1981년 연대장 시절 국방부에서 불시 야간 훈련검열을 실시하였다. 당시 풍문으로 각 부대에서 야간 박격포 조명사격이 합격 수준에 미달한다는 말을 듣고 중대장급이상 지휘관을 소집하여 야간 박격포 조명사격 훈련요령을 설명하고 훈련하도록 지시하였다. 즉 60미리 박격포 조명탄은 신관이 발사후 14초 후에 자동적으로 작동됨으로 야간에 내무반에서 불을 끈 상태에서 야간등명구를 신속하게 사용하는 요령만 교육하면 되고, 81미리 이상은 신관조정기를 사용하여 폭발시간을 장입해야 되기 때문에 60미리와 마찬가지로 내무반에서 야간등명구를 사용하여 포 조정연습과 조명탄에 시간을 장입하는 훈련을 신속하게 손에 익힐 때까지 실시하라고 지시하였다. 덧붙여 조명탄은 쉽게 폭발하지 않을 뿐 아니라 폭발한다하여도 인명피해가 없으니 안심하라 하고 포탄을 직접 사용하여 신관 조정기로 시간을 장입하는 훈련을 실시한 결과 특별검열단 검열시 지정된 시간, 지정된 지점에 박격포 조명을 이상없이 시행하여 좋은 평가를 받은바 있다.

본인이 소총 중대 화기소대장이나 중화기 중대에 근무시 박격포 화력 계획을 어떻게 수립해야 할 것인가 하는 것이 항상 의문이었다.

□ 화력 계획을 수립하는 이유는 신속 정확한 사격과 화력중복을 피하기 위해서이다.

 - 화력 계획을 세우면 해당 표적에 대해 제원 기록 사격을 통해 정확한 제원을 유지하고 있기 때문에 표적에 적이 나타나면 바로 효력사로 신속히 적을 제압할 수 있다. 또한 계획된 표적 근처에 적이 나타났다면 계획된 표적 제원을 이용하여 수정 제원으로 즉각 사격이 가능하게 된다. 만일 화력 계획에 의한 제원이 없으면 수발의 수정 사격에 의해서만 명중시킬 수 있음으로 적의 제압이 지연된다.

 - 실제로 각종 화력을 지원받아 전투를 수행하는 보병 중대 입장에서 보면 지원되는 곡사화기는 60미리, 81미리, 4.2 , 105미리 포병등 다양하다. 따라서 이와 같이 다양한 지원 화기를 유효하게 사용하려면 교통 정리가 필요한 것이다. 그럼으로 각 화기의 표적은 중복되지 않도록 계획하는 것이다.

□ 60미리, 81미리 모두 화력 계획을 작성하고 기록 사격에 의한 사격 제원을 갖고 있어야 한다.

 - 교범에 의하면 60미리는 투명도와 사격 제원표를, 81미리는 화력 계획과 사격 제원표를 작성하도록 제시하고 있어 혼란이 있으나 모두 화력 계획과 사격 제원을 작성하고 유지하여야 적시 적절한 화력을 제공할 수 있다.

 - 화력 계획을 수립했으면 기록 사격으로 정확한 사격 제원을 유지하여야 한다. 물론 도상에서 얻을 수도 있으나 부정확할 수밖에 없다. 또한 현재와 같이 방어 지역에서 사격할 수 없으면 연습탄을 이용한다든지 정확한 측지로 제원을 획득하는 등 꾸준한 노력을 하여야 한다.

박격포 화력 지원계획 수립시 60미리는 중대, 81미리는 대대에서 통합하도록 되어 있으나 실제는 단독으로 수립하여 사용하는 경우가 많았고 수립 절차도 확실치 않아 형식에 흐르는 경우가 많다. 어떻게 하면 실효성 있는 화력 지원계획을 수립할 수 있는가 생각해 보자.

□ 박격포 화력 지원계획의 일반적인 작성 절차
　- 60미리 박격포

- 60미리는 박격포 반장이 화력 계획을 작성하여 중대장에게 제출하면 중대 화력 협조관인 중대장은 포병, 81미리 관측수, 60미리 반장등과 협의하여 조정한 다음 하달하여 사용한다.
　- 81미리 박격포

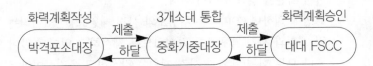

- 각 박격포 소대장이 화력 계획을 작성하여 중화기 중대장에게 제출하면 중화기 중대장은 예하 3개 소대의 화력 계획을 통합하고 조정 한 다음, 대대 FSCC에 제출하면 대대 FSCC에서는 전체 지원되는 화력계획을 통합 조정한 후 하달하여 사용한다.

> 60, 81미리 박격포는 포병이나 4.2인치 박격포등과 화력 계획
> 을 통합한다는데 구체적으로 어떤 경우에 어떻게 통합하는가?
> 연구해 보자.

□ 말로만 통합이지 구체성이 없었다.

본인이 초급 지휘관 시절 화력의 통합이라는 말은 많이 들었으나 학교 기관에서도 구체적으로 배운 일도 없고 누구하나 정확한 답변도 하지 못하니 답답하기 그지없었다. 월남전에서 박격포를 운용한 경험, 그 후 전방 지휘관등을 통하여 통합이라는 의문을 풀다보니 81, 60미리 박격포는 기 계획 사격에 가담할 경우에만 통합할 필요가 있다는 결론을 얻었다.

□ 임기표적 사격을 위한 화력 계획시는 통합할 필요가 없다.

81, 60미리 박격포는 통상 공격 준비사격과 같은 기 계획 사격에는 가담하지 않음으로 대부분의 화력 계획은 임기 표적 사격을 위해 수립하게 된다. 임기표적은 화력 계획없이도 사격할 수 있으나 표적을 선정하고 제원을 산출해 놓으면 신속하게 명중시킬 수 있음으로 수립하는 것이다. 이와 같은 경우 표적이 중복되어도 문제가 없다. 즉 중대 정면 박격포와 포병이 중복되어 선정된 표적에 적 보병 1개 소대가 출현했다면 화력 협조관인 보병 중대장이 각 관측자와 협의하여 사격토록 하면 되는 것이다.

□ 기 계획사격을 위한 화력 계획은 통합되어야 한다.

공격 준비사격, 탄막사격등 기 계획사격 계획은 시간 또는 신호 등에 의하여 자동적으로 사격하게 됨으로 중복되면 같은 지점에 2개 부대가 사격을 하게됨으로 낭비가 된다.

– 따라서 박격포가 기 계획사격에 가담하면 반드시 화력 계획은 통합되어야 한다.

> 공격 준비사격, 탄막사격등 기 계획사격에 박격포가 가담하면 화력계획이 통합되어야 한다.

1. 박격포는 통상 기 계획사격에는 참가하지 않으나 포병의 지원을 받지 못하고 공격시 60, 81미리로 공격 준비사격을 한다면 각각의 화력 계획을 통합하여 표적이 중복되지 않도록 하여 사격을 해야 한다.

□ 공격 준비사격을 위한 1중대 박격포 화력 계획

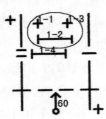

(예 : 제출용)

소속 : 1중대 60미리 공격 준비사격
　　　　화력 계획

장소 : CT 0000, 0000 2000년 1월 3일

표적일람표 (H-3 ~H시까지 사격)

표적번호	표적성질	위 치	탄 종	사격발수
1-1	적관측소	CT 0000 0000	고폭탄	5발
1-2	교 통 호	〃	고폭탄	4발
1-3	기 관 총	〃	〃	3발
1-4	철 조 망	〃	고폭탄	6발

□통합조정의 예

1중대 60미리와 대대 81미리가 공격 준비사격을 위해 화력계획을 수립하여 대대에 제출했을 때 대대 FDC에서 통합하여 검토한 결과 60미리 표적 4개중 1, 4번이 81미리와 중복되었다면 표적의 중요도, 포탄 가용량등을 고려하여 1, 4번은 81미리로 사격토록 하고, 기타는 해당 60미리로 사격하도록 조정한 후 하달하면 1중대 60미리는 화력계획을 조정하여 해당 목표만 사격하게 되는 것이다.

□60미리 사격 제원표 (공격 준비 사격) (예)

소속 30연대 1대대 1중대 60미리 박격포 반

장소 : CT 0000 0000 2000년 0월 0일

사격시간 : H-3분부터 H시까지 3분간

표적번호	사거리	사각	편각	표적형태	사격발수	장약수	비고
2	600	1361	300	교통호	8발	1	
3	600	1361	500	기관총	4발	1	

□81미리 사격제원표(공격 준비 사격) (예)

소속 : 30연대 2대대 8중대 박격포 1소대

장소 : CT 0000 0000

사격시간 : H-3분 ~ H시까지

표적번호	사거리	사각	편각	표적형태	사격발수	장약수	비고
8-1-1	1000			적관측소	5발	2	
8-1-4	1200			철 조 망	10발	2	

2. 박격포는 대부분 임기 표적 사격을 위한 화력 계획을 작성하여 사용한다.

□ 60, 81미리는 통상 수시로 나타나는 임기표적에 대한 사격이 주가 됨으로 화력 계획상의 표적은 표적 유도를 위한 참고점으로 사용하게 된다. 따라서 타 화력지원 부대와 표적이 중복되어도 무방하고 중대, 대대에서 통합을 하지 않아도 됨으로 자체 화력 계획을 세워 필요 부서에 제출하고 사용하면 된다.

□ 전방 지역에서 화력 계획을 작성할 때 표적을 많이 선정하면 포탄이 많이 날라오는 양 여기저기 많이 선정하여 혼란을 가져오고 있다. 따라서 박격포의 신속한 조준, 표적의 중요도를 고려하여 필요한 곳에 선정하고 관측수가 암기할 수 있을 정도의 수가 되는 것이 좋다.

□ 81미리 화력 계획 (방어)

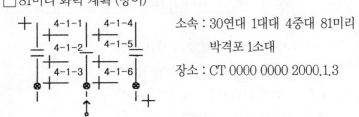

소속 : 30연대 1대대 4중대 81미리
　　　　 박격포 1소대
장소 : CT 0000 0000 2000.1.3

표적일람표

표적번호	표적성질	위　치	비　고
4-1-1	십 자 로	CT 0000 0000	
4-1-2	탄　막	CT 0000 0000	
4-1-3	1중대1소대진지	CT 0000 0000	진내사격

□ 방어시 60미리 화력 계획 작성의 예

　－ 60미리 화력 계획 (방어)

　　소속 : 30연대 1대대 1중대 60미리 박격포 반

　　장소 : CT 0000 0000 2000년 1월 3일

표적 일람표

표적번호	표적성질	위 치	비 고
1-1	예상 기관총	CT 0000 0000	
1-2	개 울 둑		
1-3	교 차 로		참 고 점
1-4	탄　막		10분간사격
1-5	진 내 사 격		15분간사격
1-6	진 내 사 격		15분간사격
1-7	참 고 점		

　－ 사격제원표

　　소속 : 30연대 1대대 1중대 60미리 박격포반

　　장소 : CT 0000 0000　　　　　　　　2000년 1월 3일

표적번호	사거리	사각	편각	표적형태	사격발수	장약수	비고
1-1	900			예상기관총			
1-2	400			개 울 둑			
1-3	500			교 차 로			
1-4	300			탄　막			
1-5	200			진내사격			
1-6	200			진내사격			
1-7	100			참 고 점			

> 표적 번호를 어떻게 부여할 것인가 연구해 보자. 교범에도 애매하게 표시하고 있어 혼동이 되고 있다.

☐ 일반적으로 포병 표적 명칭은 2개의 문자와 세자리 숫자로 부여한다.

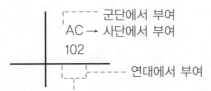

- - - - 군단에서 부여
AC → 사단에서 부여
102
- - - - - 연대에서 부여

* 81, 60미리 박격포 표적 번호는 연대 또는 대대에서 작전 예규에 포함시켜 숫자로 부여해야 하나 부여하지 않았으면 자체적으로 사용해야 한다.

☐ 81미리 박격포 표적 번호 부여 방법

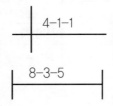

4-1-1

8-3-5

중화기중대 박격포는 소대 단위로 사격함으로 중대, 소대 표적번호 순으로 숫자로 표시하면 된다. 즉 1대대 화기중대 1소대 1번 표적은 4-1-1로 2대대 중화기 중대 3소대 5번 표적은 8-3-5등으로 부여한다.

☐ 소총중대 60미리 박격포 표적 번호 부여 방법

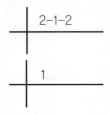

2-1-2

1

분대 단위로 사격할 때는 중대, 분대 표적 번호순으로 숫자로 표시하면 된다. 즉 2중대 박격포반 1분대 2번표적은 2-1-2로 표시할 수 있고 반단위 사격시는 2-1로 부여할 수 있다.

* 단일 숫자 즉 1번 표적은 1, 2번 표적은 2로 부여할 수도 있다.

> 표적이 출현하면 마음대로 사격하는 것이 아니라 화력협조관
> 인 소총 중대장 통제하에 사격한다.

□ 소총중대장 즉 화력 협조관 통제하의 사격절차

표적을 발견하면 소총중대 화력 협조관인 중대장은 FO, 81, 60
미리 관측수와 협의하여 해당 화기에 사격 지시를 내리면 해당
관측수는 사격 요청을 하여 사격하게 된다. 즉 60미리로 제압
할 수 있는 표적이면 60미리로 사격하도록 표적을 할당한다.

□ 60미리 사격절차

60미리는 관측자가 구두로 포진지에 사격 명령을 내려 사격한
다. 따라서 투명도형 화력 계획은 관측자가 휴대하고 이를 이
용하여 사격 명령을 내리면 포 진지의 사수는 사격 제원표와
사표를 갖고 해당되는 제원을 찾아 사각과 편각을 맞춘다음 사
격한다.

□ 81미리 사격 절차

– 사격 지시를 받은 관측수는 무선, 또는 유선으로 FDC에 사격
  요청을 하고 FDC에서는 사격 제원을 산출하여 포진지에 사격
  명령을 내려 사격한다.

– 따라서 관측수는 투명도형 화력 계획을 휴대하여야 하고 FDC
  에서는 사격 제원표와 사표를 갖고 있어야 한다.

– FDC를 운용하지 못하면 60미리와 같은 방법으로 사격한다.

> 60미리는 보병 중대에 편성되어 소대를 지원하는 화기로 구두로 사격 지휘를 하고 탄약도 인력으로 운반하도록 편성되어 있다.

☐ 60미리는 보병 소대를 지원하는 화기이다.

중대에 편성된 60미리는 3개 분대로 1개 분대가 1개 소총 소대를 지원하도록 편성되어 있다. 이와 같은 개념이라면 소대에 배속, 또는 직접 지원을 해야 하나 통상 중대에서 일반 지원으로 운용하고 있음으로 소대를 지원한다는 개념이 퇴색하고 있다. 그러나 소대가 전초 임무, 수색정찰, 매복 등 단독 작전시는 배속하여 운용하는 융통성이 필요하다. 또한 분대 단위로 운용하는 60미리를 통합 운용시는 명확한 지침이 있어야 한다.

☐ 60미리는 분대장이 관측수가 되어 구두로 사격 지휘를 한다.

60미리에는 유, 무선이 인가되지 않았다. 따라서 분대장이 관측수가 되어 구두로 사격 지휘를 하기 때문에 박격포 진지는 관측소와 최대로 가까워야 사격에 유리하다.

☐ 모든 포 및 포탄은 인력으로 운반한다.

소총 중대는 도보로 전투하는 부대이기 때문에 박격포는 물론 포탄까지도 인력으로 운반하도록 편성되어 있음으로 포탄에 대한 지휘관심이 요망된다.

> 60미리 박격포 반의 관측은 박격포 반장 또는 선임 분대장이
> 실시하며 중대 OP에 위치하거나 중대 OP근처에 관측소를 설치
> 하여 중대장 또는 화기소대장 통제하에 사격을 실시한다.

☐ 60미리 박격포 관측소는 중대장과 함께 위치하여야 하고 부득
  이 떨어져 있을 때는 중대장의 통제를 받을 수 있도록 사전에
  준비를 해야 하는 것이다.

☐ 60미리 관측수가 벙커로 된 중대 OP 내에 있으면 구두로 사격
  명령을 내릴 수 없음으로 관측자와 포진지 사이에 유선을 가설
  하여 사격지휘를 해야 하나 노출되어 있으면 구두로 지휘한다.

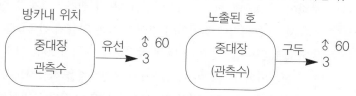

☐ 60미리 관측자가 중대 OP근처에 관측소를 설치하고 사격지휘
  를 하는 방법.

  중대 OP에 인원이 많아 분산의 필요성이 있거나 중대 OP바로
  뒤에 박격포를 설치할 수 없을 경우 중대 OP 근처에 별도로 관
  측소를 운영할 경우도 있다. 이때는 중대 OP와 반드시 유선통
  신을 가설하여 즉각 중대장의 통제를 받을 수 있도록 하거나 중
  대 OP가까운 곳에 위치하여 구두로 사격통제를 받을 수 있는
  곳에 관측소를 설치해야 한다.

☐ 전투간 포, 폭격 등 각종 소음으로 음성 전달거리가 짧아지게 된다. 따라서 관측자와 포진지가 멀게되면 그 만큼 사격지휘가 곤란하다. 그럼으로 음성으로 사격지휘를 하는 60미리 박격포 는 관측자와 최대한 가까이 위치하는 것이 좋으나 30m이내에 위치하면 야간 사격시 불빛이 적에게 관측됨으로 사격간 소음, 야간 불빛을 고려하여 포진지를 관측자와 30-50m이내에 위치 하는 것이 좋다.

☐ 교범에 표시된 대로 100m정도 포 진지가 떨어져 있으면 사격 구령 전달이 곤란하다. 1962년 본인이 임관하여 최초로 받은 보직이 보병중대 화기소대장이었다. 보직 받은지 1개월 정도 지나서 중대 시험에 참가하여 방어중 작은 언덕에 관측소를 설 치하고 100여미터 떨어진 밭에 박격포를 설치하였다. 그후 상 황이 전개되어 검열관이 관측자에게 사격명령을 하달하도록 지 시하여 박격포 분대장이 사격명령을 구두로 포진지에 지시하였 으나 잘들리지 않아 목청껏 소리 질러서야 겨우 사격명령을 하 달할 수 있었다. 이 당시 만일 전투중이었다면 사격명령을 하달 할 수 있었겠는가. 결국 교범에 100m이내라고 표현한 것은 최 대로 관측자와 포진지가 가깝도록 하고 100m를 넘으면 구령으 로는 사격이 곤란하다는 의미인 것이다.

우리는 평소 전술훈련시 박격포를 메고 다니기에 바빴지 포탄에 대한 생각은 별로 하지않는다. 현재 60미리는 문당 72발의 포탄이 인가되어 있으나 차량이 인가되어 있지 않음으로 병사개인이 운반하여야 한다.

☐ 60미리는 포탄을 모두 인력으로 운반하도록 편성되어 있다. 따라서 박격포탄 휴대에 관심을 가져야 화력지원이 가능하다. 1950년 8월 21일, 미 27연대 F중대는 하루밤에 문당 100발 정도 사격한 일이 있다. 이와 같이 대량으로 사격하는 포탄을 어떻게 휴대하고 보충하는가에 대해 연구하여야 한다. 그러나 우리는 훈련시 박격포를 메고 다니는데 바빴지 포탄에 대해서는 생각하지 않으니 문제인 것이다.

☐ 교범에 짐판을 이용하여 병사 1인이 포탄 8발을 운반하도록 되어 있다.

〈탄약을 결속한 짐판〉

우리는 짐판이 있는지 없는지 잘 알지 못하고 평소에 필요가 없기 때문에 중대 창고에 쌓여 있다. 더구나 박격포 분대원 모두에게 배낭이 인가되었기 때문에 짐판 사용에 대해 등한히 하고 평소 훈련에도 사용하지 않고 있다. 이는 잘못으로 평소부터 짐판 사용을 습성화시켜야 하며 항상 필요한 짐판을 확보하여야 한다.

짐판대신에 배낭을 사용하여 배낭속에 집어넣는 방법도 있으나 몇발 들어가지 않는다. 포탄을 여하히 운반할 것인가 평소 연구하고 훈련해야 한다.

☐ 짐판만 사용할 때 휴대해야 할 비상식량, 야전삽, 모포 등을 어떻게 휴대해야할 것인가 생각해야 한다.

월남에서 짐판만 사용할 때 문제가 된 것이 식량, 우의, 모포 등 필요한 물품을 휴대하지 못한다는 것이었다. 따라서 반드시 필요한 식량, 우의 등만 짐판에 함께 묶어 휴대하고 작전에 임하였다. 한국에서는 어떻게 할 것인가. 동계에도 문제가 없을 것인가. 실제 훈련을 통하여 검토되야 할 것이다.

☐ 박격포 분대원이 최대로 포탄을 휴대하도록 하여야 한다.

포탄이 없으면 쇳덩어리를 메고 다니는 것과 같다. 어떻게 운반할 것인가.

과거 박격포 분대원은 분대장을 포함하여 6명으로 구성되어 있었고 사수가 60미리 박격포 (20.5kg)를 휴대하고 분대장을 포함하여 5명이 포탄을 운반하도록 되어 있었다. 현재는 어떠한지. 박격포 분대원의 결원이 있거나 분대원 수가 감소되었다면 포탄 운반량은 그만큼 감소된다. 따라서 나머지 인가된 포탄은 노무자나 중대차량으로 운반하여야 한다.

☐ 고폭탄, 백린탄, 조명탄을 어떻게 휴대할 것인가를 연구해야 한다. 문당 포탄 72발 인가중에는 조명탄과 백린탄이 일정한 비율로 인가되어 있다. 그러나 어떻게 휴대할 것인가는 명시된 것이 없으며 결국 사용부대에서 결정할 일이다. 병사 1인이 고폭탄, 백린탄, 조명탄을 균등하게 휴대한다면 포탄 사용에 혼란을 초래할 우려가 있음으로 고폭탄만을 운반하는 병사, 백린탄만을 운반하는 병사, 조명탄만을 운반하는 병사로 나누어 휴대시키는 것이 좋은 방법이라 생각한다. 특히 조명탄은 야간작전에 필수임으로 다른 포탄보다 우선적으로 휴대하는 것이 좋다.

> 보병대대 81미리는 보병 중대를 지원하는 화기로 관측병에 의한 사격요구, 사격지휘소(FDC)운용, 차량에 의해 포 및 탄약을 운반하도록 편성되어 있다.

☐ 보병 대대 81미리는 포 1개 소대가 보병 1개 중대를 지원하는 개념이다.

대대에 편성된 81미리는 3개 소대로 1개 소대씩 보병 중대를 지원하도록 편성되어 있다. 그러나 편성 개념과는 다르게 통상 대대 일반 지원으로 운용하고 있음으로 사격시는 특별한 대책을 세워야 원활한 화력 지원을 할 수 있다. 보병 중대가 단독 임무를 수행하거나 사거리 미달시는 보병 중대에 배속하여 운용할 때도 있다.

☐ 81미리는 포병과 유사하게 관측병에 의한 사격 요구, FDC에서 제원 산출, 포진지에서 사격하는 체계이다.

– 81미리는 소대 단위로 관측병, 계산병이 인가되어 있고 유, 무선을 사용하도록 편성되어 있어 관측자가 유, 무선으로 사격지휘소에 사격 요청을 하면 사격 제원을 산출하고 구두로 포진지에 사격 제원을 하달하고 사격하게 된다.

– 그러나 81미리를 통합하여 일반 지원시는 3개 박격포 소대를

통합한 계산병이 없음으로 새로운 사격 지휘소를 운영해야 하고 이에 따를 통신망 구성등 제반 문제를 해결해야 효과적인 화력 지원을 할 수 있다.

관측병은 사람의 눈과 같다. 관측병이 없으면 맹목적인사격이 되고 포탄만 낭비한다. 81미리 박격포를 효과적으로 사용하기 위해서는 관측병을 소총중대에 파견하여 소총 중대장과 함께 행동을 같이 해야 한다.

☐ 본인이 월남전에 참전했을 때는 81미리 박격포를 반단위로 소총중대에 배속하였기 때문에 관측병에 대한 관심이 적었다. 그 후 대대장 시절 방어계획을 검토하던 중 81미리 박격포를 일반 지원하면서 관측수 문제가 제기되었다.

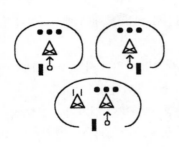

당시는 반당 1명, 총 3명의 관측수가 있고 PRC6가 인가되어 있음으로 소총중대에 관측수를 파견하는 것이 가장 효과적인 화력지원을 할 수 있다고 판단되어 관측수를 파견하여 운영하였다. 그 이전에는 관측수를 파견하지 않음으로 소총 중대장이 대대에 요청하여 사격하거나 대대 관측소에서 관측하여 사격하는 방법을 택하였으나 대대 관측소에서는 관측에 제한이 있고 소총 중대장이 대대에 요청하는 방식도 시간이 많이 걸림으로, 포병에서 관측장교를 소총중대에 파견하는 것과 같이 81미리 관측수도 파견하는 것이 화력지원을 효과적으로 할 수 있는 방안이라 생각하였다.

> 81미리 박격포 사격시는 반드시 사격지휘소(FDC)를 운영해야
> 한다.

☐ 박격포 사격절차

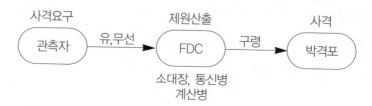

81미리 박격포는 소대사격을 원칙으로 하며 소대에는 소대본
부, 관측병, 계산병, 통신병, 박격포 분대로 구성되어 있다.

사격지휘소(FDC)는 소대장, 선임하사관, 계산병과 통신병으로
이루어지며 관측자가 유, 무선으로 사격을 요청하면 사격지휘
소(FDC)에 위치한 통신병이 받아 구두로 계산병에게 알려주고
계산병은 사격제원을 산출하여 박격포 분대에 사격제원을 전달
한다. 박격포 분대에서 사격을 실시하면 통신병은 관측자에게
박격포 사격사실을 통보한다. (예 : 1발뗬다)

☐ FDC운용을 등한히 한 예 : 1980년 8월 어느날 본인이 연대장
시절 진지 점령 훈련을 실시하게 되었다. 연대는 계획된 대로
진지를 점령하였음으로 본인은 전반적인 사항을 검토하기 위하
여 예하 대대를 순시중 81미리 박격포 소대를 방문하여 점검한
결과 사격지휘소도 없이 박격포만 설치된 것을 보았다. 따라서
소대장에게 왜 사격지휘소를 설치하지 않느냐고 문의한 결과
말문이 막히는 것이었다. 결국 박격포 소대장은 81미리 박격포
의 운용방법을 잘 몰랐으며 특히 FDC운용의 중요성을 몰랐기
때문이었다.

> 81미리 박격포 소대는 각 소대가 관측수, 계산병, 박격포를 갖고 있어 소대별로 운용하도록 되어 있으나 3개소대 9문의 박격포를 통합하여 일반지원시는 FDC가 통합되지 않고는 사격이 통합될 수 없다.

□ 3개소대 9문이 일반지원시 통합사격 지휘 방법
- 선임소대장이 통합 FDC의 장으로 하고 3개 소대의 통신병, 계산병으로 구성한다.
- 통합 FDC로부터 각 소대 박격포 진지까지 유선망을 설치하고 관측자로부터는 무선망을 설치한다.

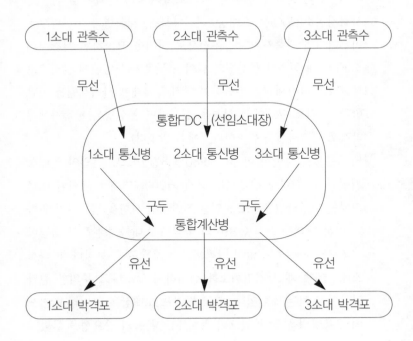

- 관측자로부터 사격요구가 들어오면 FDC에 위치한 통신병은 이를 구령으로 크게 복창하고 통합 FDC장인 선임소대장은 사격우선 순위를 결정한다.
- 사격우선 순위가 결정되면 계산병은 사격 제원을 계산하고 제원을 복창하면 통신병 1명이 박격포 진지에 통합하여 연결된 전화기로 제원을 하달한다.
- 각 소대 박격포 진지에서는 가운데에 있는 박격포 분대장이 전화기를 갖고 제원을 복창하여 사격한다.
- 통합 FDC로부터 각 포진지까지 유선망설치가 곤란하거나 포격으로 절단되면 수명의 중간 연락자를 임명하여 포진지까지 사격명령을 하달한다.

> 81미리 박격포는 포와 탄약을 차량으로 운반하도록 편제되어
> 있으나 훈련시 차량이용 훈련을 등한히 하고 있다.

□ 편제된 차량을 이용한 훈련을 하지않음으로 탄약을 고려하지않  는 실전적 훈련을 하지 못하고 있다. 본인은 월남전이나 한국에서 방어 위주의 작전을 하고 있어 포탄은 포진지 주변에 쌓아놓고 있음으로 포탄에 대한 관심이 부족하였다. 각종 훈련에도 81미리 박격포는 병사들이 메고만 다녔지 포탄에 대한 생각은 미처 하지못하고 더구나 차량이 인가되었어도 어디에 있는지도 관심이 없었다. 훈련중 상황이 벌어지면 박격포만 거치하였지 포탄이 없음으로 아무런 화력지원도 할 수 없어 훈련성과를 얻을 수 없었다. 81미리 박격포 소대 차량을 확인한 결과 인가는 되어 있으나 차량이 감소 편성되어 수령을 하지 못하고 있는 상태여서 차량을 이용한 훈련도 곤란하였다. 결국 전투에서 아무 쓸데없는 쇳덩어리만 병사들이 고생을 하면서 메고 다닌 결과가 되었고 이것은 지휘관 모두의 책임이라고 생각한다. 여러분의 현재 훈련 상태는 어떠한가? 과거와 같이 쇳덩이만 수고롭게 메고 다니는지 궁금하며 그와 같은 훈련을 한다면 지금부터라도 차량이 어디 있는지 확인하고 차량에 의한 훈련도 해보아야 할 것이다.

☐ 편제된 차량과 박격포 및 포탄의 관계
　- 과거에 81미리 박격포 소대는 1개반 2문 3개반으로 구성　되어
　　1개반에 3/4톤(750kg) 차량이 1대 인가되어 있었다.
　　81미리 2문 : 61kg×2 = 122kg, 탄약 120발×2문 3kg =
　　　　　720kg, 총계 : 약 840kg
　　※ 81미리 박격포 도수 운반시 720kg으로 적재가능하며 초과
　　　시 트레일러 사용으로 차량운반 가능
　- 현재는 1개소대 81미리 3문으로 3개소대 편성, 소대당 3/4톤 1
　　대가 인가된 것은 탄약 및 박격포 중량을 고려하지 않은 편성
　　으로 재검토되어야 한다.
　　81미리 3문 : 42.5kg×2 = 127.5kg, 탄약 : 120발×3분×4kg
　　　　　= 1,440kg, 총계 : 약 1,567kg
　　※ 트레일러를 사용하여도 탄약 운반이 불가함

☐ 편제된 차량이 없거나 사용이 불가한 산악지대 작전시는 포탄
　운반에 대한 대책이 수립되어야 한다.

☐ 81미리 박격포 분대는 7명으로 구성되어 있고 3명이 박격포를
　운반하면 3명만 포탄을 운반할 수 있다. 본인이 월남전에 참전
　시 대대가 수색작전에 참가하면 차량으로 포탄을 운반할 수 없
　음으로 배낭에 분대장은 2발 탄약수는 4발의 포탄을 휴대하여
　작전에 임하였고, 전투가 벌어지면 헬기로 추가 탄약을 보급받
　아 포탄 문제로 작전에 지장을 받지는 않았다. 당시 배낭은 구
　형 사각형으로 배낭에 4발을 묶어 휴대하였고 배낭이 교체되었
　을 때에도 포탄 운반관계로 교체치 않았다.

□ 노무자에 의한 포탄운반을 고려할 수 있다.

6·25당시 한국군은 차량도 부족하고 산악지역에서 작전했기 때문에 포탄을 운반하기 위해서 많은 노무자를 이용하였다. 현재도 산악에서 작전하기 위해서는 추가적인 병력이 필요하며 포탄 1기수는 120발로 1인당 8발(4×8 = 32kg))이상을 운반하기 곤란함으로 포 1문당 12명 정도가 필요하게 되며 9문의 포탄을 운반하려면 100여명의 인원이 필요하게 된다. 이와 같은 인력은 구할 수 없음으로 최소한의 포탄을 휴대하거나 차량으로 가까운 사하지점으로 운반하고 추진하는 방법도 고려해야 한다.

□ 운반하는 포문수를 감소시키고 포탄을 예비 중대나 행정병으로 운반하는 방법도 있다. 1950년 12월 1일 장진호 근처에서 포위된 미해병대 7연대 1대대는 야간에 산악을 돌파하여 덕동고개의 F중대를 구출하게 되었다. 야간에 산악을 돌파함으로 81미리 박격포는 2문만 휴대하고 나머지 소대원은 포탄을 휴대하였고 대대 행정요원과 예비중대에게도 1인당 1발의 박격포탄을 운반토록하여 작전을 성공시켰다. 편제에만 얽매여 포 문수만 고집할 것이 아니라 작전 상황에 따른 융통성을 발휘하여 포보다는 포탄을 충분히 확보하는 융통성있는 사고도 필요하다고 하겠다.

> 1개대대 휴대 박격포탄은 81미리 기본 휴대량 문당 120발, 중대 60미리 문당 72발을 고려하면 1,728발이 된다. 포탄 1발로 적 1명을 살상한다면 적 1개연대를 박격포로 격멸할 수 있다. 그러나 이와 같이 되지않는 이유는 훈련의 부족에서 오는 것이다.

□ 6 · 25 당시 군단정찰대 1개중대가 정확한 박격포사격으로 적 1 개연대의 공격을 격퇴시켰다. (자유지)

1950년 8월 군단정찰대 (1개중대)는 입암리에서 방어에 임하였다. 적의 공격준비 사격이 끝나자 보병의 공격이 개시되었다. 그러나 박격포 및 중대 각종 화기의 사격으로 보병의 돌격은 돈좌되었다. 적의 공격 정면인 봉화봉(횡격실)을 중심으로 아군부대의 박격포는 포진지를 봉화봉 횡격실능선 후방에 두지않고 적이 상상도 못할 내리뻗은 전사면 봉우리의 사각지점에 추진해 놓고 미리 정해놓은 목표들에 사격하였으니 기습효과와 명중률이 지대하였다. 박격포라고 해봤자 불과 4문, 탄약은 문당 백발이상, 당시 탄약 보급량은 문당 당초 1일 20발에서 5발로 격감했으나 5발마저 수령을 기피하였으므로 싸우려는 희망 부대에는 넉넉히 배당됐다. 박격포반장 박소위에게 문당 100발 이상을 확보할 것을 엄명하여 준비하고 있었음으로 우리의 박격포 사격앞에 배겨낼 수 없었다. 두시간쯤 지나자 적은 공격준비사격을 시한탄으로 바꾸어 사격하였으나 우리 박격포 진지 옆을 덮쳤을 뿐 인원, 장비는 무사하였다. 계속 적의 보병 공격은 재개되었으나 우리는 일제히 박격포와 자동화기를 배합한 화망을 구성하여 2차공격도 격퇴하였다. 적은 우리 방어 병력 규모를 연대규모의 큰 부대인줄 속고 있는 듯 했으나 기실 우리는 중대 규모였다.

평상시 연병장에서 훈련을 관찰하면 조포훈련에 치중하고 있다. 이는 잘못된 훈련이다. 전투부대는 연병장에서 훈련하더라도 관측수, FDC, 박격포 요원 모두가 동시에 훈련할 수 있도록 하여야 한다.

□ 연병장에서 실시하는 훈련은 조포훈련 뿐 아니라 사격기술을 포함한 팀훈련을 실시해야 한다.

- 연병장에 지도 또는 사판을 만들어 놓고 관측병, FDC, 포로 분류하여 정렬한다.
- 소대장은 포 방렬상태를 점검하고 방렬이 완료되었으면 사판의 한 지점을 선정하여 기점 사격을 하도록 지시하면 관측병은 FDC에 사격 요구를 하고, FDC는 포진지에 명령을 하달하여 포진지는 명령에 따라 포를 조작하고, 소대장은 팀전체가 정확하게 사격절차대로 움직이는가 확인하고 사격제원표를 기록한다.

□ 소대장은 사판의 다른 지점을 선정하여 적 상황을 묘사해주면 절차에 따라 팀 전체가 사격훈련을 하고 각종 사격술을 연마한다.

- 이와 같은 훈련을 한다면 소대장, 관측병, FDC, 포가 일체가 되어 훈련할 수 있으며 각종 사격기술을 묘사하여 훈련한다면 더욱 완벽한 훈련이 될 것이다. 전술훈련은 이와 같은 팀훈련의 응용이다.

> 박격포 사격 합격수준은 원을 그려놓고 3발안에 명중하면 합격으로 판정하고, 첫발에 명중하면 가산점수를 주도록 되어 있어 첫발을 사격하는 시간이 길어지고 있다. 이는 잘못된 것이다. 신속하게 첫발을 발사하고 3발째에 목표를 명중시켰다면 훌륭한 사격술을 갖는 부대이다.

□ 박격포는 첫발에 명중시키는 화기가 아니다.

포, 박격포와 같이 관측자에 의해 간접 사격하는 화기는 첫발에 명중시키는 것은 어려우며 기점 사격을 하여 제원을 산출해 놓은 다음 단 일발로서 표적을 제압하는 것이 아니라 수발을 동시에 사격하여 지역을 제압하는 화기이다. 그럼으로 첫발로서 명중시키기 어려운 화기이나 첫발로 명중하는 것을 목표로 합격수준이 정해져 있어 갖가지 편법이 나오기 때문에 작전행동과는 동떨어진 훈련을 하고 있는 것이다.

□ 본인이 연대장 시절 3개대대 81미리 박격포 사격대회를 실시하는 것을 관찰해 보니 빠른 시간내에 포를 방렬하고 첫탄을 발사하는 것이 아니라 1발에 원을 명중시키기 위하여 포방렬에 신경을 쓰다보니 첫탄이 20분후에야 발사되는 것을 보았다. 그 이유는 첫탄에 명중시켜야 점수가 좋게 나오기 때문이었다. 화력을 지원받는 입장에서 보면 즉각 포탄이 날아와 적진에 떨어지고 수정사격으로 신속하게 목표를 제압하는 것을 원한다는 것을 생각할 때 우리는 박격포 훈련을 잘못시킨 것이다. 따라서 신속하게 방렬하고 관측자의 사격요구에 즉시 사격하여 3발이내에 표적을 제압했다면 가장 훌륭하게 훈련되었다고 판단할 수 있다. 이것이 바로 실전적 훈련인 것이다.

방어시 박격포는 최후 방어사격을 실시한다고 명시되고 있다. 왜 탄막은 방어선으로부터 100-200m이격하는지, 그러나 몇발을 얼마의 시간동안 사격하는가에 대해서는 구체적으로 명시되어 있지 않다. 이에 대한 충분한 연구가 있어야 한다.

□ 왜 최후 방어사격은 통상방어 전면으로부터 100-200m 전방에 계획하는가. 본인의 생각으로는 사탄 산포를 고려한 것이다. 탄막을 방어선 전방 100m에 설치할 경우는 박격포진지와 탄막간의 거리가 1,000m 이내라야 하며 전술사정 2,000m를 고려할시 사탄 산포를 고려하여 방어선과 200m 이격시켜야 아군의 피해를 방지할 수 있다.

□ 왜 탄막을 60미리는 □형으로 하고 81미리는 ―형으로 하는가
– 60미리 탄막은 분대 단위 탄막을 갖고 있고 단일포로서 동일한 사각과 편각으로 3발을 연속사격하면 포탄 파편이 대략 35평방m를 덮을 수 있으며 4발이상 사격하면 파편이 덮는 지역이 대략 50평방m가 된다. 그럼으로 60미리 탄막은 □형으로 50평방m가 되는 것이다. 만일 60미리 박격포로 더 넓은 지역을 사격한다면 포탄이 대량으로 소모되므로 탄막을 제한한 것이라 생각한다.
– 81미리 탄막은 소대단위 탄막을 갖고 있음으로 ―형을 갖게 되며 그 크기는 100m이다. 이와 같은 이유는 박격포간 거리가 최소 30m이며 포탄의 파편효과를 고려할 때 소대가 일제히 사격하면 횡으로 100m의 표적을 덮을 수 있기 때문이다.

□최후 방어사격 신호가 올라오면 박격포는 탄막사격을 해야 한다. 몇 발을 몇 분 간 사격하는가 생각해 보자.

– 교범에 의하면 최후 방어사격은 대대장으로부터 지시받은 속도와 시간 동안 실시한다고 되어 있으나 막연하다. 또한 포판이 고정되었다 하더라도 3–4발 사격하면 포의 진동으로 고각이 내려가기 때문에 재조준을 하고 사격해야 한다. 따라서 발사속도, 박격포탄, 재조준 등을 고려하여 1회에 3–4발, 5분간 사격후에는 표적을 관측하면서 사격하는 방법이 적당할 것이다. 만일 포탄이 충분하다면 1회 3–4발씩 전투가 끝날 때까지 사격하는 방법도 있다.

□탄막이 계획된 곳에는 기점사격을 하고 탄막사격에 필요한 탄약을 분리하여 준비하여야 한다.

– 정확한 지점에 사격하기 위해서는 기점사격을 해야 한다.
탄막의 기점사격은 우군의 피해를 고려하여 탄막중심보다 200m 원거리로 부터 사격하는 유도법을 적용하여 사격제원을 획득한다. 81미리 박격포는 소대당 1개 탄막이 할당되므로 포 3문 모두 기점사격을 실시하여야 하나 탄막이 포와 평행시는 중간포만 기점사격을 하여도 된다.

– 박격포 탄막사격을 위하여 사전에 포탄을 준비한다. 최후방어사격 표적은 모든 사격표적보다 최우선권을 갖게 되고 항상 탄약이 준비되어 있어야 한다고 명시되어 있다. 따라서 최후방어사격시는 고정된 제원으로 사격하므로 탄막사격을 위한 탄약은 제원대로 장약을 맞추어 일정량을 따로 준비하였다가 최후 방어사격 신호가 있으면 즉각사격 할 수 있도록 하여야 한다.

중화기중대의 전술적 운용훈련은 대대에 포함되어 훈련하는 경우와 중화기중대 박격포만 따로 훈련하는 경우가 있다. 중화기중대 박격포 단독훈련시에는 규정된 절차는 없으나 포병의 RSOP훈련과 같이 야외에서 각종 상황을 고려하여 훈련하도록 발전시켜야 한다. (60미리 포함)

□박격포의 전술적 운용은 전술적 행군시, 공격시, 방어시, 후퇴 이동시 화력지원으로 구분된다. 박격포를 어떻게 하면 전술상황에 맞게 훈련시킬 수 있는가 하는 것이 항상 머리속에 떠나지 않고 있을 뿐 아니라 일정한 훈련모형을 만들면 효과적인 훈련을 할 수 있지 않을까 생각하던 중 포병의 RSOP훈련을 생각하게 되었다. 본인이 월남전에 참가하였을 때 가장 훈련이 잘 되었던 부대는 포병이었다. 포병은 평상시에도 전투시와 같은 훈련 모형을 만들어 훈련해 왔기 때문에 훈련과 전투가 조화되어 강력한 전투력을 발휘한 것이다. 우리의 보병전술은 전술적 이동, 공격, 방어, 후퇴, 이동으로 구분할 수 있으며 이와 같은 상황하에서 박격포 화력 지원을 성공적으로 수행하면 되는 것이다. 이와 같은 가정하에 훈련하는 것이 포병의 RSOP훈련이므로 박격포도 이와 유사한 훈련 모델을 응용한다면 보다 효과적인 훈련을 할 수 있을 것이다.

전술적행군 → 집결지행동 → 공격 → 방어 → 후퇴이동

□ 전술적 행군시

- 전술적 행군시 81미리 박격포는 대대 본부지역에서 행군하게
 된다. 이때 대대본부 바로 뒤에 박격포가 따른다 해도 첨병중
 대를 화력지원하는 거리는 거의 2km에 가까으므로 전술사정
 2km를 고려할 때 정확한 화력지원에 문제가 발생한다. 또한
 관측병이 갖고 있는 통신장비의 도달거리를 초과함으로 사격
 지원이 불가능하게 된다. 따라서 전술행군시는 박격포 1개소대
 를 첨병중대에 배속하는 것이 좋다.

- 행군대형

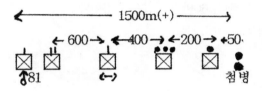

- 상황 발생시 행동

  상황이 발생하면 첨병 소대는 공격하고 첨병 중대 60미리 또는
  배속된 81미리는 도로 근처에 방렬하여 첨병 중대장 지시하에
  박격포 소대장 또는 관측수 사격 요구로 직접 조준하여 사격한
  다. 만일 적의 화력에 노출되었거나 상황이 계속되면 엄폐된 곳
  으로 포진지를 이동시키고 FDC를 가동하며 관측수의 요청에
  따라 사격한다. 이때 본대에 위치한 81미리는 최초 정지 위치에
  서 방렬하고 관측수 요청에 의하여 사격하거나 중화기 중대장
  지시에 의해 전방으로 이동하여 적절한 포진지를 선정하여 방
  렬하고 사격한다. 상황이 끝나면 다시 행군 대열에 가담하거나
  새로운 작전에 임한다.

□ 집결지 행동

대대는 집결지에 도착하면 사주방어를 하고 81미리 박격포는
대대본부 근처 중앙에 위치한다. 이때 박격포는 어느 한쪽 방향
에만 포 9문을 배치하지 않고 3개소대로 사주를 사격할 수 있도
록 배치하며 관측병을 3개 소총중대에 파견하며 유·무선 통신
을 유지하고 FDC를 가동한다. 어느 1개 중대 방향으로 적이 공
격하면 해당 1개 소대가 즉시 사격하고 나머지 소대는 방향을
전환하여 사격한다. 적이 공격하는 방향이 한곳이면 모든 포는
그 방향으로 지향한다. 차기 작전 명령을 받으면 명령을 하달하
고 전투 준비를 한다. 60미리도 같은 요령이다.

– 81미리 박격포

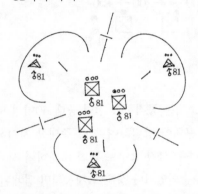

– 소총중대 단독 집결지 행동 또는 방어시

중대가 단독으로 집결지(대대예비)를 점령하거나 방어시(병참
선의 중요지형 확보)를 수행하는 경우가 있다. 이때 81미리가
배속되었으면 가장 위협을 받는 접근로에, 60미리는 기타 접근
로로 지향한다. 60미리만 있을 시는 분대 단위로 사주를 사격
하도록 방열한다.

□ 공격준비시 행동 (81미리)

- 집결지에서 명령을 받으면 공격지원을 위한 계획을 작성하고 정찰을 하며 명령 하달을 한다. 이때 특히 탄약보급과 소총중대에 관측수 파견문제, 공격간 진지 이동 문제를 포함하고 지정된 지점에 포를 방렬한다.
- 소총중대에 파견된 관측수는 소총중대장, 화기소대장, 포병관측장교와 협의하여 화력지원계획을 수립하고 공격을 위한 투명도를 작성한다.

1개 박격포소대가 소총중대를 직접 지원하면 박격포 소대장이 화력계획을 확인하여 FDC에 비치시켜 참고로 하고, 전 박격포가 일반지원을 하면 공격 소총중대에 파견된 관측수로부터 투명도를 받아 종합하여 FDC에 비치하고, 공격준비 사격에 가담하면 표적 우선순위 해당 표적에 사격발수 등을 결정하고 기점사격을 실시한다. 기점사격은 기습이 필요할 때는 하지않는 것이 통상이나 적과 아군이 대치된 상태에서는 적이 아군의 공격기도를 알아 차리지 못하도록 하고 기점 사격을 하여야 정확한 사격지원을 할 수 있으므로 가능한 기점사격을 실시하여 사격제원표를 유지한다.

□ 공격간 화력지원 (81미리)

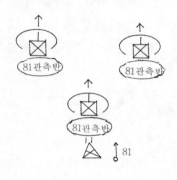

공격준비사격에 가담하면 해당 표적에 계획된 공격준비사격을 실시하고 소총중대에 파견된 관측수 요구에 의하여 사격한다. 그러나 2개 돌격 소총중대 관측병이 동시에 화력을 요청하면 FDC에서는 화력의 우선권을 고려하여 사격하고 다른 소총중대에는 차후에 사격하는 통제를 실시한다. 소총중대가 돌격선에 도달하면 관측병의 요청에 따라 사격을 전환한다.

- 진지 변환

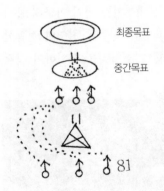

최종목표

중간목표

대대공격시 대대의 최종 목표가 사격진지로 부터 2km 이상 원거리일 때는 관측병이 갖고 있는 통신장비의 도달거리, 전술사정을 고려하여 진지변환을 실시하여야 한다. 전방 소총중대가 2km 이내의 중간목표를 탈취하면 공격 진행 상황을 검토하고 화기중대장에게 보고한 후 소대단위로 전방으로 진지변환을 실시한다.

- 방어간 화력지원
  • 방어는 공격후 목표를 탈취하고 실시하는 방어형태와 철수
    하여 방어하는 형태, 아군과 진지를 교대하여 방어하는 형태
    가 있다. 방어시에는 방어준비, 방어실시간 사격으로 구분할
    수 있다. 어느 형태의 방어를 하더라도 박격포의 방어준비
    및 실시는 거의 유사하다.
  • 방어준비
    방어준비간에는 정찰을 실시하고 명령을 하달하며 명령에
    따라 박격포 진지에 포를 방렬하고 관측자의 화력 계획을 종
    합하여 화력계획 투명도를 완성하고 기점사격을 하여 완전
    한 제원을 산출하여 사격제원표를 작성한다. 방어시에도 관
    측병과 FDC간 통신 문제와 지속적인 포탄 보급에 대해 명령
    상에 반드시 포함시켜야 한다.

- 방어실시간 사격

적이 출현하면 관측병의
요청에 따라 원거리사격,
근거리사격, 탄막사격, 진
내사격순으로사격한다.
일반 지원시 전방 소총중
대 관측병이 동시에 사격
요청이 들어오면FDC에
서는사격 우선순위를 결
정하여 관측병에게 통보
하고 사격한다.

□ 후퇴, 이동간 사격
- 후퇴, 이동간 박격포 화력 지원은 더욱 상세한 계획이 필요하다. 후퇴, 이동은 전술적 이동과 방어의 결합이다. 후퇴, 이동 계획수립시 특히 포함되어야 할 사항은 박격포를 현 방어진지로부터 동시에 전부 철수시킬 것인가, 단계적으로 소대단위로 철수시킬 것인가, 포탄 보급 등에 관한 사항이다.
- 철수시 박격포는 현진지에서 화력으로 지원하다가 소대 단위로 철수하는 것이 좋으나 상황이 급박하면 전 박격포가 일제히 이동하는 경우도 발생할 수 있다. 특히 차량을 이용한 철수는 상당한 준비가 필요하며 남은 탄약에 대한 폭파 대책도 필요하다. 또한 전술적 이동간 경계 대책도 세밀하게 수립해야 한다.
- 철수

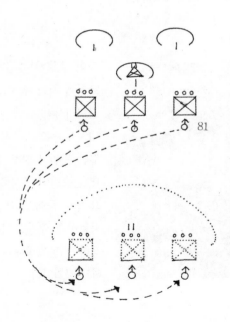

박격포탄은 고가임으로 훈련용으로는 적은 수량만 지급된다. 이것도 사수 또는 부사수만 사격하고 있기 때문에 다른 병사들은 포탄을 포구에 넣는 것을 두려워하게 된다. 훈련탄을 사용하거나 포탄 날개에 점화약통을 결합하여 사격하는 방법 등 포탄 장전에 대한 훈련을 해야 한다.

□ 훈련탄은 훈련효과가 크나 몸통뭉치를 찾는 것이 어려움으로 잘 활용되지 않고 있다.

훈련탄은 몸통과 날개 뭉치, 점화약통으로 구분되며 날개뭉치와 점화 약통은 연간 계획에 따라 보급된다. 훈련탄은 사격장을 만들어 사격하면 가장 좋은 방법이나 사격하면 몸통이 땅속 깊이 박히기 때문에 탄착지점에 횟가루를 살포하고 명중 위치를 알아야 사격후 몸통을 찾아 손상된 날개뭉치는 교환하여 사용하게 된다. 그러나 몸통부분을 찾기가 쉽지 않으므로 훈련을 기피하나 박격포 훈련을 숙달시키기 위해서는 실시하여야 한다.

□ 몸통에 날개만 결합하여 포탄을 장전하는 연습을 하는 방법도 있다.

일반적으로 연병장에서 훈련할 때 병사들은 손으로 포탄을 장전하는 시늉만 내는데 이는 아무 의미도 없다. 따라서 몸통에 날개뭉치만 결합하고(점화약통은 제외) 포탄을 장전하고 불발이라고 외치면 불발탄을 제거하는 훈련을 실시하면 훨씬 효과적이다. 특히 탄약수에 대해 1인당 100발정도 장전 훈련을 했다면 포탄 장전에도 능숙하고 불발탄 제거훈련도 동시에 실시할 수 있음으로 효과적인 훈련이 된다.

☐ 날개에 점화약통만 결합하고 사격하는 방법도 있다.

본인이 사단장 시절 신병 교육대 박격포 훈련장을 방문하니 야지에서 박격포를 방렬하고 사격훈련을 하고 있었다. 날개에 점화약통만 결합하고 사격하는데 신병이 포탄 장전하는 요령으로 날개를 포구에 넣으면 점화약통이 폭발하고 날개는 수 미터 앞에 떨어져 이것을 회수하여 다시 사격하는 것을 보았다. 박격포 주특기를 갖는 신병이라 하여 고가의 포탄을 많이 할당할 수는 없으나 점화약통은 충분히 지급되고 훈련탄을 사용하자니 그 많은 신병이 다 장전하는 연습을 할 수 없어 이와 같은 요령으로 사격하는 것을 보고 감탄하였다. 박격포에 지급된 점화약통을 사용하여 전술훈련시나 연병장에서 포탄장전에 미숙한 병사를 훈련시킨다면 더욱 훌륭한 성과를 거둘 수 있을 것이다.

〈날개〉

〈점화약통〉

☐ 축사기 사격

- 축사기를 이용한 훈련은 전방 관측자, 사격지휘소(FDC) 박격포 조작 요원을 일체화시켜 훈련할 수 있고 모든 절차를 한 장소에서 관찰할 수 있는 장점이 있다.

- 그러나 이와 같은 좋은 훈련 기구를 시범 같은 때 이외는 사장시키고 있다. 그 이유는 사용 방법을 모르거나 축사기 파손시 귀찮기 때문에 또는 유효성을 모르기 때문이다.

- 우리는 고가의 고폭탄이나 연습탄이 적게 나오더라도 훈련 교보재를 적절히 사용한다면 충분한 훈련을 할 수 있다는 것을 알고 활용에 최선을 다해야 된다.

제 12 장
대 전차 화기

휴대하고 있는 대 전차 화기는 적 전차 뿐 아니라
적 기관총, 벙커 등을 제압하는 유효한 무기이다.

6 · 25 전쟁중 적 전차에 대하여 항공기, 전차, 2.36 및 3.5인치 로켓포, 75 및 57미리 무반동총을 사용했으나 주 대전차 화기는 항공기, 전차, 3.5인치 로켓포였다.

□1950년 6월 - 1950년 9월 까지 화기별 적 전차손실

　항공기 - 102대 (43%)

　전　차 - 39대 (16%)

　3.5인치 - 13대 (6%)

　※ 보병이 사용한 결정적 대전차 화기는 3.5인치 로켓포였고,
　　 2.36인치 로켓포, 75.57미리 무반동총은 보병 지원 화기로
　　 운영하였다.

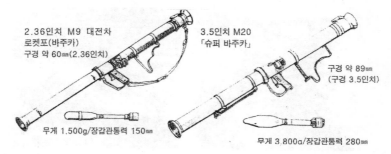

2.36인치 M9 대전차
로켓포(바주카)
구경 약 60㎜(2.36인치)

3.5인치 M20
「슈퍼 바주카」

구경 약 89㎜
(구경 3.5인치)

무게 1,500g/장갑관통력 150㎜

무게 3,800g/장갑관통력 280㎜

□3.5″RKT가 보병의 주 대전차 화기가 된 요인

　- 적 T-34전차를 파괴할 수 있는 충분한 관통력을 갖고 있었다.

　- 한국의 지형은 착잡하여 주간에도 100m 이내로 접근 가능하여
　　 명중률이 매우 높았다.

　- 보병이 쉽게 운반할 수 있었고 위력이 커 다양한 용도로 사용
　　 할 수 있었다.

□한국에서는 미래에도 병사들이 운반하는 대전차 화기의 역할이
　 중시될 것이다.

무반동총은 대전차 화기이나 한국과 같은 산악 지형에서는 적 특화점을 파괴하는 임무가 더 중요할 경우가 많음으로 최대로 활용할 수 있도록 훈련하여야 한다.

1. 6 · 25 당시는 57미리 75미리(관통력 10cm) 무반동총을 사용하였다.
   미군은 중화기 중대에 75미리, 소총중대에 57미리를 장비하고 있었으나 적 T-34전차에는 무력하였다. 따라서 제한적으로 대전차 임무를 수행하고 대부분 적 공용화기, 벙커 등을 제압하는 보병 지원에 큰 역할을 하였다. 전쟁 중반 이후 한국군도 장비하였으나 휴전이후 75미리는 도태되고 70년대까지도 소총 중대에서 57미리를 사용하다가 90미리를 장비하면서 동원용으로 전환되었다.

〈57미리〉   〈75미리〉

2. 현재는 90미리 및 차량 탑재 106미리를 장비하고 있다.
   휴전 이후 한국군은 차량 탑재 106미리 무반동총 (관통력 30cm), 90미리 무반동총 (관통력 40cm)을 장비하였으나 최신 전차는 전면이 70cm로 정면을 격파하기는 문제가 있으나 측, 후면, 궤도 등은 취약하므로 훈련에 따라 얼마든지 적 전차를 격파할 수 있다. 또한 보병 지원에 가장 중요한 화기중의 하나이므로 유효하게 사용할 수 있도록 훈련되어야 하겠다.

3. 한국과 같은 산악 지형에서는 대전차 성능이 미약해도 보병 지원 화기로 유용하게 사용할 수 있다.

☐ 전례

57미리 무반동총으로 적 벙커 파괴, 공격 성공 (분대장)

백암산 상봉으로 올라가는 9부능선에 벙커를 구축하여 기관총으로 우리 중대원이 보이기만 하면 사격을 가해오고 있어 더 이상 전진을 하지 못하고 있었다. 우리는 박격포로 사격하였으나 파괴시킬 수 없었다. 이러한 상황을 목격한 김중사가 "중대장님, 무반동총으로 사격하는 것이 어떻겠습니까"라고 건의하니 "아 그걸 잊고 있었군, 빨리 가져와"라고 하여 계곡에 놓아둔 57미리를 중대 관측소 옆에 거치하고 1차 사격하였으나 공이가 불어져 다시 갈아 끼운 다음 2발만에 명중시켜 파괴하고 이때를 이용, 돌격하여 목표를 점령하였다.

4. 본인이 57미리 무반동총 운용시 경험

□ 항상 필요한 예비 부품을 휴대하여야 한다.

57미리 무반동총에서 자주 부품이 파손되는 곳은 격발선 걸이로 폐쇄기를 잘못 결합하거나 무리한 힘을 주면 파손되어 사격을 할 수 없는 경우가 자주 발생하였다. 따라서 어떤 화기든 예비 부품은 항상 휴대하는 습관을 들여야 한다.

□ 보유 탄약을 확인하고 사용 시기에 대해 교육을 하여야 한다.

본인이 중대장 근무시 중대 탄약고를 확인하니 57미리 탄약 중 CANISTER 라는 처음 보는 탄약이 있어 사용 용도를 물어보니 아는 자도 없었고 관심도 없었다. 그후 확인해보니 엽총탄과 같이 불베아링이 충전되어 있어 돌격하는 적 보병에 대해 사격하면 베아링이 확산되어 비교적 넓은 범위로 살상할 수 있도록 고안된 탄이었다. 사용 용도도 모르고 탄약을 쌓아놓고 있으니 무슨 효과를 기대할 수 있겠는가

□ 전술 훈련시 둘러메고 다니는 것이 전부였다.

전술 훈련시 57미리에 대한 기억은 그 무거운 화기를 메고 험악한 고지를 오르내리던 병사들의 노고였다. 소총병들은 상황에 따라 각종 화기 지원하에 목표를 점령하는 것이 아니라 등산 경쟁하듯 전진하니 무반동총은 화력 지원 훈련보다 메고 따라 다니기에도 바쁜 실정이었다. 그러니 간부들도 관심이 적게되고 형식적이므로 필요시 무반동총을 효과적으로 활용할 수도 없는 것이다.

5. 90미리 무반동총의 훈련방향

□기계, 조총 훈련 등 기본훈련 보다는 전술 훈련에 중점을 두어야 한다.

지원화기란 피 지원 부대가 요망하는 시간, 장소에 화력을 제공하여야 임무를 달성할 수 있으므로 전술 상황하에서의 훈련이 절대적으로 필요하다. 물론 무반동총 자체 판단에 의해 사격할 수도 있으나 피 지원 부대가 요청하면 사격하는 경우도 많으므로 피 지원 부대장과의 통신(무선, 구두, 시호통신 등)을 유지하여 요구에 따라 사격할 수 있는 훈련이 되어야 한다.

□축사기 사격시 전술 훈련과 연계하여 사격 훈련을 해야 한다.

– 과거 축사기 사격은 사격 요령 습득에 한정되어 아쉬움이 많았다. 축사기를 사용하여 소총탄으로 사격 훈련을 많이 실시하였다. 물론 실탄 사격과 같은 느낌은 적으나 상당한 효과를 걸을 수 있었으므로 사격장에서 탄약수까지도 사격 훈련을 시켜 사격 요령을 터득시킬 수 있었다. 그러나 아쉬운 점은 탄약 장전 및 제거 훈련을 할 수 없었다는 것이고 전술 훈련과 연계하여 사격 훈련을 실시하지 못했다는 것이다.

– 전술 훈련과 연계하여 축사기 사격을 실시하면 큰 성과가 있을 것이다. 어떤 지침은 없지만 공격시를 가정하여 측방화기, 벙커의 기관총 등 표적을 세워놓고 이동하다가 분대장의 사격 구령에 따라 사전에 준비된 축사기(탄약 장전)를 장전하고, 목표에 대해 사격한 후 축사기를 제거하면, 탄약 사격 요령과 같은 행동을 하게되어 실전과 같은 훈련이 가능할 것이다. 단지 축사기 영점을 맞출 수 없어 명중 정도는 낮으나 전체적인 성과를 생각한다면 문제될 것이 없다고 생각한다.

> 보병 중대급 대전차 화기로는 3.5인치 로켓, M72 LAW 팬저 호스트3을 보유하고 있다.

☐ 3.5인치 로켓은(관통력 30cm) 우수한 성능을 발휘하였다.

6 · 25 당시 모든 대전차 화기가 무용지물이 되자 대전 전투시부터는 미국에서 공수해온 3.5인치 로켓이 미군에 장비되면서 T-34를 간단히 격파하기 시작하였으며, 한국군도 1950년 8월 초부터 장비하여 적 전차에 대한 공포심이 사라졌다.

이후 적 전차 위협이 사라지자 대 지상용으로 사용했으며 1980년 때까지 사용하다가 동원용으로 전환되었다.

☐ M72 LAW는 개인 휴대용으로 월남전 이후 장비한 대전차 화기이다.

LAW는 각개 병사가 휴대하는 화기로 30cm의 관통력을 갖고 있고 휴대 및 사용하기 편리하며, 사격 후 남은 부분은 버리는 1회용 화기이다. 1970년대 3.5인치와 병행하여 사용하다가 LAW로 단일화하였다.

☐ 팬저 호우스트는 최신 전차에 사용하는 개인 휴대용 대전차 화기이다.

팬저호우스트3(관통력 70cm)은 최신 전차의 방호력이 강화되어 기존의 대전차 화기로는 파괴할 수 없어 개발된 대전차 화기이다.

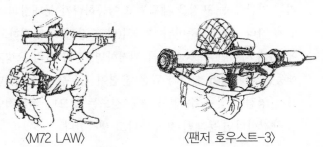

〈M72 LAW〉　　　　　〈팬저 호우스트-3〉

3.5″ RKT 운용을 통해본 교훈

1. 휴대용 대전차 화기의 부수 기재와 제한사항에 대해 확인하여야 한다.

☐ 본인이 임관하여 동계 3.5인치 로켓 요원에 대한 대대 집체 사
격훈련을 담당하였다. 사격장에 도착하여 표적을 만들고 사격
전 점검을 하니 처음보는 안경달린 두건 또는 방독면을 휴대하
고 있어 무엇에 쓰느냐고 물으니 겨울에는 두건을 착용해야 얼
굴을 보호할 수 있다는 것이었다. 나는 처음에는 이해하지 못하
고 사격을 실시하고 보니 부수기재인 두건을 착용한 병사는 이
상이 없었으나, 아무것도 착용하지 않은 병사는 안면 전체가 피
로 물들어 확인하니 미세한 찌꺼기가 박혀 있는 것을 발견하였
다. 방독면을 쓰고 사격한 병사도 노출된 부분은 손상되었다.
병사들은 로켓포 이음 부분에서 가스가 누출되어 그렇다는 말
을 하였으나 사격 후 확인하니 혹한시 사격하면 추진제가 완전
히 연소되지 않아 찌꺼기가 생겨 그것이 후폭풍과 함께 뒤로 나
가 부상을 입으므로 동계에는 두건과 함께 장갑을 착용해야 한
다는 것이었다.

☐ 그러면 이와 같은 중요한 부수기재를 왜 교육 기관에서는 소개
도 하지 않았을까? 결국 교관 자체가 이와 같은 사실을 모르고
있기 때문일 것이다. 본인은 이후 동계에 3.5인치 로켓포를 사
격할 수 있는 기회가 없었으나 가끔 가스가 누출되었다는 얘기
를 들으면 이와 같은 경험담을 들려주고 부수기재 활용에 관심
을 두도록 하였다.

2. 대전차 화기로 운용시는 융통성이 있어야 한다.

□ 아진지 전방에서 적전차 격멸팀으로 운영하는 방법
　본인이 대대장시에는 상급부대 지침에 의거 중대 3.5인치 로켓
포 3개반 전부를 적전차 격멸팀으로 아군 방어선 전방 500m
이내에서 매복하여 접근하는 적전차를 격파하도록 운용하였다.
그러다보니 전술 훈련시에도 격멸팀 운용이 당연시되어 격멸팀
을 운용하지 않으면 잘못된 것처럼 인식되기도 하였다. 그러나
본인이 생각하기에는 기상과 지형, 상황에 따라 융통성 있게 운
용해야지 반사적으로 운용하는 것은 잘못이며 운용하더라도 매
복호의 준비, 통신, 진입 및 철수 등 세밀한 준비가 필요하다고
생각하였다.

□ 방어 진지상에서 대전차 화기로 운영

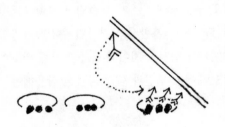

대대방어 지역은 3번도로
가 관통하고 있어 중대
3.5인치 로켓을 집중 배
치하는 것이 유리하므로
방어선 전방에서 운용하
는 격멸팀을 소대 선임하
사관이 통합 지휘하도록 한다. 최초에는 3소대 지역에서 집중 배치
하고 상황에 따라 전방으로 이동하여 매복조로 운영하여 철수 후
에는 최초 진지에서 운용토록 조치한 바 있다.

3. 경 대전차 화기는 적 전차에 100m 이내로 접근하여 사격하는 것이
   유리하다.

　　□3.5인치 로켓포는 사격 후 후폭풍으로 진지가 노출되어 적의
　　　사격을 받으므로 1발로 격파해야 한다. 그러나 유효 사정
　　　200m에서 상당한 실탄 사격 훈련을 하지 않고는 1발로 명중시
　　　키기 어려우므로 최대한 근접하여 사격하도록 훈련하여야 한
　　　다. 개략적으로 100m 이내에서 사격하면 명중률이 높고 50m
　　　까지 접근하도록 강조하는 지휘관도 있었다.

　　□대대장시 연대 3.5인치 로켓포 집체 훈련을 맡아 사격시 관찰
　　　해보니 5-6발 실탄 사격을 경험한 사수는 150m 떨어진 적 전
　　　차 표적도 자신 있게 명중시켰으나 처음 경험한 병사는 자신이
　　　없었다. 그러나 100m 이내의 표적은 대부분 명중시키는 것을
　　　보고 역시 표적에 가깝게 접근하도록 훈련시킬 필요가 있다는
　　　결론을 얻었다.

　　□전례
　　　* 1950년 9월 4일 야간, 19연대 및 공병 3.5인치 로켓팀은 갑령
　　　　고개 도로에 매복하여 30-50야드 사거리에서 적 T-34 전차
　　　　를 사격하여 5대를 격파했다.
　　　* 1950년 9월 21일 새벽, 영등포 지역에서 적 T-34전차 4대가
　　　　미 해병 방어 진지로 접근하고 있을 때 3.5인치조는 적 전차
　　　　와 300야드 넘게 떨어져 있었으나 로켓조는 적 전차쪽으로
　　　　접근하여 70야드에서 사격하여 2대를 격파했다.

　　□한국 지형은 전차 기동로가 제한되고 은폐, 엄폐된 곳이 많아
　　　훈련만 잘 시킨다면 적 전차에 쉽게 접근할 수 있다. 따라서 적
　　　전차에 가깝게 접근하여 사격하는 훈련과 자신감을 부여할 필
　　　요가 있다고 생각했다.

> M72 LAW는 편제상 전담 사수가 없어 지휘관의 관심이 없으면 활용할 수 없다.

□ 누가 휴대하며 어떻게 운용할 것인가 연구가 필요하다.

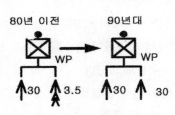

과거 편제는 화기분대에 기관총과 3.5인치가 장비되어 3.5인치 팀은 대전차사격 임무가 주가되므로 임무가 뚜렷하여 훈련 및 전술적 운용이 용이하였다. 그러나, 3.5인치 로켓이 폐기되고 LAW가 소총 분대에 장비되므로 소총병이 대전차 임무를 동시에 수행하게 되고, 자주 순위가 바뀜에 따라 전담 훈련이 어려우므로 전술적 운용에 연구가 필요하다.

□ LAW는 소총병 전원에게 훈련시킬 필요가 있다.

LAW는 개인이 휴대하는 대전차 화기로 간단하게 훈련시켜도 충분히 사격 임무를 수행할 수 있으므로 소총병 전원에게 훈련시키는 것이 좋다. 특히 LAW의 교탄은 극히 제한되므로 고참병에게 사격 경험을 주고 사격 후 남은 몸통을 버리지 말고 이용하여 신병에게 훈련시키면 충분하다.

□ 전술적 운용 방법에 따라 휴대 발수와 인원이 결정되는 것이 좋다.

- 대전차 전담분대

적 전차 위협이 있다면 1개분대 전원 또는 반개 분대에 LAW를 장비하여 전담 임무를 주고, 적 전차 위협이 없다면 각 분대에 몇 발씩 휴대하여 적 기관총이나 인원에 대해 사격하는 임무를 주는 등 다양한 방법으로 운용하는 것이 좋다.

참 고 문 헌

국방부전사편찬위원회	"다부동전투.신녕, 영천지역전투등 10권"		1981–1988
육 군 본 부	"소부대 전투(공격, 방어, 경계)"		1979
구 려 회	"다음 지휘관에게"		1968
황규만 역	"롬멜 보병전술"	일조각	1974
김진우 역	"한국에서의 소부대전투"	병학사	1977
최승평 역	"한국에서의전투지원"	병학사	1978
강창구 역	"근접전투의 참고"	병학사	1979
안동림 역	"실록 한국전쟁"	문학사	
호동선 역	"피의 낙동강, 얼어붙은 장진호"	정우사	1981
이병형 역	"대대장"	병학사	1981
양창식 역	"일본군 전투전사"	서림출판사	1981
장창호 역	"전투살상과 사고(상, 중, 하)"	협동사	1982
김병일 역	"6 · 25전란의 프랑스대대"	동아일보사	1983
이대용	"국경선에 밤이오다"	한진출판사	1984
차규현	"전투"	병학사	1985
육군본부전사감실	"한국전쟁"	명성출판사	1986
김형섭 역	"다뉴부에서 압록강까지"	국제문화사	
교육사령부	"교훈집 1,2"		1988
김응열	"소총중대장"	육군본부	1989
김운기	"철의 삼각지"	문화센타	1989
이찬식	"전우애"	행림출판	1991
채명신	"사선을넘고넘어"	매일경제신문사	1994
이병형	"연대장"	병학사	1997